植物の知恵と
わたしたち

編集　植物生理化学会
監修　長谷川 宏司

大学教育出版

口絵1　近年、植物の"知恵"の解明研究に汎用されている実験モデル植物のシロイヌナズナ
　　　　左：全形、右上：花序、右下：花芽をつけたロゼット（第1章参照）

口絵2　ダイコン芽生えの光屈性
ダイコン芽生えに左方向から青色光を照射すると、下胚軸が光の方向に屈曲します。（第2章第1節参照）

口絵3　黄化アラスカエンドウ芽生えの重力屈性
左：1g環境下、右：宇宙微小重力環境下で生育させた芽生え（第2章第2節参照）

口絵4　過剰光ストレスに対するシロイヌナズナ芽生えの戦略
左：過剰光処理後の野生株、右：ゼアキサンチンを合成する酵素遺伝子を過剰発現させた組換え株。組換え株が通常の植物より過剰光ストレスに高い耐性を示します。（第3章第1節参照）

口絵5　タバコモザイクウイルスに対するタバコの戦略
左：健全なタバコ、中：タバコモザイクウイルスに対する抵抗性遺伝子を持たないタバコ品種で見られる縮れやモザイク症状、右：抵抗性遺伝子を持つタバコ品種で見られる壊死斑（第3章第2節参照）

口絵6　黄化エンドウ芽生えの傷害に対する戦略
左：健全な芽生え（側芽の成長は停止しています。）、右：頂芽の傷害によって頂芽優勢が打破され、側芽が成長した芽生え（第3章第4節参照）

口絵7 耐塩性を有し、海水中でも生育できるマングローブ植物
左：ヤエヤマヒルギ、右：マヤプシキ（第3章第5節参照）

口絵8 晩秋における街路樹のナンキンハゼの葉の老化
短日によって葉の老化が誘導されるナンキンハゼに対し、左側に街灯（水銀灯）を設置し、左半分を夜間も明るい状態（長日）にした場合、右半分の葉（短日状態）が老化しているのに対し、左半分の葉の老化が遅れています。（第4章第1節参照）

は し が き

　植物は動物と異なりその生活の場所を移動することができないことから、自然環境の変化を鋭敏に感受して、自らの生命の維持や種の繁栄のためにさまざまな戦略（知恵）を具備しています。

　わたしたちは、植物に具備されている"知恵"のしくみの謎を化学、生物学、農学など多方面から解明し、さらにその研究成果をわたしたちの生活に生かすことを目的に大学、高校、官民の研究者だけでなく、出版および報道関係者も加えて、北は北海道から南は九州・鹿児島から多くの方々の参集のもと、平成23年に植物生理科学研究会を立ち上げました。同年、第1回シンポジウムを近代日本の発祥地とも言える薩摩・鹿児島大学で開催しました。会員のほかに大学生、高校生、一般参加者も含め60名を超える参加者によって、会場があふれ、立見席が出るほど盛況でした。特別講演では予定時間を超える質疑応答があり、成功裏に終えることができました。第2回シンポジウムは北海道大学で、第3回シンポジウムは神戸天然物化学株式会社・バイオリサーチセンターで開催されました。平成25年から植物生理科学研究会から植物生理化学会に名称変更し、第4回シンポジウムは東北大学で、第5回シンポジウムは筑波大学で開催され、第6回シンポジウムは本年（平成28年）大阪府立大学で開催されました。この間、学会員による学術論文や学術書が多数発表されてきました。詳しくは巻末の学会活動史をご参照ください。

　会の発足から5年を経過したことを記念して、世界の第一線で"植物の知恵"のしくみの謎を解明すべく基礎研究を行っておられる研究者の方々、さらにその"植物の知恵"に関する基礎研究によって得られた研究成果をわたしたちの実生活に生かすべく応用研究を行っておられる研究者の方々に執筆をお願いし、本書『植物の知恵とわたしたち』を出版する運びとなりました。

ii

　本書が関連の研究者のみならず、一般読者の方々にも“植物の知恵の謎解き”に関心をもっていただく端緒になれば望外の喜びであります。

編　集　　植物生理化学会
　　　　　初代会長　井上　　進（丸和バイオケミカル株式会社・代表取締役）
　　　　　前 会 長　繁森　英幸（筑波大学生命環境系・教授）
　　　　　現 会 長　宮本　健助（大阪府立大学・教授）
監　修　顧　　問　長谷川宏司（筑波大学・名誉教授）

植物の知恵とわたしたち

目　次

はしがき……………………………〈井上 進・繁森 英幸・宮本 健助・長谷川 宏司〉‥*i*

第1部　植物の知恵を解き明かす

第1章　実験モデル植物シロイヌナズナとは ……………………〈後藤 伸治〉…*2*

1. はじめに　*2*

2. 初期のシロイヌナズナ研究者たち　*3*

3. シロイヌナズナとはどんな植物か　*5*

4. 実験モデル植物としての特徴　*6*

5. シロイヌナズナ突然変異体を用いた研究　　*7*

　（1）　ピン（pin-formed）突然変異体　*7*

　（2）　はじけないサヤ　*9*

　（3）　花成ホルモンの実体　*10*

　（4）　種皮細胞の隆起と粘質物分泌　*11*

　（5）　試験管の中で花を咲かせる　*12*

　（6）　暗所での花芽形成　*13*

　（7）　花器官形成の ABC モデル　*15*

6. おわりに　*16*

第2章　植物の運動……………………………………………………*18*

　第1節　光屈性　〈長谷川 宏司〉　*18*

1. 光屈性とは　*18*

2. 光屈性のしくみ―ダーウィン父子の実験からコロドニー・ウェント説の誕生
まで　*19*

　（1）　ダーウィン父子の実験　*19*

　（2）　ボイセン・イェンセンらの実験　*20*

　（3）　ウェントの実験　*21*

　（4）　植物ホルモン・オーキシンとは　*21*

　（5）　光屈性のしくみを説明する"コロドニー・ウェント説"の誕生　*23*

3. コロドニー・ウェント説を疑問視する論文の数々　*24*

目　次　v

（1）　外から与えた放射能でラベルしたインドール酢酸は光屈性刺激で本当に偏差分布を示すのか　24

（2）　光屈性は影側組織の成長が促進されることによって引き起こされるのか　24

（3）　コロドニー・ウェント説を覆すブルインスマ（J.Bruinsma）らの研究　26

（4）　コロドニー・ウェント説を覆す筆者らの研究　29

（5）　光屈性を制御する成長抑制物質（オーキシン活性抑制物質）とは　33

（6）　コロドニー・ウェント説誕生の基盤となったダーウィン父子の実験とボイセン・イェンセンらの実験についての検証　37

（7）　分子遺伝学的手法によるオーキシン量の偏差分布の実験結果からコロドニー・ウェント説はゆるがないという論文に対する疑問　40

4. 現在考えられ得る光屈性のメカニズム　41

5. 光屈性とわたしたち　42

第2節　重力形態形成・重力屈性　〈宮本 健助〉　46

1. 重力屈性 ― その生物学的意味　46

2. 重力屈性の研究の歴史　48

3. 重力感受とアミロプラスト　49

4. 重力シグナル伝達 ― カルシウムイオンと水素イオン　55

5. 重力刺激の伸長部域への伝達と屈性 ― オーキシンと成長阻害物質　57

6. 重力が関わるさまざまな形態形成　62

（1）　宇宙植物科学の手法によって明らかにされた成果　62

（2）　特殊な重力屈性 ― 傾斜・側面重力屈性、枝垂れ、茎の正重力屈性　70

7. 重力屈性のしくみ　71

8. 重力屈性とわたしたち　73

第3節　葉の開閉運動のしくみ　〈高原 正裕・神澤 信行〉　75

1. はじめに　75

2. オジギソウの運動と研究の歴史　76

3. 運動機構を理解するための新しい取り組み　79

（1）　アクチン細胞骨格の関与　80

（2）　遺伝子組換え技術の導入　82

（3）　接触傾性運動にみる知恵のしくみ　82

vi

4. マメ科植物は夜、眠るように葉を折りたたむ　*83*

5. 葉枕での就眠運動の進化的な起源について　*84*

6. オジギソウの就眠運動から「生物時計」が見つかった　*85*

7. 就眠運動のメカニズム　*86*

　（1）素早い運動と就眠運動の相違点　*86*

　（2）化学物質による就眠運動の調節　*87*

　（3）葉枕を基点とした運動は気孔の開閉と似ている？　*87*

　（4）就眠運動にみる知恵のしくみ　*87*

8. おわりに　*90*

第3章　植物の防衛機能 ……………………………………………… *92*

第1節　光との戦い　〈竹田　恵美〉　*92*

1. はじめに　*92*

2. 紫外線との戦い　*94*

　（1）紫外線の吸収を減らすしくみ　*95*

　（2）紫外線による障害を修復するしくみ　*96*

3. 可視光との戦い　*96*

　（1）過剰光を吸収しないしくみ　*99*

　（2）活性酸素の発生を最小限に抑えるしくみ　*100*

　（3）発生する活性酸素を速やかに消去するしくみ　*111*

4. おわりに　*112*

第2節　微生物との戦い　〈瀬尾　茂美〉　*114*

1. はじめに　*114*

2. 植物の病害抵抗性　*115*

　（1）抵抗性遺伝子とは　*115*

　（2）過敏感反応とは　*116*

　（3）全身獲得抵抗性とは　*118*

　（4）シグナル物質 ― 植物ホルモンや植物ホルモン様物質について　*118*

　（5）サリチル酸の役割　*118*

　（6）ジャスモン酸の役割　*119*

目　　次　vii

（7）　エチレンの役割　*120*

（8）　農薬への利用の可能性　*121*

3.　おわりに　*122*

第3節　植物との戦い　〈山田 小須弥〉　*123*

1.　はじめに（アレロパシーとは）　*123*

2.　阻害的アレロパシー　*124*

3.　促進的アレロパシー　*128*

4.　アレロパシーの生物学的意義（アレロパシー仮説と Novel weapon 仮説）　*133*

5.　植物以外の生物との相互作用（植物体外放出因子）　*135*

6.　おわりに　*138*

第4節　傷害との戦い　〈繁森 英幸〉　*140*

1.　はじめに　*140*

2.　高校の生物の教科書における"頂芽優勢"の記述について　*140*

3.　頂芽優勢に関するこれまでの研究の経緯　*141*

4.　筆者らの研究グループによる研究　*143*

5.　他の研究グループによる研究　*145*

6.　側芽成長促進機構について　*145*

7.　側芽の成長における休眠期から成長期への移行　*146*

8.　今後の課題　*147*

9.　展望　*148*

第5節　塩害との戦い　〈鈴木 美帆子〉　*149*

1.　はじめに　*149*

2.　7種のマングローブ植物とポプラの葉におけるアデノシン代謝の比較　*152*

3.　マングローブ植物ヒルギダマシにおけるエタノールアミンとコリンの代謝

153

4.　マングローブ植物ロッカクヒルギ培養細胞における解糖系の調節　*156*

5.　マングローブ植物ロッカクヒルギ培養細胞におけるプリン、ピリミジン、ピリ
ジンヌクレオチド代謝の制御機構　*158*

6.　おわりに　*161*

viii

第4章　植物の老化・開花・休眠とは ……………………………………*163*

第1節　老化のしくみ　〈上田 純一〉　*163*

1. 植物の寿命と老化　*163*

2. 黄変と紅葉　*164*

3. 落葉や落果と離層形成　*170*

4. 葉の黄変や紅葉、落葉や落果のメカニズム　*173*

第2節　開花のしくみ　〈横山 峰幸〉　*176*

1. はじめに　*176*

2. フロリゲンをめぐる研究の歴史　*177*

3. 花芽形成のイベント ― 組織・分子レベルからの解明　*179*

4. 花芽形成のイベント ― 化学物質からの解明　*184*

（1）　ジベレリン　*184*

（2）　KODA　*185*

5. 花芽形成に関わる農業上での問題と利用例　*187*

（1）　花芽形成に関わる農業上の問題　*187*

（2）　花芽形成に関わる農業上の利用　*188*

6. 開花とストレスとの関わり（まとめとして）　*189*

第3節　休眠のしくみ　〈丹野 憲昭〉　*192*

1. 休眠とは　*192*

2. 休眠器官の種類と構造　*194*

3. 休眠の生理的しくみ　*196*

（1）　休眠物質 ― アブシシン酸を主として　*196*

（2）　発芽促進（休眠解除・発芽誘導）の植物ホルモン ― ジベレリン　*200*

（3）　休眠におけるアブシシン酸とジベレリンとの関係 ― 光発芽種子の暗休眠の分子
遺伝学を例として　*202*

（4）　休眠に関する遺伝子　*205*

4. ヤマノイモ属植物の特異な休眠 ― ジベレリン誘導休眠　*206*

（1）　ヤマノイモ属のむかごと地下器官の休眠　*206*

（2）　ヤマノイモ属のジベレリン誘導休眠　*209*

（3）　ヤマノイモ属の内生ジベレリン　*211*

目　次　*ix*

（４）　むかごのジベレリン誘導休眠とアブシシン酸およびバタタシン類　*213*

5.　まとめとして　*217*

（１）　休眠のメカニズムとその課題　*217*

（２）　ヤマノイモの休眠とわたしたちの生活　*218*

第2部　わたしたちの生活に役立つ植物の知恵

第5章　農作物への応用 ……………………………………………*224*

第1節　有用作物の作成　〈穴井　豊昭〉　*224*

1.　農耕の始まりと作物の成り立ち　*224*

2.　品種改良の歴史と遺伝子の話　*226*

3.　品種改良技術のいろいろ　*229*

4.　品種改良の成果　*232*

5.　夢の作物をめざして　*234*

第2節　サスティナブルなコンポストで都会を緑に森林を元気に　〈加藤　幹久〉

237

1.　はじめに　*237*

2.　植物工場　*239*

3.　植物工場の課題として　*241*

4.　LED とセラスミックスC構造体を用いて　*243*

（１）　アブラナ科の室内栽培　*243*

（２）　その他の品目　*245*

5.　温暖化防止　*250*

6.　おわりに　*251*

第6章　医療分野への応用 ……………………………………………*253*

第1節　医薬品の開発　〈中村　克哉〉　*253*

1.　はじめに　*253*

2.　植物は医薬品の宝庫　*254*

3.　一次代謝産物と二次代謝産物　*256*

x

    4. 二次代謝産物の生産　*257*

    5. 医薬品候補物質の探索　*258*

    6. タキソール ― 全合成の時代　*262*

    7. イリノテカン ― 日本発抗がん剤開発への挑戦　*264*

    8. アルテミシニン ― 微生物による製造　*265*

    9. 筆者たち（神戸天然物化学）の取り組み ― 大腸菌を中心に　*269*

    10. これから　*272*

第2節　植物栽培と社会性 ―― 精神医療への応用 ――　〈山本 俊光〉　*275*

    1. 植物の栽培と子どもの教育　*275*

    2. 植物と関わる効用　*283*

植物生理科学研究会・植物生理化学会の活動史　…………………………*288*

植物生理科学研究会・植物生理化学会の出版物　…………………………*291*

第1部

植物の知恵を解き明かす

第 1 章

実験モデル植物シロイヌナズナとは

1. はじめに

　植物は、動物や昆虫などと異なり、自分の生活の場を変えることができないことから、周りの環境変化を鋭敏に感受し、応答する生物機能「生活の知恵」を発揮して生命の維持や種の繁栄を図っています。その「植物の知恵」の解明に向けて、近年、シロイヌナズナ（図 1-1）という小さな植物が汎用され、数多くの知見が得られています。本章では、「実験モデル植物」シロイヌナズナを取り上げ、シロイヌナズナの研究史、実験モデル植物としての特徴や突然変異体を用いた研究成果などについて、筆者の研究も含め、記したいと思います。

　それでは、筆者の経験から話を始めさせていただきます。1985 年、筆者はフランクフルトのゲーテ大学植物学教室、クランツ（A. R. Kranz）教授の研究室でシロイヌナズナの突然変異作出の研究を行っていました。その年の秋、クランツ先生が少し興奮した様子で、「シロイヌナズナが見直されるかも知れないよ」と米国の科学誌サイエンスを見せてくれました。その号は、バイオテクノロジーの特集号で、その中に「シロイヌナズナと植物分子遺伝学」というマイエロビッツ（E. M. Meyerowitz）らの記事が載っていました[1]。内容は、「シロイヌナズナは小さな植物であるが分子遺伝学の研究に種々の利点を持っている、すなわち、核ゲノムが小さいこと、DNA の繰り返し配列が少ないこと、生理や発達過程に変異を持つ突然変異体が多数分離されていること、などの特徴を持つ」という趣旨でした。シロイヌナズナが分子遺伝学の研究材料として注目されるようになったのはこのときあたりからです。

　この時期以降、シロイヌナズナの研究は飛躍的に発展し、実験モデル植物とし

第1章 実験モデル植物シロイヌナズナとは　3

図1-1　シロイヌナズナ
右：全形、左上：花序、左下：花芽をつけたロゼット

て植物分子生物学をリードしてきた感があります。しかし、本植物についての研究には、いろいろな分野での地味で長い歴史がありました。そこで、シロイヌナズナ研究の土台となった研究史の一端と、植物分子生物学の地平を開いた研究、および本植物の特徴を利用して筆者が関わったいくつかの研究を紹介します。

2. 初期のシロイヌナズナ研究者たち

　シロイヌナズナを遺伝や生理の研究材料として初めて用いたのはドイツのライバッハ（V. F. Laibach）といわれています[2]。彼は本植物の染色体数が10本であることを明らかにした人でもあります。その後、シロイヌナズナの研究はレ

4 第1部 植物の知恵を解き明かす

ベレン（G. Röbbelen）らに引き継がれ、遺伝、生理の研究や教材用の植物として多く利用されてきました。1964年には、彼が中心となってシロイヌナズナの研究情報誌 Arabidopsis Information Service（AIS、Arabidopsis はシロイヌナズナの属名）が発行されるようになり、主にヨーロッパの研究者の情報交換の場となっていました。AIS は、その後1975年から、フランクフルトのクランツに引き継がれ1990年（27巻）まで続きました。クランツは AIS の事業の一つとしてシードバンク（種子銀行）を開設し、世界各国の野生型や突然変異系統を集め（約1,000系統）、研究者に無料で供与していました。

　シロイヌナズナについての第1回国際研究会が1965年、ドイツのゲッチンゲンで開かれました。1987年夏にベルリンで開催された第14回国際植物学会議では、シロイヌナズナに関するサテライト集会がクランツ氏の主催で開かれ、日本から松井南先生（理研）、長谷川宏司先生（筑波大）、筆者らが参加して討論に加わりました。その集会には、その後のシロイヌナズナ研究をリードしたマイエロビッツ氏、コールニーフ（M. Koornneef）氏も参加されていました。出席者は50人ほどで、多くはありませんでしたが、シロイヌナズナが、分子および古典的遺伝学の研究モデル植物となりうること、分子生物学の研究材料として優れていることなどが議論されました。また、集会では、シードバンクに蓄積されたシロイヌナズナ、遺伝子マッピング、集団の遺伝・生化学、突然変異の単離と生理的性質などが紹介・発表され、今後の研究の発展を予測させるものでした。国際研究会はその後も断続的に開かれ、2015年には第26回（International Conference on Arabidopsis Research）がパリにおいて開催され、約1,000名の参加者を迎え、目を見張る隆盛をみせています。

　シードバンクは現在3か所（日本の理化学研究所・バイオリソースセンター（BRC）、米国のオハイオ州立大、英国のノッチンガム大）で活動しており、シロイヌナズナエコタイプとその近縁種、突然変異体、アブラナ科植物などを収集して研究、教育に必要とする研究者や教育者に供与しています。

　日本のシードバンクができたいきさつを少し記します。筆者が東北大学教養部の助手をしていた1965年頃、上司の清水芳孝教授から、「教養部のような三無い研究室（研究費がない、実験室がない、人がいない）では小さくて寿命が短い植物が研究材料として都合が良いのではないか」と勧められてシロイヌナズナを使

い始めました。当時、清水先生はシロイヌナズナを学校の教材植物として普及する活動を行っていました。その後、筆者は宮城教育大学に移りましたが、そこで矮性突然変異体や色素突然変異体などを集めるうちに手持ちのシロイヌナズナエコタイプや突然変系統が少しずつ溜まってきました。たまたま、クランツ先生が定年退職を期に AIS シードバンクの全系統（近縁種を含めて約 1,000 系統）をわざわざフランクフルトから持って来て供与してくれました。そこで、筆者は、1993 年 AIS コレクションと筆者が集めた仙台コレクションを元に「仙台シロイヌナズナ種子保存センター（Sendai Arabidopsis Seed Stock Center, SASSC）」を設立しました。SASSC の立ち上げにはオランダ・ワーヘニンゲン大学のコールニーフ氏にも突然変異系統の分与などで協力していただきました。その後、約10 年間、世界中の研究者・教育者に無料の供与活動を行いました。2003 年に筆者の定年退職を機に、SASSC は理研・BRC・実験植物開発室（小林正智室長）に移管されました。理研シードバンクは、シロイヌナズナだけでなく種々の実験モデル植物を取り入れ、現在も旺盛に活動中です。

3. シロイヌナズナとはどんな植物か

シロイヌナズナ（*Arabidopsis thaliana*（L.）HEYNH.）が初めて記載されたのはドイツの植物学者ヨハネス・タール（Johannes Thal）によると言われています。*Arabidopsis thaliana* と命名したのはリンネ（C. v. Linne）です。Arabidopsis は Arabis（ハタザオ属）に似ているの意で、Arabis はアラビア地方をさしています。thaliana は本植物を記載した Thal にちなみます。Heynh. はこの名を決定した人、ヘインホルド（G. Heynhold）から取られました。英名：mouse-ear-cress、wallcress（ハタザオと同名）。

現在、Arabidopsis 属は約 17 種記載されています。日本では以前は 1 種 *A. thaliana* のみでしたが、最近の APG（Angiosperm Phylogeny Group、被子植物系統研究グループ、DNA の塩基配列を比較することによる分子分類体系を目指す）による分類では、以前はハタザオ属（Arabis）とされていた、ハクサンハタザオ（*Arabidopsis halleri* var. senanensis）、タチスズシロソウ（*Arabidopsis kamchatica* subsp. kawasakiana）、ミヤマハタザオ（*Arabidopsis kamchatica* subsp. kamchatica）も Arabidopsis 属に分類されています[3]。*A. thaliana* と似ているが、黄色の花をつける *A. Stewartiana* が 1956 年ヒマラヤ地方で発見されたのが最も近年の記載になります。Arabidopsis 属は Arabis 属と非常に近縁のため、分類学的には両者をどう区別するかが議論されています。いまだに両者の区別がつかない植物もあります（*Arabidopsis griffithiana* と *Arabis griffithiana*）。Arabidopsis 属の染色体数はいろいろで、2n=10 をもつのは *A. thaliana* だけで、その他の種はもっと多くの染色体数です。和名が似ているイヌナズナという黄色の花をつける植物がありますが、属名が異なる（*Draba nemoroza* L.）のであまり近縁とはいえません。和名をシロバナノイヌナズナ（エゾイヌナズナ）（*Draba borealis* DC.）という植物もありますが、これは多年草で、北海道など寒い地方に生育します。ナズナは春の七草の一つでお正月にお粥に入れて食べます。シロイヌナズナは同じアブラナ科に属しますが作物としての経済的価値は無く、おひたしにして食べてもほとんど味がしません。

4. 実験モデル植物としての特徴

　多くの植物の中でなぜシロイヌナズナが研究材料として好都合のモデル植物となったのか、簡単に列挙します。

○ゲノム量が少ないことが最も大きな理由です。以前から染色体数が少ないことは知られていました。5 本の半数染色体に存在する DNA 量は約 1 億 2 千万塩基対で、繰り返し配列が少ないという特徴があります。2000 年 12 月、各国研究者の連携によって、植物で初めて全塩基配列の解読が完了しました（遺伝子数は 2013 年現在で約 27,000）。

○生活環が短いこと。長日植物なので連続光下生育で、播種後約 6 週間で花が咲き、2 か月で種子が採れます。

○体制が小さいこと。実験室では草丈 30cm 程度、小さい実験室でも多数の個体を栽培できます。

○種子が多く採れること。種子は極めて小さく、0.5×0.3 mm ほどの楕円形で、1,000 粒で約 20mg の重さです。野外で越年した大株個体は最大 5 万粒の種子をつけます。

○突然変異体の作成が容易であること。染色体上に同定された突然変異体が500以上あります。突然変異体は物質代謝や形態の変異など多数見つけられており、また種々の突然変異誘導物質（エチルメタンスルフォネート・EMSなど）によって容易に変異体が誘導されます。また、アグロバクテリウムによる遺伝子組換え体もつくられています。

5. シロイヌナズナ突然変異体を用いた研究

（1）ピン（pin-formed）突然変異体

　ピン突然変異体は、植物ホルモン・オーキシンの極性移動を支配するピン遺伝子が変異したものとして有名です。ピン（PIN）とは留め針のことで、花茎の先がピン形に尖っている（pin-formed）ことから、クランツと筆者によって付けられた名称です。この突然変異体を生じた植物は、はじめ *Arabidopsis incana* と呼ばれていました。葉、茎、種子はアントシアンを持たず、また、無毛です。この植物から放射線照射によって誘導され、3対1に劣性分離する突然変異体（当初24aと命名）が得られました。この変異体は、大きいロゼット、多数の花茎を出す、花は着けないか不完全、茎の先端はピンのように細く尖る、など特異な形になります（図1-2）。筆者はクランツ研究室のAISにこの突然変異体がストックされているのを見つけました。花弁やめしべなどの花器官に異形が多いことから、植物ホルモンのジベレリン代謝が異常と考え、ジベレリン投与によって正常な花に戻るのではないか、と期待して実験を行いましたが、正常にはなりませんでした[4]。

　その後、この変異の原因が、オーキシンの極性移動（茎の先端部から基部へ向かって移動する性質）の異常であることが岡田氏、上田氏らによって明らかにされました[5, 6]。オーキシン移動を司るPIN遺伝子の発見でした。PIN遺伝子から作られるPINタンパク質は、茎の各細胞の下側に存在し、オーキシンを細胞の下側から細胞外へ送り出す輸送体として働くことが明らかとなりました。ピン突然変異体はこのPIN遺伝子が正常に働かず、オーキシンが極性移動をしなくなって形態異常を起こすと考えられます。現在、PIN遺伝子は複数見つかっており、それらの働きは花茎の形態を正常に保つことだけでなく、根の重力屈性、

8　第1部　植物の知恵を解き明かす

図1-2　ピン突然変異体
　右上：植物体の全形、左上：茎の頂端部、下：花芽をつけた茎頂部
（多数のめしべを形成します。）

葉の鋸歯形成などにも関与していることが明らかになってきました。
　ピン植物は不完全なガク片、花弁、おしべ、めしべなどの花器官をつくります。それらの形や数は不定ですが、めしべ様の器官（心皮）が最も多くつくられます。各花器官が心皮に分化することが多く、また、扁平なヘラ状に形成された茎先端部に多数の未熟な心皮が一列に並んで発生する場合もあります。これらはしばしば不稔の胚珠様の小球を持ちます。これらの事実から、元来、花器官の中では、心皮を分化させる遺伝子が最も強く働き、他の器官ができる場にも優先して形成されることが考えられます。
　ピン植物の茎は旺盛な成長を示しますが、しばしば茎が扁平になり、また先端部が三味線のバチのような平に広がった形になります。このような茎の維管束

は、本来円形に配列するものが、扁平な皮層に沿って多数バラバラに存在しています。これはシダ類やイチョウなどの原始的な植物の葉脈に見られる又状分枝と似ています（テロム説）。このことから、ピン植物の扁平茎は植物の退化現象と考える人もいます。

（2）はじけないサヤ

アブラナ科植物は、種子の成長とともに果実全体も発達・成熟し、ついには果実の莢片（長角果のサヤの種皮、2個ある、valve）と隔壁（隔膜、長角果の中央を縦に仕切る壁、種子が着く部位、septum）が分離してサヤがはじけ、種子を散布します。この性質は自分の子孫を広い範囲にばらまくために備わった能力です。しかし、種子を採りたい人間にとっては不都合な性質で、ナタネ油などを取る重要なアブラナ科の作物種子は、収穫前のサヤの裂開で種子が散ってしまい、20～50％ものロスが生じるといわれます。収穫前の無駄な種子の散布を防ぎ、収穫量を向上させる上で、裂開過程を調節するしくみの研究は大きな意義があります。

シロイヌナズナの種子散布は果実の成熟後、サヤの裂開（fruit dehiscence, pod shatter）と呼ばれるプロセスを経ます。その過程は SHATTERPROOF 遺伝子が関与し、この遺伝子の発現によって莢片と隔壁の境界部（裂開層、dehiscence zone）の分化が促進されます。ヤノフスキー（M. F. Yanofsky）らは、サヤのはじけない突然変異体（shp1/shp2 と CFM5088）を作成しました[7]。

筆者はヤノフスキーからこれらの突然変異株を供与してもらい、果実の成長段階を観察したので果皮構造の形態的な特徴について記します。突然変異の shp1/shp2 株は、shp1 遺伝子と shp2 遺伝子の二重変異体です。それぞれの遺伝子変異は単独では、野生型と区別できませんが、二重変異体になるとサヤがはじけない形質が発現します。CFM5088 株は、Columbia 野生型の FUL という遺伝子にカリフラワー 35S プロモーターを2つつなぎ、FUL 遺伝子の発現を強めた系統（2×35S: FUL）です。野生型では、種子の成熟が進むとともに、莢片の裂開層（隔壁と接着している部分）の細胞壁で木化（リグニン化）が起こります。そして、果実が乾燥するにつれて莢片の細胞が収縮し、裂開層の細胞群が両側から引っ張られます。この張力のために、木化して硬くなった裂開層が分離し、莢片

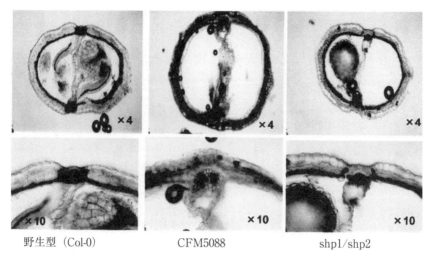

図1-3 シロイヌナズナのサヤの横断切片
左:野生型、中央:はじけないサヤをもつ遺伝子組換え体(CFM5088)
右:はじけないサヤをもつ二重突然変異体(shp1/shp2)
上側:横断面、下側:サク片と隔膜の拡大図(木化してリグニンが形成されるとフロログルシンで紅く染まります。)

と隔壁が離れます。これに対して突然変異株は隔壁と萼片の境目にリグニン形成が起こらないため木化組織が発達せず、果実が成熟しても裂開層の分化・発達が起こりません。このため、果実が成熟・乾燥して萼片が収縮しても隔壁と萼片の分離が起こらず、したがってサヤの裂開が起こらず種子を飛ばすことができないのです(図1-3)。

(3) 花成ホルモンの実体

花成ホルモンの詳細については、第4章・第2節の「開花のしくみ」をお読みください。ここではシロイヌナズナの花成ホルモンの発見に限って記します。

シロイヌナズナは、春、日が長くなると花芽ができる長日植物に属します。

図1-4 花芽形成のしくみ
フロリゲン(FTタンパク質)は葉でつくられ、師管を通って茎頂に運ばれ、FDタンパク質と結合し、AP1遺伝子を発現させます(荒木ら、2005年)。

一方、イネなどは日が短くなると花芽ができる短日植物です。従来、適当な日長になると、葉でつくられ、茎頂の成長点に運ばれた花成ホルモン（フロリゲン）が花芽形成を誘導すると考えられてきました。長い間その実体は不明でしたが、2005年、荒木氏らによるシロイヌナズナを用いた研究によって明らかにされました[8]。フロリゲンの正体はFTというタンパク質でした。FTタンパク質は日長を感受した葉でつくられ、維管束（師管）を通って成長点へ移動し、そこにあるFDタンパク質と結合し、その結合タンパク質が花成遺伝子（AP1）のスイッチをオンにします。AP1遺伝子が働くことによって花芽形成が起こるしくみです（図1-4）。従来、フロリゲンの研究は、日長の感受が鋭敏なイネ、オナモミ、ダイズ、ウキクサなどの短日植物で盛んに行われており、日長に鈍感な長日植物のシロイヌナズナは研究材料として不適当と言われていました。しかし、シロイヌナズナの花芽形成に関する多数の突然変異体の遺伝子発現を詳しく検討することによって、長年の課題の突破口が初めて開かれました。

（4）種皮細胞の隆起と粘質物分泌

植物は、自分の子孫の分布を広げるためにいろいろな戦略を持っています。それは、種子を散布するためのヒッツキムシとして知られ、オナモミ、センダングサ、キンミズヒキなど、トゲによって動物にくっつくものや、チヂミザサ、ヤブタバコなど、種子表面から粘質物を分泌してくっつくものがあります。

シロイヌナズナの種子も水に濡らすと粘質物を出して種子の表面を覆い、他物や種

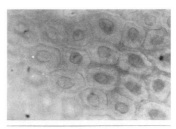

図1-5　種皮細胞の隆起
種皮細胞の中央には、ほぼ丸形で頂部が平坦な隆起があります。
上：種皮細胞を上から見た図
中：粘質物を分泌している隆起
下：種皮細胞を横から見た隆起

子どうしでくっつきます。この性質はそれほど強いものではなく、ヒッツキムシの役割は弱いですが、種子の乾燥を防ぐ役目は果たしていると考えられます。その種皮の外側の表面を見ると各細胞の真ん中に低い煙突のように見える隆起（Central Elevation）があります。隆起の先端表面は平べったくなっていて、水に接するとそこから粘質物が出てくるしかけです（図1-5）[9]。種子表面から分泌される粘質物の主成分はウロン酸（ガラクツロン酸とグルクロン酸）とラムノースを主成分とする多糖類で、他にフコースやアラビノースなどいくつかの単糖類が含まれることが分かっています。

（5）試験管の中で花を咲かせる

　以前、アサガオが試験管の中で花を咲かせている写真を見て驚いたことがあります。しかし、そのアサガオが試験管の中で種子をつくるまでの生活環を全うしたとは思われません。大抵の植物は試験管より大きくなり、また、栄養不足によって生育の途中で枯死します。植物が一生にわたって試験管（18×180 mm）の中で生育し、子孫を残すのはなかなか難しい。それができる植物の一つがシロ

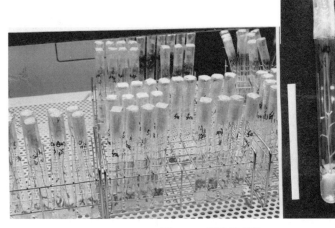
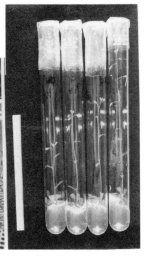

図1-6　試験管栽培
左：試験管栽培の様子、右：ジベレリンの効果を見る実験。左から対照、GA_3 0.01、0.1、1mg/l（野生型・Col-0 系統）（白いスケールは10cm）

イヌナズナです。シロイヌナズナは元来身体が小さい植物ですが、それでも、植木鉢で育てると大株になってとても試験管には納まりません。しかし、初めから、無菌状態にした試験管の中で育てると、発芽、成長、開花、種子形成をして一生を終えることができます。このような芸当ができる種子植物は、今のところシロイヌナズナだけと思われます（図1-6）。試験管の中でできた種子は無菌なので、無菌的に植え継げば無菌植物を継代できます。

　試験管栽培で問題になるのは、生育中の植物が湿気のために濡れてガラス化（Vitrification）を起こし、透明化してしまうことです。こうなると形態的にも、生理的にも正常な成長ができなくなり花も種子もできません。これを防ぐには試験管内の湿気を少なくすることが必要です。そのために、試験管の栓として特殊加工したポリプロピレンシート（直径8mm）を貼り付けたビニールシートがあります。このシートは空気や水蒸気は通しますが、カビやバクテリアは通しません[10]。

（6）暗所での花芽形成

　前述したように、シロイヌナズナは長日植物なので、長い日長条件下では早く花が咲きます。では、発芽時から暗い場所に置かれたときは花は咲かないのでしょうか。実は、栽培条件を適当に設定することにより、発芽時からずっと暗所で育てた植物が意外に早く花芽をつくるのです。

　発芽から花成まで完全に暗くしたいところですが、シロイヌナズナは光発芽種子という、発芽するためには、一定時間光が当たることがどうしても必要という性質をもっています。そこで、ろ紙などを濡らした培地に種子を播いて冷蔵庫の低温下に1夜置いた後、室温に戻し半日ほど光を当てます。その後、暗所に置き、4～5日後、発芽して胚軸が1cmほどに伸びた芽生えを液体培地に入れて、やはり暗所で栽培します。暗所での実験操作は、薄暗い緑色の安全灯の下で行います。培養用試験管（18×180mm）には培養液5 mlとガラスビーズ（直径5mm、50個）を入れ、振とう機上で培養します。植物体は、3葉が出るまでは全体が液に浸かり、その後成長点が気中に出ていた方が花芽をつけやすいようです。花芽形成は培養18日目頃から認められ、35日目ではほぼ100％となりました（図1-7）。花成までの早さは、長日条件下（連続光、寒天培養）、暗所での液

14 第1部 植物の知恵を解き明かす

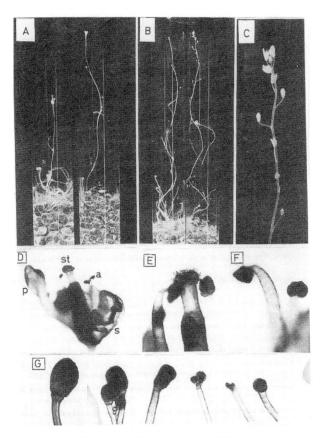

図 1-7 暗所生育植物の花芽形成
A：Est. 野生型、B：En2n 野生型、C：花芽をつけた花茎、D：花（s：ガク片、p：花弁、st：柱頭、a：葯）、E：めしべとおしべ、F：花糸と葯、G：いろいろな生育段階の花芽

体培養、短日条件下（5時間明-19時間暗、寒天培養）の順になりました。
　培養液の成分には、糖（ショ糖）と窒素分（KNO$_3$）が必須で、どちらかを欠くと花成はしませんでした。形成された花芽は、ガク片、花弁、おしべ、めしべ、柱頭、葯などは少なくとも外見上は正常に見えました。しかし、花粉は形成されませんでした[11]。
　ある種の核酸類似化合物が花芽形成を促進することが知られています。これらの物質は、正常なDNA合成を阻害するので、遺伝子の中にはその発現が花芽形

成を抑制することで花成を制御しているものがあると考えられます。この花成抑制遺伝子は、シロイヌナズナなどの長日植物では短日条件下で強く発現し、花芽形成が早く起こる長日条件下や全暗黒下では発現が弱いことが考えられます。そのような DNA 環境へ、正常な DNA 合成を阻害する核酸類似物質が来ると、抑制のタガが外れて花芽が作られると考えられます。そのような効果を示す化合物では、5-ブロモデオキシウリジン（BUDR）が有名です。短日の環境下では、花芽形成抑制物質をつくる遺伝子が発現しており、長日の環境下、暗黒環境下あるいは BUDR を加えた条件下では抑制物質をつくる遺伝子の発現が抑えられて花芽形成が促進されると考えられます。

（7）花器官形成の ABC モデル

　シロイヌナズナの花の構造は、外側からガク片、花弁、おしべ、めしべ（心皮）の順に並んでいます。これらの花器官形成は ABC という 3 つの遺伝子によって制御されており、遺伝子の組み合わせによって各花器官がつくられるという ABC モデルが提案されました[12]。シロイヌナズナの花の突然変異は大別して、apetala2（ap2）、pistilata（pi）、agamous（ag）の 3 つのタイプに分類されます。ap2 変異体はガク片の位置（1 番外側の同心円領域）に心皮ができ、また、花弁の位置（2 番目の領域）におしべができます。pi 変異体は花弁の位置にガク片、おしべの位置（3 番目の領域）に心皮ができます。ag 変異体はおしべの位置に花弁が、心皮の位置（4 番目の領域）にガク片ができます。この場合正常な花ではそれぞれ AP2、PI、AG という遺伝子が働き、各花器官の原基を決定するタンパク質を合成します。これらの遺伝子を順に A、B、C と呼ぶと、A だけが働く領域ではガク片がつくられ、A と B の両方が働くと花弁がつくられ、B と C の両方が働くとおしべがつくられ、C だけ働く領域では心皮がつくられることになります（図 1-8）。また、A が欠損すると本来その領域では働かない C が働きだし、逆に、C が欠損するとその領域で A が働きだします。

　このモデルは、花器官形成のしくみを最も無理なく説明できること、また、キンギョソウなど、他の植物の花器官形成にも適用されることが分かり、一般的な花器官形成過程を説明するモデルになっています。

16　第1部　植物の知恵を解き明かす

図1-8　花器官形成における遺伝子の働きを説明するABCモデルの元になった3つの突然変異体
左上：野生型、右上：ap2突然変異体（花弁が雄しべに、ガク片が心皮になりました。）、左下：pi突然変異体（花弁がガク片に、雄しべが心皮になりました。）、右下：ag突然変異体（雄しべが花弁に、心皮がガク片になりました。）（2002年発行の『生物教育』の表紙を飾りました。）

6. おわりに

　シロイヌナズナが雑草の地位からシンデレラのように突然モデル植物として現れたのは、1985年頃でした。その後、2000年にゲノムDNAの全塩基配列が解読されました。解読が見通しよりも数年早く完成したのは、シロイヌナズナが有

用作物ではなく、役に立たない雑草なので研究成果を秘密にする必要がないこと
や、各国の研究者の率直な情報交換があったからだと強調する研究者もいます。
その後、本植物は分子生物学、分子遺伝学の大きな武器となり、植物学や作物学
の進展に大きく寄与しました。現在では、作物を含む植物の分子生物学で遺伝子
を話題にする際、シロイヌナズナの DNA 配列を参照することがほぼ通例になっ
ています。最近はシロイヌナズナの研究は終わったと言われることもあります
が、シロイヌナズナがどのようにしてゲノムを減少させたのか、という自身の進
化の過程については未知の部分が大きく残されており、その解明が期待されます。

引用文献

1) Meyerowitz, E. M. and Pruitt, R. E. *Arabidopsis thaliana* and molecular genetics. Science 229: 1214-1218（1985）

2) Laibach, V. F. *Arabidopsis thaliana*（L.）Heynh. als Objekt für genetische und entwicklungsphysiologische Untersuchungen. Bot. Arch., 44: 439-455（1943）

3) 邑田仁・米倉浩司『日本維管束植物目録』北隆館、2012、p.151

4) Goto, N., Starke, M. and Kranz, A. R. Effect of gibberellins on flower development of the pin-formed mutant of *Arabidopsis thaliana*. Arabidopsis Information Service（AIS）23: 66-71（1987）

5) Okada, K., Ueda, J., Komaki, M. K., Bell, C. J. and Shimura, Y. Requirement of the auxin polar transport system in early stages of *Arabidopsis* floral bud formation. Plant Cell 3: 677-684（1991）

6) 岡真理子・上田純一「シロイヌナズナ pin 突然変異体とオーキシン」『植物の化学調節』31、1996、pp.113-124

7) Liljegren, S. J., Ditla, G. S., Eshed, Y., Savidge, B., Bowman, J. L. and Yanofsky, M. F. Shatterproof mads-box genes control seed dispersal in *Arabidopsis*. Nature 404: 766-770（2000）

8) Abe, M., Kobayashi, Y., Yamamoto, S., Daimon, Y., Yamaguchi, A., Ikeda, Y., Ichinoki, H., Notaguchi, M., Goto, K. and Araki, T. FD a bZIP protein mediating signals from the floral pathway integrator FT at the shoot apex. Science 309: 1052-1056（2005）

9) Goto, N. The relationship between characteristics of seed coat and dark-grown germination by gibberellins. AIS 19: 29-34（1982）

10) 後藤伸治「試験管の中で花を咲かせる ― シロイヌナズナを用いた生活環の観察」『遺伝別冊』10 号、1998、pp.122-126

11) Goto, N. Conditions for flower induction in dark-grown *Arabidopsis* plants. AIS 18: 153-156（1981）

12) Coen, E. S. and Meyerowitz, E. M. The war of the whorls: Genetic interactions controlling flower development. Nature 353: 31-37（1991）

第 2 章

植物の運動

本章では代表的な植物の運動として、刺激方向に対して一定の運動を示す現象（屈性（tropism））の中から光屈性と重力屈性、刺激の方向とは無関係に一定の運動を示す現象（傾性（nasty））として葉の開閉運動について解説します。

第 1 節 光 屈 性

1. 光屈性とは

光屈性（以前は屈光性と呼ばれていました）は、植物の芽生えが一方向から光照射された時、光方向に曲がって成長する現象（図 2-1）であり、植物の運動の代表的な例です。"光屈性"という用語はフィッテング（H. Fitting、1906 年）によって名づけられた phototropism（photo は光、tropism は屈性を示します）に由来します。植物の重要な機能である光合成における光エネルギーを葉で効率

図 2-1　光屈性（ダイコン芽生えに左方向から青色光を照射）

第 2 章 植物の運動　*19*

よく受けとめるために光方向に屈曲すると考えられています。

2. 光屈性のしくみ—ダーウィン父子の実験からコロドニー・ウェント 説の誕生まで

　高校の生物教科書では、植物の感覚と反応の章で、光屈性のしくみが 3 つの古 典的な実験をもとに図入りで詳細に解説されています（図 2-2）。

　メビウス（Möbius、1937 年）によれば、光屈性に関して確認される最初の記 述は、デ・バロ（De Varro, B.C.+100 年）によるものであります。当時は屈日 性 heliotropism（helio 太陽）と呼ばれたこの研究は、17 世紀から 18 世紀にか けては、温度や水分の蒸発と関係があると言われてきました。しかし、本格的な 光屈性の研究は、ダーウィン父子の "The Power of Movement in Plants（植 物の運動力)" に始まったといっても過言ではありません。

（1）ダーウィン父子の実験 [1]

　進化論で有名なチャールズ・ダーウィン（Charles Darwin）は、1880 年に、 息子のフランシス・ダーウィン（Francis Darwin）の助力を得て、300 種以上 の植物のいろいろの部分が運動することを詳細に観察・実験しています。彼らは 単子葉植物カナリアクサヨシ（地中海沿岸で自生し、カナリアがよく食べていた ことから名づけられたと言われています）の芽生えの先端部（幼葉鞘、ちなみ に、カナリアクサヨシ、アベナやトウモロコシといった単子葉植物の若い芽生え の茎に相当する部分は幼葉鞘（coleoptile）といい、ダイコン、ヒマワリやシロ イヌナズナといった双子葉植物のそれは下胚軸（hypocotyl）といいます）3mm 程度を切除したり、先端部に不透明な帽子をかぶせ、横方向から光を照射した ところ、無処理の幼葉鞘が光方向に屈曲したのに対し、屈曲しなかったと言いま す。この実験から、彼らは光を感受する部位は幼葉鞘の先端部であり、そこから "ある種の刺激因子" が下方の成長帯に伝えられた結果、屈曲すると解釈しまし た。植物の光屈性を動物の神経伝達機構と対比させて考察したかったようです。

20　第1部　植物の知恵を解き明かす

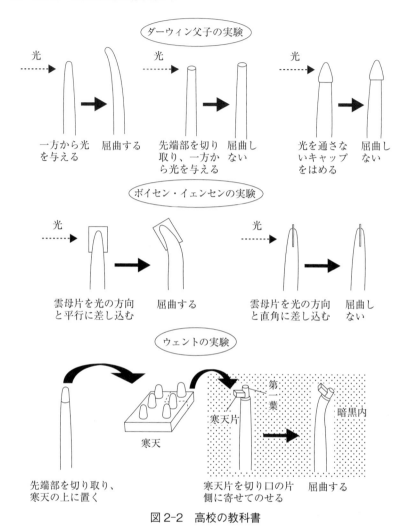

図 2-2　高校の教科書

（2）ボイセン・イェンセンらの実験[2]

　ボイセン・イェンセン（P.Boysen-Jensen）らは1926年、薄い雲母片（物質の移動を妨げる目的で使用）をアベナ（オート麦、植物生理学の研究では単子葉植物としてトウモロコシと並んでよく使用されています）幼葉鞘の先端部に差し込んで、雲母片に平行（光側・影側組織間で化学物質の移動は可能）あ

るいは垂直（化学物質の移動は不可）方向から光を照射したとき、前者では屈曲が見られましたが、後者では屈曲が見られなかったと言っています。このことから、先端部の光側と影側組織の間で化学物質（後のオーキシン）が横移動することによって、光屈性が引き起こされると解釈しました。これらの実験をさらに発展させたのがウェント（F.W.Went）です。

（3）ウェントの実験[3]

ウェントは1928年、アベナ幼葉鞘の先端部から拡散してくる物質を寒天片に集め、その寒天片を先端部を切除したアベナ幼葉鞘の片側に載せたところ、載せた側と反対方向に屈曲することを見いだしました。この生物検定法はアベナ屈曲試験と言われ、現在でも植物ホルモン・オーキシンの活性試験に使われています。彼はまた、図2-3のような実験を行いました。アベナの芽生えに片側から光を照射し、先端部を切り取り、雲母片で仕切った寒天片の上に光側と影側組織に分かれるように差し込み、しばらくの間暗黒下に置きます。その後、この光側と影側の寒天片をそれぞれアベナ屈

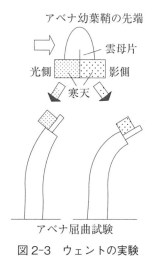

図2-3　ウェントの実験

曲試験にかけたところ、影側の方が光側より大きな屈曲を示したことから、成長を促進する物質（屈曲を引き起こす物質、後のオーキシン）が光側から影側組織に移動することによって、影側組織の成長が促進され光方向へ屈曲すると解釈しました。

（4）植物ホルモン・オーキシンとは

ウェントと同じオランダのユトレヒト大学にいた有機化学者のケーグル（F.Kögl）（妊婦の尿から性ホルモンを取り出そうとしていたのではないかと言われています）が、ウェントの考案したアベナ屈曲試験で活性を示す物質を人の尿から数種類取り出し、オーキシン（auxin、ギリシャ語のauxeinにちなんで命名）と名づけ（1931年）、それらの化学構造を決定しました（1934年）（図2

-4)。なお、ヘテロオーキシン（hetero-auxin、インドール酢酸）は日本の化学者・真島利光によってすでに合成されていたにもかかわらず、当時、日本の化学者の評価が低かったのか同氏の論文はまったく引用されていません。ケーグルの没後、ケーグルの弟子であったブリューゲントハルト（J.A.Vliegenhart and J.F.G.Vliegenhart、1966年）や松井と中村（1966年）によってヘテロオーキシン以外のオーキシンはまったく存在しないことが明らかにされ、ケーグルらの報告したデータが疑問視されました（ケーグルの弟子の女性研究者が、功を焦って誤って発表したのではないかと言われています）。後で述べますが、この問題は光屈性にまつわる奇妙な序章であったように思えてなりません。

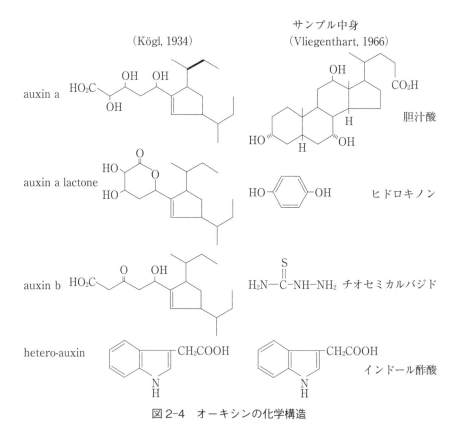

図2-4　オーキシンの化学構造

（5） 光屈性のしくみを説明する"コロドニー・ウェント説"の誕生

　オランダからインドを経由してアメリカに渡ったウェントは、一方向からの光照射によって、芽生えの先端部においてオーキシンが組織内を光側から影側へと横移動し、影側組織のオーキシン量が増加することで影側組織の成長が促進され、光側に屈曲すると解釈しました。同様な解釈は、重力屈性（第2章・第2節・重力屈性を参照）にも当てはまることが、すでにコロドニー（N.Cholodny、1927年）によって示されていたことから、ウェントとチマン（K.V.Thimann）は光屈性と重力屈性はいずれもオーキシン量の偏差分布によって引き起こされるという、コロドニー・ウェント説（Cholodny-Went theory、1937年）（図2-5）を提唱しました[4]。ウェントの流れを汲むブリッグス（W.R.Briggs、1957年）はトウモロコシの幼葉鞘を用いて、光屈性がオーキシンの不均等な分布によって引き起こされることをアベナ屈曲試験で明らかにし、コロドニー・ウェント説を支持しました。

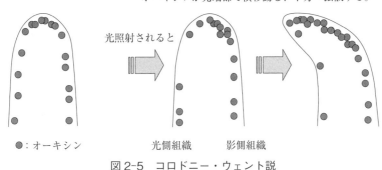

図2-5　コロドニー・ウェント説

　また、このコロドニー・ウェント説を補強する研究として、ピッカード（G.B.Pickard）とチマン（1964年）は、放射能でラベルしたオーキシン（インドール酢酸）をトウモロコシ幼葉鞘の先端に与え、光屈性に伴う光側と影側組織における放射能の分布を調べました。その結果、影側に光側の2倍以上の放射能が検出されたことから、外から投与したインドール酢酸も光側から影側に移動するとして、コロドニー・ウェント説の正当性を主張しました。

　ここに、光屈性や重力屈性がオーキシンの横移動に起因する偏差成長（光屈性

24　第1部　植物の知恵を解き明かす

の場合は、暗所対照と比較して光側組織の成長が抑制され、影側組織の成長が大きく促進される）によって引き起こされるというコロドニー・ウェント説が定理のように確立したのです。

3. コロドニー・ウェント説を疑問視する論文の数々

（1）　外から与えた放射能でラベルしたインドール酢酸は光屈性刺激で本当に偏差分布を示すのか

　ライゼネル（H.J.Reisener、1958 年）やシェン・ミラー（J.Shen-Miller）とゴードン（A.Gordon）ら（1966 年）によって、外から与えた放射能でラベルしたインドール酢酸は光屈性刺激によって偏差分布を示さないことが発表されました。ピッカードらが光側と影側組織における全放射能を測定したのに対し、彼らは、両組織におけるインドール酢酸を分離・精製し、インドール酢酸の放射能を測定しました。その結果、光側と影側組織における放射能（インドール酢酸）には差が認められなかったのです。インドール酢酸だけの分布を明らかにするためには、シェン・ミラーらの実験方法の方がピッカードらのそれよりはるかに優れています。しかし、不思議なことに、彼らの論文にはコロドニー・ウェント説に対する明確な批判は記述されていません（当時の植物生理学のレジェンド達に支持されていたコロドニー・ウェント説に面と向かって反論した場合、論文の掲載が論文審査員によって却下されるといった恐れがあったのか、なかったのか）。ちなみに、シェン・ミラーらと同じ精度の高い実験方法で、外から与えた放射能でラベルしたインドール酢酸が、光屈性刺激で光・影側で不均等な分布を示さないことがアベナ幼葉鞘で明らかにされています（中野ら、未発表）。

（2）　光屈性は影側組織の成長が促進されることによって引き起こされるのか

　コロドニー・ウェント説によれば、オーキシンが光側から影側組織へ横移動することによって、影側組織の成長が促進（および光側組織の成長が抑制）された結果、光側に屈曲すると考えられています。トウモロコシ幼葉鞘を用いた実験で、光側組織の成長抑制と影側組織の成長促進が同時に生じて光側に屈曲するこ

とが報告されています（飯野 M.Iino、1991年）。しかし、この実験は赤色光照射下で光屈性刺激を与えたもので、赤色光によって成長が抑制された芽生えや、非常に成長率の低い芽生えといった特殊な芽生えでのみ影側組織の成長促進が時としてみられるものであり（堀江、未発表）、加えて、影側組織の成長促進が起こるという実験は、光照射中の芽生えを比較的長時間ごとに高感度フイルムを用いて撮影した後、そのネガから光、影側組織の長さを測定し、直線でつないだものであり、光照射直後のごく初期に起こる光、影側組織の成長変化を追うことができない実験方法でした。

　ようやく、赤外線ビデオカメラとパソコンを連結した infrared-imaging system が開発され、光屈性刺激を与える前から、光屈性刺激後の光側と影側組織および暗所対照の成長をリアルタイムで精密かつ連続的に測定することができるようになりました。ダイコン、ヒマワリ、アベナ、トウモロコシ、シロイヌナズナなど多数の芽生えにおいて、光側組織の成長は光屈性刺激開始後極めて短時間で暗所対照に比べて顕著に抑制（成長停止）されました。一方、影側組織の成長は暗所対照と変わりませんでした（図2-6）。ただ、時として光屈性刺激を長

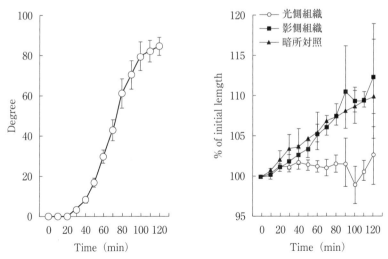

図2-6　シロイヌナズナの芽生えの光屈性刺激に伴う屈曲角（左）および、
　　　光側と影側組織と暗所対照の成長率（右）の経時的変化
　光側組織の成長抑制のみが生じて屈曲することが分かります。

26 第1部 植物の知恵を解き明かす

時間与えた場合、屈曲がすでに起こっている芽生えで影側組織の成長促進が認められることがありましたが、これは光屈性の原因ではなく、光方向に屈曲した芽生えをそのまま直線的に成長させていくために必要な現象（光屈性の原因ではなく、結果）と考えられます。つまり、光屈性は光側組織の成長抑制が原因で起こるのです。

　影側組織の成長促進（暗所対照と比較して）が光屈性の必須要因であるという考えが正しくないことは、多くの光屈性の研究者の間では（これまでに国際学会誌に発表されている数多くの論文を精読していないのか）ほとんど知られていませんが、次の実験から明らかです。これまでは植物の芽生えに一方向から光を照射した場合のみ触れてきましたが、両側から異なる強さの光を照射した場合はどうなるのでしょうか。ダイコンの芽生えに両側から同じ強さの光を照射すると、両側の成長は等しく抑制されますが、屈曲はしません。ところが、両側から異なる強さの光を照射すると強い光の方向へ屈曲することが明らかになりました。その際、両側とも成長が抑制されますが、光の強い側の成長が反対側より、より大きく成長が抑制され、光の強い側に屈曲することが明らかになりました。つまり、共通しているのは光側（より強い光側）組織の成長抑制であり、屈曲方向の反対側の成長が促進されて屈曲するのではないことが明確に示されているのです。

（3）　コロドニー・ウェント説を覆すブルインスマ（J.Bruinsma）らの研究

　コロドニー・ウェント説の基盤となるウェントの実験やブリッグスらの実験はいずれもアベナ屈曲試験という生物検定法（オーキシンの活性を調べる方法）を用いてオーキシン量を算出しています。もし、オーキシンだけを生物検定法にかけているのであれば問題はありません。しかし、彼らはアベナやトウモロコシの幼葉鞘から寒天片に拡散してきた物質を精製せずに、直接生物検定法にかけています。拡散物にはオーキシンの他に多数のさまざまな化学物質が混在しているのは明らかであり、その夾雑物の中にオーキシンの活性を抑える物質が混在していたとすると、生物検定法で測定される活性はオーキシンとその抑制物質との総和で出てくるもので、決してオーキシンだけの量を示すことにはなりません。したがって、サンプルを精製し、インドール酢酸だけを測定する分析技術の開発が待たれました。

オランダ（ワーヘニンゲン大学）のブルインスマらは1975年、世界に先駆けて、植物中にごく微量にしか存在しないインドール酢酸量をHPLCで分離・精製した後に機器分析（インドロ-α-パイロン法 indolo-α-pyrone method：インドール酢酸を強い蛍光を発するインドロ-α-パイロンという物質に変えてその蛍光を測定する方法）によって測定する方法を考案し、ヒマワリ下胚軸の光屈性に伴うインドール酢酸量の分布を測定しました。その結果、驚いたことにインドール酢酸量は光側と影側組織でまったく均等に分布していることが明らかになりました（表2-1）。この論文は、それまで信じられてきたコロドニー・ウェント説に真っ向から衝突するものです。彼らは同時に、ヒマワリ芽生えの光屈性は中性の成長抑制物質が光側組織で生成されることによって光側組織の成長が抑制され、光側に屈曲することも発表しました[5]。しかし、この衝撃的な論文に対して、前出のピッカードはブルインスマらの実験方法はインドール酢酸に特異的な方法ではないこと、ウェントらが用いた植物はアベナやトウモロコシといった単子葉植物であり、ヒマワリは特殊なケースであるのかもしれないことなどを理由に、コロドニー・ウェント説は揺るがないと主張しました（1985年）。

表2-1　光屈性に伴うオーキシンの分析

	Light half		Shaded half		Curvature (deg)	No. of plants
	IAA (ng g^{-1})	Percent of total	IAA (ng g^{-1})	Percent of total		
Expt.1	53.7 ± 4.2	52	48.8 ± 3.3	48	21	44
Expt.2	63.2 ± 3.0	51	61.5 ± 2.8	49	23	45

一方、イギリスのファーン（R.D.Firn）らは、種々の植物を用いて光屈性に伴う光側と影側組織の成長量を測定し、その差をインドール酢酸量で説明するためには影側組織のインドール酢酸量は光側組織の数十倍でなければならず、ウェントらによって算出された分布差（影側が光側の2～3倍）では光屈性を説明できないとコロドニー・ウェント説に疑問を呈しました（1980年）[6]。この論文に対して、マクドナルド（I.R.MacDonald）とハート（J.W.Hart）は、オーキシンは光側組織においてオーキシンに対して感受性の高い表皮組織から感受性の低い内部組織に移動し、影側組織においては逆に内部組織から表皮組織へ

オーキシンが移動するため、表皮組織におけるオーキシン量は光側と影側組織間で2、3倍よりもっと大きな差が生じているのではないかと考え、光側と影側に二分してそれぞれに含まれるオーキシンの量比が小さいといってもコロドニー・ウェント説を覆すことにはならないという新しい仮説を発表しました（1987年）。

しかし、彼らの仮説は、ドイツのウェイラー（W.W.Weiler）ら（1988年）[7]が開発した免疫学的手法によってヒマワリの芽生えの光屈性に伴う表皮組織におけるインドール酢酸量は光側と影側組織で均等に分布していること、さらに迫田（M.Sakoda）ら（1989年）が機器分析（HPLC（High Performance Liquid Chromatography）－蛍光分析）を用いて、ダイコン下胚軸の光屈性に伴う表皮組織におけるインドール酢酸量は光側と影側組織で均等に分布していること（表2-2）が明確に示されたことによって否定されました。ちなみに内部組織中のインドール酢酸量も光側と影側組織でまったく差は見られなかったことも示されています。

表2-2　ダイコンおよびヒマワリ下胚軸の光屈性に伴う表皮および内部組織におけるオーキシン量の分布

Distribution of extractable IAA in phototropically responding plant organs 60 min after the start of phototropic stimulation.

| | IAA, pmol $(gFW)^{-1}$ | | | |
| | First positive curvature | | Second positive curvature | |
Sample	Peripheral layer	Central layer	Peripheral layer	Central layer
Radish：(Sakoda & Hasegawa, 1989)				
Dark control	2187 ± 97	468 ± 74	2187 ± 97	468 ± 74
Illuminated side	2238 ± 51	451 ± 40	2078 ± 97	405 ± 63
Shaded side	2193 ± 97	423 ± 11	2044 ± 57	360 ± 51
Sunflower：(Fereyabend & Weiler, 1988)				
Dark control			2144 ± 107	577 ± 69
Illuminated side			2258 ± 118	623 ± 50
Shaded side			2060 ± 100	508 ± 65

いずれの部位においても IAA は均等に分布する

第2章 植物の運動 *29*

（4） コロドニー・ウェント説を覆す筆者らの研究

　光屈性の研究では後発のグループではありますが、ブルインスマらの研究を引き継いだのが筆者らです。ダイコン下胚軸を用いて、光屈性に伴う光側と影側組織の抽出物をカラムクロマトグラフィーで分離・精製し、各画分をダイコン下胚軸成長試験に供したところ、影側組織より光側組織にダイコン芽生えの成長を抑制する物質がいくつか検出されました（1986年）。その後、光側組織で生成される成長抑制物質の化学構造が明らかにされ、さらにそれらの光・影側組織における動態、生合成経路や活性発現の分子機構などが明らかにされました（詳細は後述の（5）を参照）。また、前述の3項の（3）で述べたように、ダイコン下胚

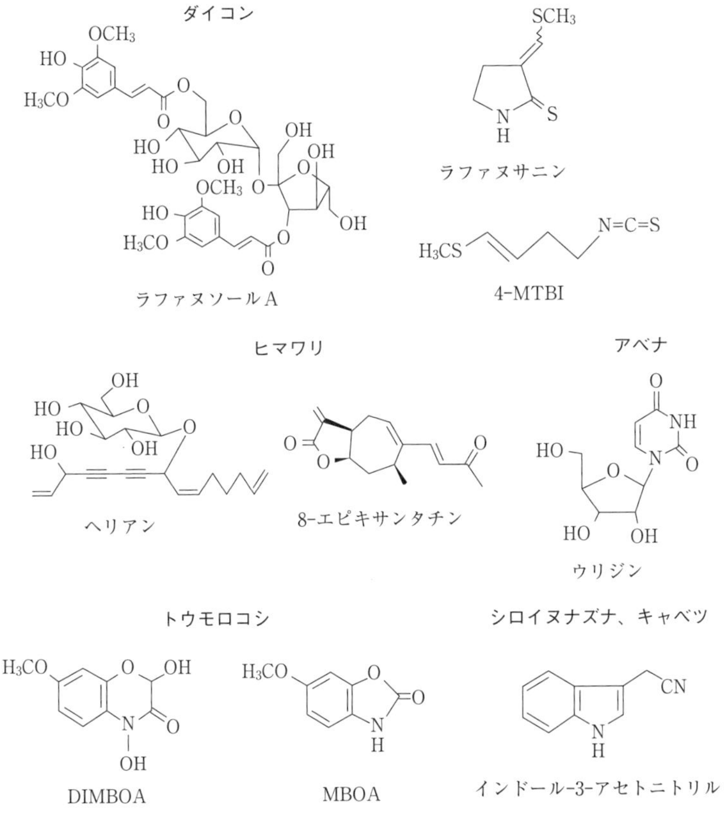

図 2-7　光屈性制御物質

軸の光屈性における光・影側組織のインドール酢酸量は均等に分布していることが示され、ダイコン下胚軸の光屈性はインドール酢酸ではなく、ラファヌサニンなどの成長抑制物質（図2-7）が光側組織で増量し、光側組織の成長が抑制されることによって引き起こされることが明らかになりました。光屈性刺激を一方向だけでなく、両側から強さの異なる光を照射した時は両側の組織ともに成長が抑制されますが、光の強い方の成長がより抑制されて、光のより強い方に屈曲することを前出の3項の（2）で記述しましたが、その際、ラファヌサニン量、光強度、成長抑制度との間で正の相関性があることが明確に示されました。つまり、ダイコン下胚軸に両側から強さの異なる光を照射した場合、ダイコン下胚軸の光屈性制御物質のラファヌサニンが両側組織で増量しますが、光の強い側の組織でより増量することによって、光の強い側の組織の成長がより抑制され、光の強い方向に屈曲することが分かったのです。

筆者らはその後、トウモロコシ、アベナ、ヒマワリ、エンドウ、キャベツ、シロイヌナズナなど多数の植物の芽生えを用いて研究し、光屈性はオーキシンではなく、光屈性刺激によって光側組織で増量する成長抑制物質によって、光側組織の成長が抑制されることで引き起こされるというブルインスマ・長谷川説（Bruinsma-Hasegawa theory、図2-8）を提唱しました（1990年）[8]。筆者らの一連の研究史において特筆すべきは、ウェントを含むコロドニー・ウェント説の信奉者と壮絶な論戦があったことです。筆者らのグループによってダイコン下胚

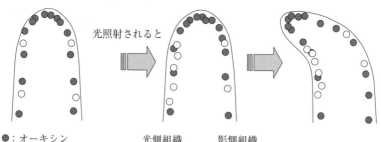

図2-8　ブルインスマ・長谷川説

軸やアベナ幼葉鞘の光屈性に伴う光側・影側組織の抽出物に含まれるインドール酢酸量は光・影側で均等であることが機器分析を用いて明らかにされましたが、コロドニー・ウェント説を提唱したチマンはブルインスマと筆者に「コロドニー・ウェント説は芽生えの中で移動する拡散性のインドール酢酸の挙動を見ているのである。君らの論文で扱っているのは抽出性インドール酢酸であり、コロドニー・ウェント説は覆されない」という手紙を送ってきました。

　そこで筆者らは、ウェントが昔、行った実験を再試することにしました（1989年）。アベナの芽生え（幼葉鞘）の先端を用いて光屈性刺激を行い、光・影側から寒天片に拡散してきたものをウェントと同じようにアベナ屈曲試験に供し、屈曲の度合いからインドール酢酸量を算出しました。表2-3に示されるように影側で光側の約2倍のインドール酢酸量が算出されました。この結果はウェントの実験結果と同じでした。したがって、この実験はウェントの実験をよく再現していると言えます。ところが機器分析でインドール酢酸量を測定したところ、光・影側で均等に分布し、その量は生物検定法から算出されたインドール酢酸量より多かったのです。

　つまり、予想されたように、拡散物にはインドール酢酸のほかにインドール酢酸の活性を抑制する物質が光側で多く含まれていることが明らかになったのです[9]。この論文に対してコロドニー・ウェント説の信奉者がトウモロコシ幼葉鞘の光屈性における拡散性のインドール酢酸量を、前述のコロドニー・ウェント説の信奉

表2-3　光屈性に伴うオーキシン（IAA）の分布

| | | 光側 | 影側 | 暗所対照 | |
				左側	右側
生物検定法	ウェントの実験（1928年）	27%	57%	50%	50%
	長谷川らの実験（1989年）	21%	54%	50%	50%
機器分析法	長谷川らの実験（1989年）	51%	49%	50%	50%

者のピッカードが痛烈に批判した「インドロ-α-パイロン法」を用いてインドール酢酸量を測定し、インドール酢酸は光屈性刺激によって影側で光側の約2倍存在することを示し、コロドニー・ウェント説は揺るがないと主張しました（飯野、M.Iino 1991年）。しかし、彼の実験方法では拡散物の精製が不十分（薄層クロマトグラフィー（Thin Layer Chromatography, TLC）ではインドール酢酸だけを分離・精製するのは困難）であり、インドール酢酸だけを定量しているとは言えません。というのは、ピッカードによって批判されたあのブルインスマらの実験においては、HPLC（TLCより格段に目的物だけを分離・精製できます）でインドール酢酸を分離・精製した後にインドロ-α-パイロン法にかけています。さらに、コロドニー・ウェント説の正当性を主張するのであれば、ウェントと同じように拡散物をアベナ屈曲試験にかけて活性から算出されたインドール酢酸量の光・影側の含量が機器分析から得たインドール酢酸の光・影側のそれらと一致するのか示す必要がありますが、残念ながらまったく触れられていません。

　さらに驚くべきことが起こりました。ブルインスマがウェントに「アベナ幼葉鞘を用いてウェントの実験を再試した結果、拡散性のインドール酢酸量は光・影

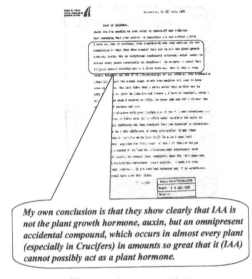

図2-9　ウェントの手紙

側で均等に分布する」という論文を送ったところ、世界中の植物生理学者が知ったらびっくり仰天するような手紙（図2-9）がブルインスマと筆者宛てに送られてきたのです。「我々が扱ったオーキシンはインドール酢酸ではない。インドール酢酸はそもそもオーキシンではなく、オーキシンaが本当のオーキシンであるので、君らがインドール酢酸を定量し光・影側で均等に分布していると主張しても、我々の説（コロドニー・ウェント説）は覆ることにはならない」と書いてありました。前述のように、オーキシンaは存在せず、インドール酢酸だけがオーキシンであることは当のウェントをはじめ、世界の植物生理学者が一致して認めてきたことです。オーキシンの生みの親とも言えるウェントがなぜこのようなことを書いたのでしょうか？ あくまでも自説を曲げない、学者としての意地が感じられるのですが……。

（5） 光屈性を制御する成長抑制物質（オーキシン活性抑制物質）とは

　光屈性刺激によって光側組織で生成される成長抑制物質が筆者のグループ、山村庄亮教授のグループ（慶応義塾大学）、上田純一教授のグループ（大阪府立大学）およびブルインスマ教授のグループ（オランダ・ワーヘニンゲン大学）の共同研究によって、多くの植物から抽出され、それらの化学構造が明らかにされました。

1） ダイコン下胚軸の光屈性制御物質

① 光屈性制御物質の化学構造と生理活性

　ダイコン下胚軸の光屈性制御物質の探索にあたって、筆者らは独自の実験方法を駆使して目的の物質を取り出しました。光屈性刺激を与えたダイコンの芽生え数千本を光側と影側組織にカミソリで二分し、それぞれを有機溶媒で抽出しました。それぞれの抽出物をカラムクロマトグラフィーを用いて多数の画分に分け、その一部ずつをダイコン下胚軸成長試験に供したところ、光側組織の抽出物の方が影側組織の抽出物より成長抑制活性の強い画分が存在することが確認できました。これらの物質は植物に少量しか含まれていないので、さらに大量の植物材料が必要でした。成長抑制物質の精製・単離にあたって、光照射した植物の芽生えを数kg集め、予備実験の結果を参考にして目的の成長抑制物質を種々の精製方法を駆使して単離し、各種スペクトル解析（NMRやMSなど）から化学構造を決定しました。最近はHPLCおよび

検出器の飛躍的な進歩から、さらに改良した簡便な実験方法を用いて単離・同定を行っています。数本の芽生えの光側と影側組織の抽出物をHPLCに供し、HPLCクロマトグラムを比較し、光側組織の抽出物において影側組織のそれより大きなピークを探索し、そのピークを大量の植物の芽生えの抽出物から単一ピークになるまで精製を繰り返し、目的の物質を取り出しています。

ダイコン下胚軸の光側組織で生成され、下胚軸の成長を抑制する物質を数種類取り出すことに成功しました。単離した物質を各種スペクトル解析に供し、ラファヌサニン（raphanusanin、ダイコンの学名*Raphanus sativus*にちなんで命名）とその前駆物質（4-methylthio-3-butenyl isothiocyanate, 4-MTBI）およびラファヌソール（raphanusol）A、Bの化学構造を明らかにしました（図2-7）。

これらの物質（内生量レベル）をラノリンペーストで下胚軸の片側に投与し、人為的に物質の偏差分布を引き起こさせた場合、暗所でも短時間で投与側に屈

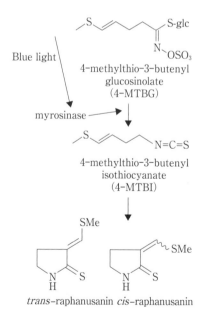

図2-10A　Raphanusaninsの生合成経路　　図2-10B　Benzoxazolinone類の生合成経路

曲させることができ、これらの物質がダイコン下胚軸の光屈性制御物質である
ことが強く示唆されました[10]。

② ラファヌサニンの生成経路

これらの物質のうち、ラファヌサニンに関する研究が最も進んでいます。光
屈性刺激を与えると、短時間で加水分解酵素ミロシナーゼの活性が高まり、そ
の結果不活性型の 4-methylthio-3-butenyl glucosinolate（4-MTBG）から
グルコースが切断され、成長抑制活性を示す 4-MTBI が生成し、さらにその
一部が強力な成長抑制活性を示すラファヌサニンに変化することが分かりま
した（図 2-10A）。

③ ラファヌサニンの作用機構

石塚皓造教授のグループ（筑波大学）によって、ラファヌサニンがオーキ
シンによって誘導されるマイクロチューブルの配向変化（細胞を縦方向に成長
させる）を抑制することが免疫蛍光顕微法で明らかにされました（1992 年）。

これらの結果から、ダイコン下胚軸の光屈性は 4-MTBI やラファヌサニン
が光側組織で増量することによって、光側組織の縦方向の成長が抑制され、光
方向に屈曲することが強く示唆されました。

2）ヒマワリ下胚軸の光屈性制御物質

前述のように、ブルインスマらによって中性の成長抑制物質がヒマワリ下胚軸
の光屈性に重要な役割を演じていることが示唆されていましたが、筆者らによっ
てその本体は 8-エピキサンタチン（8-epixanthatin）とヘリアン（helian、ヒ
マワリの学名 *Helianthus annuus* にちなんで命名）であることが明らかになり
ました（図 2-7）。これらの物質は光屈性刺激で光側組織で短時間で増量し、さ
らに片側投与によって下胚軸を投与側に屈曲させることも分かり、ヒマワリ下胚
軸の光屈性制御物質であることが強く示唆されました。

3）アベナ幼葉鞘の光屈性制御物質

アベナ幼葉鞘の先端部から寒天片に拡散してくる物質から、光側組織で増量す
る物質を数種類検出し、大量の光を照射したアベナ幼葉鞘の抽出物から、そのう
ちの一つを単離しました。種々のスペクトル解析からそれはウリジン（uridine）
であることが分かりました（図 2-7）。ウリジンを幼葉鞘の片側にラノリンペー
ストで投与した場合、投与側に屈曲したことから、ウリジンがアベナ幼葉鞘の光

36 第1部　植物の知恵を解き明かす

屈性制御物質であることが示唆されました[11]。

　その後、筆者らとは無縁のタミミ（M.Tamimi）によって、ウリジンのアベナ幼葉鞘への片側投与実験が詳細に行われ、ウリジンがアベナ幼葉鞘の光屈性制御物質であることが明らかにされ、ブルインスマ - 長谷川説の正当性が強く支持されました（2004年）。

　ウリジンは遺伝子 RNA の構成物質（ヌクレオシド）の一つですが、ウリジンが植物の成長を抑制する活性をもつことは初めての知見です。なお、他のヌクレオシドには成長抑制活性は認められませんでした。

　前述のダイコンやヒマワリからは植物種によって異なる成長抑制物質が単離・同定されましたが、ウリジンが検出されたことから、植物に共通な物質の関与も考えられます。残る光誘導性の成長抑制物質の探索は現在も進行中です。

4）トウモロコシ幼葉鞘の光屈性制御物質

① 光屈性制御物質の化学構造とその生成機構

　トウモロコシ幼葉鞘の光屈性が中性の成長抑制物質によって制御されていることは東郷（S.Togo）ら（1991年）によって示唆されていましたが、光屈性制御物質として 2, 4-dihydroxy-7-methoxy（*2H*）-1, 4-benzoxazin-3（*4H*）-one（DIMBOA）や 6-methoxy-2-benzoxazolinone（MBOA）が単離・同定されました（図2-7）。光屈性刺激によって、光側組織で酵素（β-glucosidase）が活性化し、その結果、不活性型の DIMBOA glucoside から最も強い抑制活性を示す DIMBOA が切り出され、その後 DIMBOA に次ぐ活性を示す MBOA が生成されることが明らかにされました（2005年）。これらの物質をトウモロコシ幼葉鞘の片側に投与した場合、DIMBOA glucoside はまったく活性を示しませんでしたが、DIMBOA と MBOA は投与側に大きく屈曲させました。これらの結果をもとにしたトウモロコシ幼葉鞘の光屈性制御物質の生成系を図2-10B に示しました。

② 突然変異株を用いた研究

　DIMBOA の生成能を欠くトウモロコシの突然変異株の幼葉鞘に光屈性刺激を与えた場合、屈曲はほとんど起こりませんでした。しかし、この突然変異株の幼葉鞘の片側に MBOA を投与したところ、投与側組織の成長が抑制され、投与側に屈曲しました。つまり、この突然変異株は DIMBOA や MBOA を

第 2 章 植物の運動 *37*

生成できないので光屈性刺激を与えても光屈性を示しませんが、DIMBOA や MBOA に対する応答機能は持っているので片側投与によって屈曲を示したことが明らかになりました。

③ DIMBOA と MBOA の作用機構

　MBOA はオーキシン結合タンパク質 ABP1 へのオーキシンの結合を抑制したり（1994 年）、オーキシンによって誘導される *SAUR* 遺伝子の発現を抑制することも明らかにされました。また、これらの物質が細胞のリグニン化（硬化）を誘導することも明らかにされました。

5）シロイヌナズナ下胚軸の光屈性制御物質

　シロイヌナズナは第 1 章で解説されているように、近年、モデル植物としてさまざまな研究材料として用いられていますが、シロイヌナズナ下胚軸の光屈性制御物質の探索方法は前述のダイコン、ヒマワリ、アベナやトウモロコシとは異なり、その下胚軸の太さが 1mm 程度であり、光側と影側組織に二分することは困難です。そこで筆者らはシロイヌナズナの野生株と光屈性を示さない突然変異株（*nph*）に光屈性刺激を与え、60 分後の下胚軸を抽出し、それらの抽出物を HPLC に供し、野生株と突然変異株の抽出物の HPLC クロマトグラムを比較しました。その結果、突然変異株より大きなピークが野生株の抽出物で検出されました。そのピークを大量の野生株の抽出物から種々の精製手段を駆使して、単一物質として単離し、種々のスペクトル解析から indole-3-acetonitrile（図 2-7）であることを明らかにしました。さらにこの物質はシロイヌナズナ下胚軸の成長を抑制したことから、シロイヌナズナ下胚軸の光屈性に関与していることが示唆されました（2004 年）。なお、この indole-3-acetonitrile はシロイヌナズナと同じアブラナ科植物のキャベツ下胚軸の光屈性制御物質であることがすでに山村教授のグループによって明らかにされています（1997 年）。

（6）コロドニー・ウェント説誕生の基盤となったダーウィン父子の実験とボイセン・イェンセンらの実験についての検証

　これまでコロドニー・ウェント説では光屈性を説明できないことを種々の精密な研究成果をもとに解説してきましたが、コロドニー・ウェント説の誕生につながるダーウィン父子の実験とボイセン・イェンセンらの実験はどう説明するかといっ

た疑問が生じてきました。そこで筆者らはこれらの古典的な実験を検証しました。

1）ダーウィン父子の古典的な実験の検証

　ごく一部の研究者を除いてほとんど知られていないのですが、すでにダーウィンの実験の検証はいくつかのグループによってなされています。フランセン（J.M.Franssen）ら（1981、1982年）はアベナ、クレスやキュウリの芽生えの先端部を切除したり、不透明な帽子で覆ったりしても光屈性が起こることや、屈曲する部位（下部）に光が当たらないと光屈性は起こらないことを明らかにしています。

　筆者らもダイコン（1992年）やアベナの芽生えを用いて同様の結果を得ています（図2-11）。これらの研究結果は明確にダーウィン父子の実験結果を否定するものです。そこで、ダーウィン父子の著書『植物の運動力』を精読しました。驚いたことにはダーウィン父子はカナリアクサヨシを用いた実験でも、先端部に光が当たらないようにしても屈曲したものがあったことや、アベナ、キャベツなどでは先端部を切除したり、不透明な帽子を被せても屈曲したことから、上部に当たった光が下部の屈曲を決めていることは植物全般に共通する法則であるかどうか分からないと結論づけているのです。

　なぜ、高校の生物の教科書をはじめ、多くの専門書でいかにもすべての植物において光刺激は芽生えの先端部のみで感受され、何らかの刺激因子が下方に移動

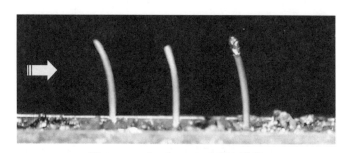

図2-11　ダーウィンの実験の追試
　左：アベナ幼葉鞘、中：アベナ幼葉鞘の先端3mmを切り取ったもの、
　右：アベナ幼葉鞘の先端（3mm）に光を通さないアルミホイルのキャップ
　　　を被せたもの
光は左方向から与え、1時間後に撮影しました。いずれも光方向に屈曲しました。

する結果、光屈性が引き起こされると記述されるようになったのでしょうか。

2) ボイセン・イェンセンらの古典的な実験の検証

　ボイセン・イェンセンらの古典的実験は中野（H.Nakano）らによって検証されました[12]。ボイセン・イェンセンらが実験に用いた植物材料と同じアベナ幼葉鞘を用い、鋭利なカミソリを用い、すばやくアベナ幼葉鞘の先端から真ん中に切れ込みを入れ、そこに雲母片を差し込み、雲母片に垂直（図2-12のAの左）あるいは平行（図2-12のAの右）に光を横方向から照射しました。その結果、いずれの場合も光方向に屈曲したのです。何度、実験を行っても同じ結果が得られたので、ボイセン・イェンセンらの論文（1926年）を精読しました。驚いたことに彼らの実験では雲母片の差し込みによって幼葉鞘の先端部が外側に反り返っているではありませんか（図2-12のBの左）。そこで、中野らも先端部が反り返るように、乱暴に雲母片を幼葉鞘の先端部に差し込み、雲母片に垂直に横方向から光照射した時、ボイセン・イェンセンらの実験結果と同様に幼葉鞘の先端部は外側に反り返り、屈曲しなかったのです（図2-12のCの左）。つまり、

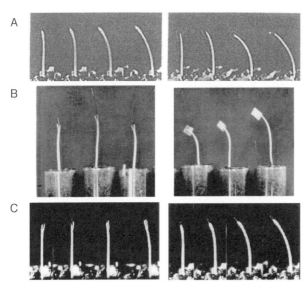

図2-12　ボイセン・イェンセンらの実験の追試
A、C：中野の実験、B：ボイセン・イェンセンらの実験

40 第1部 植物の知恵を解き明かす

光側と影側組織で一つの面が確保されていれば屈曲し、先端部が光側と影側組織でそれぞれ外側に反り返り、面が崩れている場合は屈曲しないということである。なんと、ボイセン・イェンセンらの実験技法そのものに問題があったということです。

これまで述べてきたように、ダーウィンの実験やボイセン・イェンセンらの実験は植物全般には当てはまらないことや実験技法に問題があり、その上、解釈に先入観があったため、いつの間にか、絶対的な事実として確立されたものと考えられます。

しかし、いずれの実験も真実ではないことが明らかになっているにもかかわらず、相変わらず高校・生物の教科書では光屈性のしくみを考えるなかでダーウィンの実験やボイセン・イェンセンらの実験は絶対的なものとして記載されています。さらに問題なのは、これらの実験に関する問題がセンター試験や大学入試に出題され、本来、誤った答えを正解としていることです。これらの実験に関しては、国内の高校の教師・生徒や一般人など多くの人によっても検証され、筆者らの実験結果が再現されています。高校・生物の教科書の内容が早急に修正されることを切望します。

なお、コロドニー・ウェント説の問題点を指摘した教科書や、光屈性のメカニズムは未だに明らかになっていないとし、対立仮説としてブルインスマ・長谷川説を併記した教科書や大学受験の生物参考書、さらに海外ではイギリス・オックスフォード大学の "Plants" も出版されています（章末の参考文献を参照）。

（7） 分子遺伝学的手法によるオーキシン量の偏差分布の実験結果からコロドニー・ウェント説はゆるがないという論文に対する疑問

近年の植物分子遺伝学の発展に伴い、シロイヌナズナの野生株と突然変異株を用いた光屈性の研究が多数報告されています。

植物体における機能物質の動態を可視化して考察するため、オーキシン誘導性プロモーターの下流につながれたレポーター（*GUS*）の発現が調べられています。フリムル（J.Friml）らはシロイヌナズナ下胚軸の光屈性において、*GUS* 発現が光側より影側組織で高いことを明らかにし、内在するオーキシン量の偏差分布が生じているとし、コロドニー・ウェント説の正当性を主張しています（2002 年）。

第 2 章　植物の運動　*41*

　しかし、この種の実験は、オーキシン誘導性遺伝子の発現量を示したものであり、オーキシン活性をオーキシン量とイコールとしている点（植物体から前述のように、オーキシン活性を抑制する化学物質が多数発見されていることから、オーキシン活性とオーキシン量を同一視することには無理があります）、さらに顕微鏡写真は提示されているが発現量が数値化されておらず、再現性の有無などの点でも解決しなければならない問題（前述のように両側から異なる強さの光を照射しても光屈性は起こるが、その場合はどのような結果が予想されるのか？）があるのではないでしょうか。オーキシン量は光側・影側組織で均等ですが、光側組織で増量する成長抑制物質によってオーキシン活性が低下した結果ということも可能性として残ります。オーキシンの排出に関係する突然変異株ではオーキシンによって誘導される遺伝子発現の偏差分布が生じないことも示されていますが、オーキシン排出担体に関連する遺伝子がはたして、他の反応系（例えば、光誘導性の成長抑制物質の生成系や機能発現の分子機構など）に影響を与えることはないのかといった疑問点も残ります。現に、シロイヌナズナの光屈性に関する突然変異株（*nph*）と野生株の比較において、光屈性刺激によって成長抑制活性を有するインドールアセトニトリル（シロイヌナズナ下胚軸の成長を抑制する）が野生株では増量しますが、突然変異株では増量しないという報告（2004 年）もあります。

4.　現在考えられ得る光屈性のメカニズム [13]

　光屈性は一方向からの光（青色光）が植物の芽生えの光受容体（フォトトロピン）によって受けとめられることから始まり、その後、いくつかの反応を経て、光屈性制御物質の偏差分布が起こり、光側組織の成長が抑制され、光方向に屈曲するという植物が具備する環境応答反応（運動）です。

　まだまだ解決しなければならない問題がありますが、これまでの知見をもとに現在考えられ得る光屈性のメカニズムを図 2-13 に示しました。

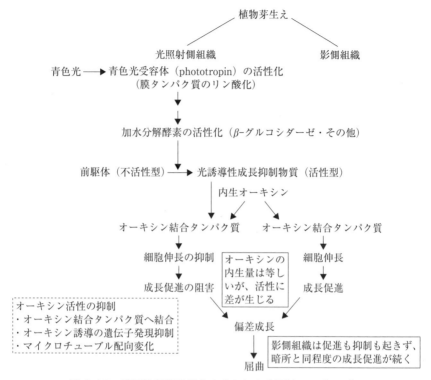

図2-13　光屈性制御物質を中心とした光屈性のメカニズム

5. 光屈性とわたしたち

　四十数年間、筆者らはさまざまな植物の知恵（休眠、光成長抑制、桜島ダイコン肥大成長の謎、光屈性、頂芽優勢、アレロパシー、花芽形成、エンドファイト、重曹による雑草防除、重力屈性など）のしくみを解明すべく、従来の古典的植物生理学に留まらず植物生理化学、天然物化学、分子遺伝学などの手法を用いて、それらの制御因子の精製・単離、NMR、MSなどのスペクトル解析による化学構造決定、有機合成、植物体内における動態、機能発現の分子機構などの研究を行い、その研究成果を数多くの国際学会誌に発表してきました。

　この間、生物学（植物生理学）者のレジェンドの方々が執筆された学術書に記載されている内容について、化学的見地から検証し直す必要があることに気づく

ことが多くありました。ここでは、本節の光屈性について気づいたことの一つを披露したいと思います。

　光屈性は光合成に必要な光エネルギーを効率よく葉で受けとめるために獲得した植物機能であると言われています。そのために、光屈性刺激を受けるとすぐに光側組織で植物の成長を抑制する化学物質が生成され、そのため光側組織の成長が止まり（抑制され）、一方影側組織の成長は光刺激を受ける前と同じ速度で成長するために光方向に屈曲するとこれまで述べてきました。

　ここでまったく見方を変えてみます。光屈性に有効な青色光は人間の心身に対してストレスとして作用すると言われていますが、植物の場合でも同様にストレスとして作用するとしたら、青色光が照射されると直ちに青色光に対する防御機構を構築する必要があります。光照射された組織を硬化させ、成長を止め、さらに外敵の侵入や増殖から身を守らなければなりません。

　実際、前述のように、青色光を上方のみならず、芽生えの両側から照射した場合、両側ともに暗所対照に比べ成長が抑制されますが、屈曲しません（両側から照射する青色光の強さを変えた場合は、両側ともに成長は抑制されますが、強い側の成長が反対側に比べ、より大きく抑制されるために強い光の方に屈曲します）。一方、青色光でその生成が誘導される成長抑制物質（光屈性制御物質）の多くが強い抗菌活性を有し、さらに細胞のリグニン化（硬化）を誘導することも明らかにされています。つまり、青色光が上方から、あるいは両側から同じ強さで照射された場合は芽生え全体で成長が抑制され、防御体制が構築されるため、視覚的にはまっすぐ上方に成長し、屈曲（運動）は起こりません。しかし、一方向からの青色光照射（あるいは強さが異なる青色光が両側から照射）によって光側（あるいは光がより強い側）組織において防御体制が構築されます。つまり、光側組織（あるいは光のより強い側）と反対側組織での防御体制構築の偏りが生じて屈曲するのではないでしょうか。水中を自由に移動できる植物（藻類）として知られているミドリムシ（ユーグレナ）は、青色光が一方向から照射された場合、青色光受容分子・フォトトロピンを介し、青色光に対して一定の方向に遊泳（驚動反応）し、防御体勢をとることができますが、陸上植物の場合は自由に移動することができないために、その場で青色光に対して防御体制をとらなければなりません。芽生えが青色光を広面積で受けないようにするために光方向に頭

44 第1部 植物の知恵を解き明かす

向ける（もし、青色光から逃れるように背を向けようとしたら、長時間広範囲に青色光を浴びることになります）ことから、視覚的には植物の運動と捉えられ、光屈性と呼ばれているのではないでしょうか？ つまり、光屈性は光合成に必要な光を葉で効率よく受け止めるためといった前向きな生物機能ではなく、青色光ストレスから自らの身を守るためといった後ろ向きな生物機能ではないのでしょうか。ちなみに年末・年始などの祭典で樹木に括り付けられている青色光のイルミネーションは植物にとって大変迷惑ではないのでしょうか。

　もし、この植物体のもつ青色光応答機能（光屈性）に関与する"光屈性制御物質（防御物質）"をいろいろな植物を用いて徹底的に探索すれば、わたしたちの暮らしに有益な新しいタイプの医農薬品の開発につながるものと期待されます。ちなみにブロッコリーに含まれるスルフォラファンが健康薬品として知られていますが、それと類似した化学構造のスルフォラフェンが光誘導性の成長抑制物質（光屈性制御物質）としてダイコンの芽生えから単離されています。まさに、実用化を意識しつつ、基礎研究を……ということです。

引用文献

1) Darwin, C. and Darwin, F. The power of movement in plants. J.Murray, London（1880）

2) Boysen-Jensen, P. and Nielsen, N. Studien über die hormonalen Beziehungen zwischen Spitze und Basis der Avena-koleoptile. Planta 1: 321-331（1926）

3) Went, F.W. Wuchsstoff und Wachstum, Re.Trav.Bot.Néerl. 15: 1-116（1928）

4) Went, F.W. and Thimann, K.V. Phytohormones. MacMillan, New York（1937）

5) Bruinsma, J. Karssen, C.M., Benschop, M. and Van Dort, J.B. Hormonal regulation of phototropism in the light-grown sunflower seedlings, *Helianthus annuus* L.: immobility of endogenous indoleacetic acid and inhibition of hypocotyl growth by illuminated cotyledons. J.Exp.Bot. 26: 411-418（1975）

6) Firn, R.D. and Digby, J. The establishment of tropic curvatures in plants. Ann.Rev.Plant Physiol. 31: 131-148（1980）

7) Feyerabend, M. and Weiler, F.W. Immunological estimation of growth regulator distribution in phototropically reacting sunflower seedlings. Physiol.Plant. 74: 185-193（1988）

8) Bruinsma, J. and Hasegawa, K. A new theory of phototropism - its regulation by a light-induced gradient of auxin-inhibiting substances. Physiol.Plant. 79: 700-704（1990）

9) Hasegawa, K., Sakoda, M. and Bruinsma, J. Revision of the theory of phototropism in

plants: a new interpretation of a classical experiment. Planta 178: 540-544（1989）

10) Hasegawa, T., Yamada, K., Kosemura, S., Yamamura, S. and Hasegawa, K. Phototropic stimulation induces the conversion of glucosinolate to phototropism-regulating substances of radish hypocotyls. Phytochemistry 54: 275-279（2000）

11) Hasegawa, T., Yamada, K., Kosemura, S., Yamamura, S., Bruinsma, J., Miyamoto, K., Ueda, J. and Hasegawa, K. Isolation and identification of a light-induced growth inhibitor in diffusates from blue light-illuminated oat（*Avena sativa* L.）coleoptile tips. Plant Growth Regul. 33: 175-179（2001）

12) Yamada, K., Nakano, H., Yokotani-Tomita, K., Bruinsma, J., Yamamura, S. and Hasegawa, K. Repetition of the classical Boysen-Jensen and Nielsen's experiment on phototropism of oat coleoptiles. J.Plant Physiol. 156: 323-329（2000）

13) Yamamura, S. and Hasegawa, K. Chemistry and biology of phototropism-regulating substances in higher plants. The Chemical Record 1: 362-372（2001）

参考文献

(1) 『ダーウィン　植物の運動力』C. ダーウィン原著、渡辺仁訳、森北出版、1987

(2) 『動く植物 ― その謎解き』山村庄亮・長谷川宏司編著、大学教育出版、2002、pp.40-71

(3) "Plants" Edited by Irene Ridge, OXFORD UNIVERSITY PRESS, pp.246-254（2002）

(4) 『植物の知恵 ― 化学と生物学からのアプローチ』山村庄亮・長谷川宏司編著、大学教育出版、2005、pp.16-32

(5) 『プラントミメティックス - 植物に学ぶ』甲斐昌一・森川弘道監修、NTS、2006、pp.487-492

(6) 『改訂版　高等学校生物Ⅰ』第一学習社、2006、pp.255-259

(7) 栃内新、左巻健男『新しい高校生物の教科書』講談社、2006、pp.350-352

(8) 『天然物化学 - 植物編』山村庄亮・長谷川宏司編著、アイピーシー、2007、pp.65-88

(9) 「NHK 高校講座・生物『植物の成長とホルモン』（2009 年度第 36 回第 6 部)」
「NHK 高校講座・生物『環境と植物の反応 ― 植物の成長とホルモン』（2011 年 2 月 4 日放送)」

(10) 『最新　植物生理化学』長谷川宏司・広瀬克利編、大学教育出版、2011、pp.51-84

(11) 大森徹『大森徹の最終講義 117 講 生物』（新課程版）文英堂、2016、p.558

(12) 大森徹・伊藤和修『日本一詳しい大学入試完全網羅　生物基礎・生物のすべて』（新課程版）KADOKAWA、2016、pp.280-281

46 第1部　植物の知恵を解き明かす

第2節　重力形態形成・重力屈性

1. 重力屈性 ― その生物学的意味

　多くの植物の茎は光を感受して光方向に屈曲・成長します（光屈性）。しかし、暗所で育てても茎は上へ、根は下へと一定方向に屈曲して伸びていきます。これは、地球上では大きさや向きが変わらない重力を利用して巧みに器官を運動させ姿勢を制御するしくみ（重力屈性：gravitropism、gravity：重力；tropism：屈性）によります。植物は重力や光を巧みに姿勢制御に用いて、茎を上に向かって伸ばして効率的に光合成できるように葉を空間配置し、主根を地中に伸ばして水分や養分を土壌から得ると共に地上部を支えています。特に、発芽直後の芽生えにとって、根を地中深くに、茎を土の表面へと到達させるための重力屈性反応は生死を決める重要な鍵となります。この姿勢制御は通常、地面の方向を基準としており、当初、フランク（A. B. Frank、1868 年）によって屈地性（geotropism）と名付けられましたが、刺激の本質が重力であるので今日では重力屈性と呼ばれています。

　一般的な重力屈性は、双子葉植物の茎、単子葉植物の幼葉鞘、そして主根などでみられる重力方向と平行にする姿勢制御（正常または正統重力屈性）で、重力方向を正、逆方向を負として区別します。しかし、側根・側枝など重力方向とある一定の角度を保って成長するもの（傾斜重力屈性）や、匍匐植物の匍匐茎（枝）のように重力方向と直角に成長するもの（横または側面重力屈性）など、応答方向は器官によって異なっています。

　高等学校の生物教科書では、光屈性を含め屈性現象は植物ホルモン・オーキシンを介する「コロドニー・ウェント説（Cholodny-Went theory）」によって明解に説明されています（図 2-14）。例えば、第一学習社『高等学校生物』では、「…茎を水平に置くと、中心柱の外側にある内皮細胞のアミロプラストが重力方向に沈降する。その結果、木部柔組織のオーキシンが下側の皮層や表皮に輸送され、成長が促進されて負の重力屈性が起こる。一方、根を水平に置くと、根冠の平衡細胞内のアミロプラストが重力方向に沈降する。そのため根冠の平衡細胞のオー

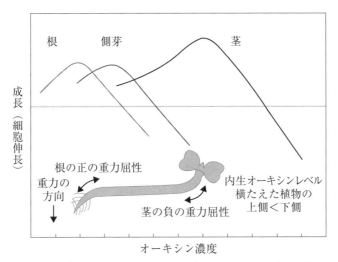

図2-14 「コロドニー・ウェント説」による重力屈性の概念図

　植物を横たえると、オーキシンが重力側（下側）に移動し、結果、重力側のオーキシン濃度が高まります。オーキシンに対する器官の反応性は異なっており、茎ではオーキシンは細胞伸長促進効果を示すのに対して、根は茎に比べてオーキシンに対する感受性が高く、高濃度のオーキシンで成長が抑制されます。そのため、茎では重力側での成長が促進されるため上方向（負）に、根では抑制されるために下方向（正）に屈曲すると考えられています。

キシンが根の下側の伸長帯に輸送されて成長が抑制され、正の重力屈性が起こる」と記載されています。オーキシンが根の成長を抑制するしくみについては、根と茎でのオーキシン感受性の違いによるというティマン（K. V. Thimann）の実験結果に基づいていますが、彼の実験結果の検証はほとんどなされていません。長い研究の歴史にもかかわらず「コロドニー・ウェント説」の適用を含め、今なお重力屈性のしくみについて不明な点も多いのが実態です。

　従来、植物の「運動」の研究が古典的な生理学・形態学の観点から研究されてきましたが、近年、天然物化学や分子遺伝学の観点からの研究、さらには重力屈性については宇宙生物学の観点からの研究が目を見張るほど進み、古い問題の新しい展開が活発化してきています。本節では、筆者らの研究成果も含め「重力屈性のしくみ」について解説します。

2. 重力屈性の研究の歴史[1]

ニュートンが重力の概念（1687年）を打ち出してから間もなく、18世紀の初め（1704年）にはドダート（D. Dodart）によって植物の体制づくりに重力が関わっていることが示唆されましたが、それを巧みな実験装置を用い証明したのはナイト（T. A. Knight）です（1806年）。彼は、重力加速度を生み出す遠心力によって成長方向を制御できると考え、水車の縁に芽生えをセットして回転させ、茎や根が人工的に作り出した重力に反応することを示しました（図2-15）。一方、ザックス（J. Sachs）は、重力がベクトル成分であることを利用し、横たえた植物を緩やかに回転させることによって重力の方向性を相殺することができ

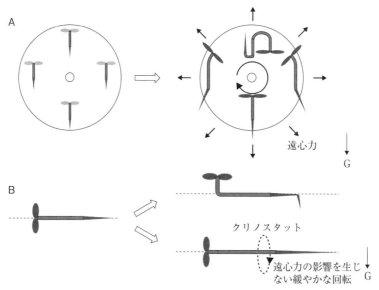

図2-15 ナイトの実験（A）、およびザックスの植物回転器（水平1軸クリノスタット）を用いた実験（B）の概念図
A：回転のたびに芽生えの上下は逆転しますが、根はいつも回転軸から離れる方向に、茎は逆に中心に向かって、人工的に作り出された重力加速度に反応して屈曲・成長します。
B：植物回転器（クリノスタット）を用いて、水平に保った植物が遠心力の影響を受けないよう緩やかに回転させると、植物体は重力方向を識別できないため、その根や茎は水平方向にまっすぐに伸び続けます。

る水平（1軸）クリノスタット（植物回転器）を考案しました（1882年）。実際、クリノスタット上では植物体は重力方向を識別できないため、その根や茎は水平方向にまっすぐに伸び続けます。彼らの実験により、植物の形態形成が強く重力の影響を受けることが示されたのです。

『種の起源』を著し「進化論」で有名なチャールズ・ダーウィン（C. Darwin）とその息子フランシス（F. Darwin）による『The Power of Movement in Plants（植物の運動力）』（1880年）が、重力屈性を含む植物の運動の研究の古典とされ、また、植物ホルモン・オーキシン研究の発端となったことはよく知られています。しかし、重力屈性のしくみに関する研究は、それに先立ち1872年、ポーランドのシーセルスキー（T. Ciesielski）に端を発します[2]。彼は、根の先端から一定間隔で印をつけて成長量を記録するという極めて単純な方法で、重力に応答した屈曲が先端よりやや基部側に位置する「伸長域」での偏差成長によることを明かにしました。さらに、根の一部を切除してその影響を調べる実験を行い、根の先端を切除すると水平にしても重力屈性を示さないが根端が再生されると下方へ屈曲してくることや、水平に保った根がまだ屈曲しないうちに根端を切除するとどのような姿勢にしておいても重力刺激が続いているように屈曲することなどから、根の先端からの刺激の伝達の重要性を見いだしました。すなわち重力屈性におけるシグナル伝達は、感受細胞での重力刺激の感受、シグナルの発生と伝達、細胞間のシグナル伝達、伸長域での偏差成長という4つのステップから構成されていることを示唆したのです。ダーウィン父子は実験により彼の結論を支持しました。シーセルスキーの考えに基づき、重力の感受、化学的シグナルへの変換、シグナル伝達と偏差成長の素過程に分けて重力屈性のしくみについてみていくことにします。

3. 重力感受とアミロプラスト

シーセルスキーによる根端切除実験によると、根で重力感受の場の役割を担っているのは根端数mmの部域です。この部域には根端分裂組織の保護を担う根冠が存在し、その中央部分には平衡細胞（コルメラ細胞）と呼ばれる比較的大型の細胞が数層、成長軸に対称な形で位置しています（図2-16）。コルメラ細胞中

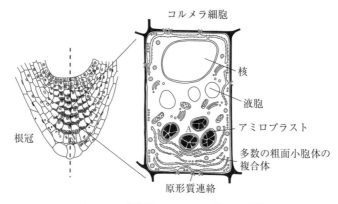

図 2-16 根冠とコルメラ細胞の模式図
根冠は根端分裂組織の一部から分化・形成され、もはやそれ自身活発に細胞分裂することや著しく伸長することはありません。根冠の中央部分には、平衡細胞（コルメラ細胞）と呼ばれる比較的大型の細胞が数層、成長軸に対称な形で位置しています。コルメラ細胞中には比較的大きいデンプン粒を含むアミロプラスト（amyloplast）と呼ばれる細胞小器官が存在し、このアミロプラストはあたかも耳石のように重力方向へと物理的に沈降します。
(Schopfer and Mohr, Plant Physiology, 1998 の図をもとに作図)

には比較的大きいデンプン粒を含むアミロプラスト（amyloplast）が存在し、これが、あたかもヒトの耳石（平衡石、statolith ともいう。内耳前庭の感覚細胞の感覚毛の上に乗っている炭酸カルシウムとリン酸カルシウムを主成分とする構造物で、この動きで感覚細胞が興奮し、興奮が前庭神経に伝わる）のように重力方向へと物理的に沈降することから、1900 年、ハーバーランド（G. Harberlandt）とネメーク（B. Němec）は独立に、アミロプラストの沈降で重力方向を感知するというデンプン平衡石説（starch-statolith hypothesis）を提唱しました。根冠を丁寧に剥離すると重力屈性を示さなくなることや、根冠中央に位置するコルメラ細胞をレーザー照射で殺すと重力屈性が阻害されることから、根の重力感受の場は、根冠、特にコルメラ細胞であるといえます。
　一方、茎（幼葉鞘）では、先端部を切除した切り口からオーキシンを与えて横たえると、重力屈性に必要な刺激閾時は除去した先端部の長さに応じて長くなるものの屈性が観察され刺激感受部位は広い範囲で存在することが分かります。コルメラ細胞と同様、茎の維管束を取り囲む内皮層には沈降性アミロプラス

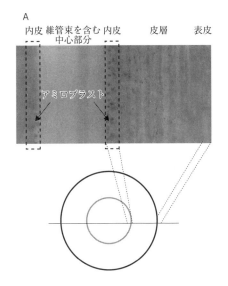

図2-17 茎細胞における重力感受細胞

A：茎の構造の模式図と黄化エンドウにおける内皮デンプン鞘細胞。皮層の内側に維管束を取り囲んで位置する内皮層が、根のコルメラ細胞と同様、沈降性アミロプラストを含んでいます。

B：シロイヌナズナの重力屈性異常変異体（zig/sgr4）におけるアミロプラストの沈降異常の模式図。野生型の内皮細胞では中央液胞がその体積の大部分を占めます。重力の感受・応答には、内皮細胞の分化、アミロプラストの形成に加え正常な液胞の形成と機能が必要とされます。重力応答が正常な植物体の内皮細胞の液胞は細胞膜に接する形で存在し、わずかな細胞質を伴って液胞膜に取り囲まれていますが、変異体ではアミロプラストは押しつけられるように上下に分散しています。

52 第1部　植物の知恵を解き明かす

トを含む内皮デンプン鞘細胞層が存在します（図2-17A）。しかし、根冠と違ってこの細胞層の外科的除去は難しく、その重要性は重力屈性異常を示す突然変異体を用いた分子遺伝学的解析により示されました。シロイヌナズナ sgr（shoot gravitropism1、scr：scarecrow と同一）変異体は、内皮の形成・分化に関係する転写因子をコードする遺伝子の異常により完全に内皮層を欠失していますが、この遺伝子を相補すると内皮細胞と茎の重力屈性の欠如のいずれもが回復します[3]。また、内皮デンプン鞘細胞中のアミロプラストの欠失（endodermal-amyloplast less 1 変異体）も重力応答異常をもたらします[4]。したがって、茎の重力感受も内皮デンプン鞘細胞中のアミロプラストを介するといえます。興味深いことに、sgr 変異体の根の重力屈性は正常です。茎と根の内皮は連続しているので、根の内皮は根の重力感受には必要ではなく、茎と根では刺激受容は独立して働いているといえます。

　それではアミロプラストの沈降が重力屈性反応を起動しているのでしょうか。デンプン合成酵素（ホスホグルコムターゼ）欠損によりアミロプラスト中にデンプンが蓄積できないシロイヌナズナ starchless（pgm1）変異体の根は重力屈性を示しませんが、この変異体を過重力下に置いてデンプン顆粒を含まない色素体を沈降させると、野生型と同様の屈性反応がみられます。また、アミロプラストのもつ反磁性を利用して、アミロプラストに擬似重力を与え強制的に移動させると根の屈曲が誘導されますが、上述の starchless 突然変異体では屈曲が誘導できません[5]。すなわちアミロプラストの沈降が重力屈性を起動する重要な引き金であり、重力に対して十分な感受性を示すのにデンプン形成が必要なのです。

　一方、茎の内皮デンプン鞘細胞の形態やアミロプラストの動態は、コルメラ細胞のそれとは異なります。内皮デンプン鞘細胞の体積の大部分は中央液胞が占めており、アミロプラストは原形質膜に接することなくわずかな原形質を伴って周囲を液胞膜に取り囲まれた状態で沈降しています。正常な重力応答を示すシロイヌナズナではアミロプラストの一部は原形質糸を通って細胞質中を活発に移動しているのに対して、sgr 突然変異体では原形質糸がほとんど観察されず、アミロプラストの動きは著しく悪いのです。SGR 遺伝子はゴルジ体から液胞への小胞輸送に関連するタンパク質（SNARE）をコードしており、内皮細胞の重力感受において、アミロプラストに加えて正常な液胞の形成とその機能が関わると考え

られます（図2-17B）[6]。

　アミロプラストの重力方向への沈降をどのように感じ取るのでしょうか。感受細胞の細胞質全体の重みのもたらす圧力が方向変化することで原形質膜の新たな部分を伸展させ、これを感受するという重力圧モデル（gravitational pressure model）がありますが、アミロプラストの重みを特殊な小胞体複合体が感じるというモデルや、細胞内骨格系を介して原形質膜に機械的刺激を与えるモデルなどが提唱されています（図2-18）。いずれも、コルメラ細胞の形態的特徴がその考えの背景にあります。コルメラ細胞では細胞小器官の極性配置がみられ、垂直に保った根では、核は根の分裂組織に近い側に、逆にアミロプラストは頂端側の細胞質中に吊り下げられた状態で配置しています。また、頂端側の細胞壁に近いところには発達した特殊な多層の粗面小胞体（nodal endoplasmic reticulum、小胞体複合体）が、あたかもアミロプラストの重さを計っている天秤のように分布しています。

　前者のモデルでは、根を横たえるとアミロプラストは位置を変えて細胞の下半分側にある小胞体複合体に接触しますが、上半分側の小胞体には接触しないため、かかる圧力情報の偏在が生じます。実験的にアミロプラストと小胞体複合体との接触を離してやると重力屈性は起こりません[7]。

　一方、後者のモデルの提唱には、スペースシャトルを利用した宇宙実験がかかわっています。宇宙微小重力環境下で生育させるとコルメラ細胞中のアミロプラストは原形質内に散在しますが、遠心機で数時間1Gの重力刺激を与えるとアミロプラストが小胞体複合体上に完全に沈降していない状態でも重力屈性が誘導されたのです。この観察結果に基づき、アミロプラストの移動がもたらすアクチン繊維の伸展が原形質膜上の機械的刺激受容体に作用すると考えられています（actin-tether モデル）[8]。また、アクチン繊維のネットワークを介した重力感受モデル（テンセグリティーモデル、tensegrity-based model）も提唱されています[9]。このモデルは、細胞骨格を形成しているアクチン繊維の網目構造が原形質膜に存在し、この構造が張力によって活性化される機械刺激受容体につながっており、アミロプラストが原形質内を沈降すると局部的にアクチンフィラメントの網目構造が壊されて張力の分布が変化し、これが原形質膜上の機械的刺激受容体に伝わるとされるものです。

54 第1部 植物の知恵を解き明かす

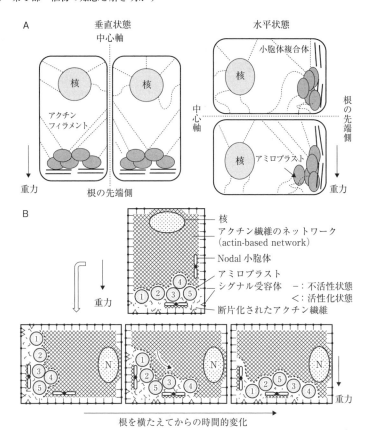

図 2-18 根における重力感受のモデル

A：デンプン（アミロプラスト）平衡石説：コルメラ細胞の細胞小器官の配置には偏りがあり、核は細胞内の上側に、一方アミロプラストは細胞内の下側に分布します。これはこれらがアクチンフィラメントにより細胞膜と連結していることによります。横たえた根では沈降性アミロプラストの重力方向への移動が起こります。これにより小胞体への接触、あるいはそれによって生じる圧力が生体刺激への変換をもたらすというモデルと、アミロプラストをつりさげているアクチンフィラメンの伸展が原形質膜上の機械的刺激受容体に作用するモデル（actin-tether model）が提唱されています。

B：テンセグリティーモデル：細胞質中に原形質膜と転結する形でアクチン繊維のネットワークが作られており、アミロプラストの沈降がアクチンフィラメントのネットワークを破壊し、その結果生じる細胞膜にかかる圧力の変化を受容します。

(Yoder et al., 2001 をもとに作図)

第2章 植物の運動 55

しかし、アクチン重合阻害剤を用いた生理的機能の解析結果はさまざまで、重力屈性を阻害する報告がある一方、阻害しない場合や逆に屈曲を増強させる場合も報告されています。阻害剤の影響は、成長能力など器官全体に及ぶため、アクチン細胞骨格が重力屈性制御にどのように関わっているのかについては、今後、伸展活性化機械的刺激受容体の役割を含め、研究が待たれるところです。

Ca^{2+} 貯蔵を担っている小胞体や液胞膜への接触、原形質膜に存在する原形質膜の伸展によって開口する機械的刺激受容チャンネルの存在は、これらが Ca^{2+} や水素イオンなどの感受細胞内での動態変化をもたらしていることをうかがわせます。

4. 重力シグナル伝達 — カルシウムイオンと水素イオン

重力刺激の感受以降、どのように重力情報が伝わっていくのかはまだ十分に明らかではありませんが、成長軸を境にして感受細胞は対照に配置しているので、植物体を横たえると上側（反重力側）と下側（重力側）に位置する感受細胞間の「空間的位置の違いによる反応の違い」が生じると考えられます。その直接的証拠として、ベーレンス（H. M. Behrens）らによりコルメラ細胞での膜電位変化、すなわち重力刺激に伴う刺激側での脱分極（通常、細胞内は細胞外に対して負に分極しているが、この減少）と反対側での過分極が観察されています [10]（図2-19）。この位置情報を含む膜電位の実体を表すものとして、Ca^{2+} あるいは pH変化など細胞質内のイオンが関わる可能性が指摘されています。

重力屈性における Ca^{2+} の関与は、リー（T. S. Lee）らがトウモロコシの根を Ca^{2+} キレート剤で処理すると重力屈性が阻害されることを見いだしたことが端緒となりました。地上部でもほぼ同様で、アベナ幼葉鞘の重力屈性は Ca^{2+} キレート剤で阻害され、この阻害は Ca^{2+} 投与により回復します。Ca^{2+} チャンネルやカルモジュリンの阻害剤でも重力屈性を阻害することができます。これに関連し、エバンス（M. L. Evans）は、沈降性アミロプラストの小胞体への接触が刺激となり小胞体から Ca^{2+} が放出される結果、細胞の下側の Ca^{2+} 濃度が上昇してカルモジュリンの活性化が起こり、これにより細胞の下側の原形質膜に存在する Ca^{2+} ポンプとオーキシンポンプが活性化されて Ca^{2+} とオーキシンが細胞壁中へ

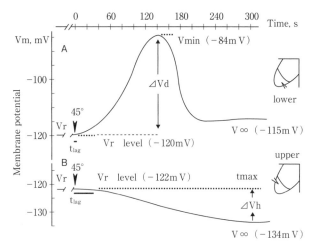

図2-19 重力刺激に伴うセイヨウカラシナ（*Lepidium sativum* L.）の幼根のコルメラ細胞における膜電位の経時変化

A：根冠下側のコルメラ細胞での一例。
B：根冠上側のコルメラ細胞での一例。図中、t_{lag} は、重力刺激後、膜電位変化が起こるまでの時間、Vr は、幼根が垂直に置かれた時（resting）の膜電位、⊿Vd は、膜電位の脱分極（depolarization）の大きさ、⊿Vh は、膜電位の過分極（hyper-polarization）の大きさを表します。図中、楔印の時点で、根を垂直方向から45度傾け、重力刺激を与えました。垂直に保った根（対照）では、過分極、脱分極いずれも観察されていません。

（図は、参考文献（10）をもとに改変）

と輸送されるというモデルを提唱しています。Ca^{2+} の放射性同位体をトウモロコシの根に与えた後に水平すると特に根冠において Ca^{2+} の下側（重力）への移動がみられたという報告がありますが、感受細胞内における Ca^{2+} の実際の動態が示されたとはいいがたいようです。シロイヌナズナの根において Ca^{2+} 蛍光指示薬を用いた可視化の試みでは空間的位置情報の違いによる Ca^{2+} 変化は検出できていません。イクオリン（aequorin: 1962年に下村 脩と Johnson らによってオワンクラゲから発見・抽出・精製された発光タンパク質で、カルシウムの濃度を感知して発光する）を発現しているシロイヌナズナの根を数百本用いて重力刺激による一過的な Ca^{2+} 濃度上昇が認められたという報告もなされており、今後、検出法の改善により重力刺激による感受細胞内 Ca^{2+} の動態や組織間の移動の可

視化がなされるかもしれません。

　一方、シロイヌナズナのコルメラ細胞では、重力刺激を与えると速やかに一過的な細胞内 pH の上昇が起こり、それに引き続いて細胞壁 pH が低下します。この pH 変化はデンプン顆粒をもたない *pgm* 変異体では観察されないので、細胞内外 pH の変化が細胞内と細胞間の両方の重力シグナル伝達に関わっているようです。重力刺激に応答した細胞内 pH の上昇は細胞内からの水素イオン（H^+）の放出を意味しますが、細胞内に比べ細胞外の H^+ 濃度は高く、H^+ 放出には原形質膜上のプロトンポンプ（H^+-ATPase）か、あるいは、他のイオンと共輸送を必要とすると考えられますので、今後、H^+ 輸送に関わる分子の実体の解明が重要となります。

5. 重力刺激の伸長部域への伝達と屈性
—— オーキシンと成長阻害物質

　屈性（偏差成長）を説明する古典的仮説に「コロドニー・ウェント説」があります（図 2-20）[11]。これは、オーキシンが生産される場と作用する場が異なる、極性移動特性をもった因子で、重力屈性はオーキシンの非対称的な分布に基づく重力側と反重力側での偏差成長によるというものです。コロドニー（N. Cholodny）は、1928 年、「生長素が重力屈性反応に本質的役割を演じており、鉛直に置いた茎や根では生長素は均等に分布するが、これらの器官が水平に置かれるとその正常拡散が妨げられ、上側と下側の皮層細胞に含まれる量が異なってくる。根と茎の屈曲方向が反対であるのは根と茎ではその先端からくる生長素に対して反対に反応するからである」と結論づけるとともに、光屈性にもこれが適応できるという見解を示しました。ウェント（F. W. Went）も同じ頃、幼葉鞘の先端から下側に移動して成長を誘導する生長素（植物ホルモン・オーキシン）に関する実験を通じて、独立に光屈性におけるオーキシン横移動説を提唱しました。ウェントの共同研究者ドルク（H. Dolk）は、1930 年に横たえたアベナ幼葉鞘の重力側（下側）に反重力側（上側）の 2 倍量程度のオーキシンが移動してくることを生物検定法により示しています。また、その後放射性インドール酢酸を用いたいくつかの移動実験では、重力側（下側）と反重力側（上側）で 4：6 程

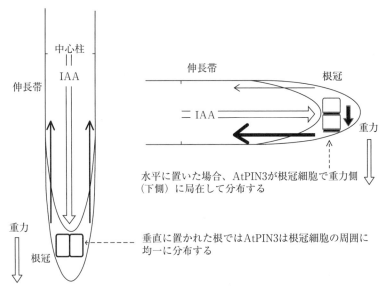

図 2-20 根の重力屈性に関する「コロドニー・ウェント説」の分子機構
オーキシンは茎から根に到達すると、根の中心柱を通って基部側から根端に向かって求頂的に輸送され、根端に達すると、根冠で中心部から表皮の方へと方向を転じ、表皮細胞や皮層細胞層の外側の部分を通って、今度は求基的に根の伸長部域へと移動します。シロイヌナズナではオーキシンの移動に関わる排出担体であるPINタンパク質の一つであるAtPIN3タンパク質が、まっすぐに重力方向へと伸長している根の根冠細胞ではすべての方向の原形質膜に均一に分布していますが、そこに重力刺激を加えると、重力方向の原形質膜側に分布状態が変化し局在性を示すようになります。その結果、根冠において重力側で多くのオーキシンが蓄積し、それが伸長域に輸送されます。
(『最新 植物生理化学』より転載)

度のオーキシ量の差が認められるとされます。オーキシンの特異な移動（極性移動）には、オーキシンの細胞内への取込み担体と細胞からの排出担体、特に後者のPINタンパク質が重要な役割を果たしています。シロイヌナズナのコルメラ細胞においてPINタンパク質の一つ、AtPIN3タンパク質が重力刺激により重力方向の原形質膜に局在することが報告されており、根冠に輸送されたオーキシンが側方に輸送される際に重力方向に偏って輸送されることを推測させます[12]。

一方、オーキシン（生長素）の本体がインドール酢酸（IAA）と同定されて以

第 2 章　植物の運動　59

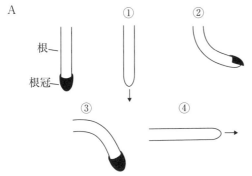

① 垂直におかれた根から根冠を除去すると、伸長成長がやや促進されます。
② 垂直におかれた根から根冠を半分除去すると、根冠が残っている側へ屈曲します。
③ 根を水平にすると重力屈性を示し、根は重力方向へと屈曲します。
④ 水平にした根の根冠を除去すると、重力屈性は示しませんが、伸長成長はやや促進されます。

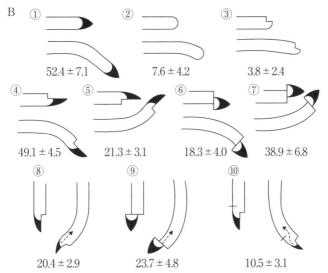

図 2-21　根冠が根の重力屈性を制御する物質を生産することを示す実験
トウモロコシの根切片を、①〜⑦のように処理して水平に置いて 14 時間後の屈曲角度を測定すると、いずれも根端のある側に屈曲します。
垂直な状態でも根端を半分切除したり、片側にずらしておくと、根端がある側に屈曲します。しかし、⑩のように根端から 1mm のところに雲母片を挿入すると、根端とは逆方向に屈曲します。
A：Wilkins らの実験（Shaw and Wilkins, 1973 より改変）
B：Pilet らの実験（Pilet, 1979 より改変）

来、ガスクロマトグラフ質量分析計や免疫学的手法によるIAAの定量に基づく「コロドニー・ウェント説」の検証が試みられてきましたが、必ずしもIAAの偏差分布があるとは言い切れない状況にあります。加えて、ファーン（R. Firn）らは、ウェントらにより示された刺激−反刺激組織間で見られる2倍程度のオーキシン量の差のみで組織間成長率の違いを説明するには不十分で、十数倍量の差が必要であることをオーキシン投与量反応曲線により示し、ウェントの説に疑問を呈しています[13]。また、上述の pin3 突然変異体の重力屈性異常はさほど顕著ではないし、地上部においては重力刺激によるPINタンパク質の偏差的分布はほとんど見いだされていません。このように、オーキシンの横移動が重力屈性の原因であるのか、仮に重力刺激によってオーキシンの横勾配がもたらされているとしても実際に偏差成長を説明するのに十分であるのかには、まだ明らかにすべき多くの課題が残されています。

　一方、ウィルキンス（M. B. Wilkins）やピレー（P. A. Pilet）らのグループは、根冠で合成される成長抑制物質が重力方向へ移動し、それが伸長帯に輸送され、重力屈性を引き起こすことを示唆し、成長抑制物質の関与を指摘しています（図2-21）。ピレーらは、植物ホルモンの一つで成長抑制作用を示すアブシシン酸（ABA）の重力刺激に応答した偏差分布を見いだしていますが（図2-22）[14]、ABA偏差分布に否定的な実験結果など、その関与に対する否定的な考えも多いようです。一方、鈴木（T. Suzuki）らは、トウモロコシの根においてIAAやABAとは異なる、重力屈性と相関関係を示す（未同定）酸性成長抑制物質の存在を報告しています[15]。

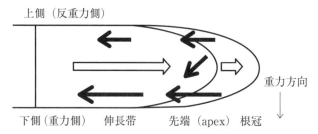

図2-22　アブシシン酸によるトウモロコシの根の重力屈性の制御モデル
黒矢印はアブシシン酸、白矢印はインドール酢酸の動きを表しています。
（Pilet, 1979 より改変）

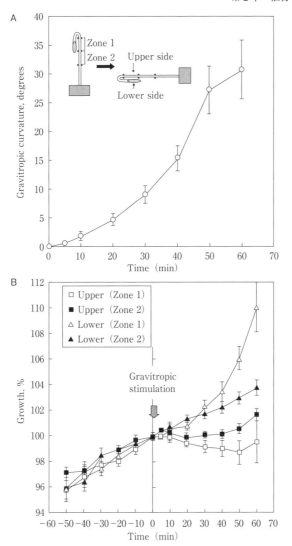

図 2-23 ダイコン胚軸の重力屈性 (A)、および偏差成長 (B) の経時変化
黄化サクラジマダイコン芽生えのフックから下 0 〜 1 cm 域を Zone 1、1 〜 2 cm 域を Zone 2 とし、ビーズを用いて印をつけ、芽生えを横倒しにして重力刺激を与え、胚軸の屈曲角度を測定するとともに、それぞれの Zone における重力側 (Lower side) と反重力側 (Upper side) の成長量を経時的に測定した結果、下 (重力) 側の成長速度は、刺激を与える前とほぼ変わらないのに対して、上 (反重力) 側の成長速度が低下しました。
(Tokiwa et al., 2005)

62 第1部 植物の知恵を解き明かす

　茎ではオーキシンは成長促進ホルモンとして機能します。重力屈性は偏差成長
に基づくので刺激側と反刺激側とで成長速度がどのように変化するのかを知るこ
とが屈性制御物質の本体を探る重要なポイントとなります。仮にオーキシンが重
力側に多く存在するとすれば、軸の上側の成長抑制と下側の成長促進が起こると
考えられます。最近、長谷川（K. Hasegawa）らのグループは、ダイコンやエ
ンドウの黄化芽生えを横たえると、下側の成長速度は変化せず、上側の成長速度
が低下することを見いだし、反重力側における成長抑制物質の関与による仮説を
提唱しています（図2-23)[16]。さらに、ダイコン芽生えの重力屈性制御物質とし
て成長抑制物質ラファヌソールA（disinapoylsucrose）を同定しています。また、
イネ幼葉鞘を横たえると、成長抑制活性を有するジャスモン酸（JA）の合成が
誘導されるとともに、幼葉鞘を横切るJAの濃度勾配が形成されます[17]。このよ
うに、根、茎いずれの器官の重力屈性制御の鍵化学物質として成長抑制物質の関
与も考えられています。

　以上のように、偏差分布する物質が成長抑制物質であるのか、それとも成長促
進物質であるのかは、古くて新しい問題といえます。しかしながら、これらの説
は、本当に対峙するものではなく、オーキシンとその作用の抑制物質との相互作
用を考えるとうまく説明ができるかもしれません。

6. 重力が関わるさまざまな形態形成

（1）宇宙植物科学の手法によって明らかにされた成果

　植物の成長・発達に対する重力の役割の解明には、無重力（あるいは微小重
力）環境の利用が一つの手段となります。落下塔による自由落下や航空機の放物
線飛行（パラボリックフライト）で数秒〜数十秒間の微小重力環境が得られます。
このわずか数十秒間の微小重力刺激でも、熱対流が抑制されて葉と周辺空気との
熱やガスの交換が抑制される結果、葉温上昇や光合成の抑制が観察されています
が、植物の成長解析にはあまりにも短すぎます。このため、宇宙船や宇宙ステー
ションを利用した宇宙微小重力実験（現在運用されている国際宇宙ステーション
での重力は地上の百万分の1のオーダーでマイクログラビティーと呼ばれる）が
行われてきています。しかし、実験機会を得ることは極めて難しく、最近では、

第2章　植物の運動　*63*

地球上における重力実験の対照実験装置としてザックス（J. Sachs）によって考案された植物回転器（クリノスタット）に改良を加えた2つの直行する回転軸を持ち3次元的に回転する3次元クリノスタットが宇宙環境模擬装置（擬似微小重力作成装置）として使用されています。ここでは、主に日本人の手による植物宇宙実験とそれに関連する地上擬似微小重力実験の結果について簡単に紹介します。

1）黄化エンドウ芽生えの自発的形態形成の制御機構 [18]

宇宙微小重力環境下で植物は決してランダムな方向に成長したりするのではありません。宇宙微小重力下、暗所で発芽した植物は、重力、光などの環境刺激の影響を受けずにもともと有している性質に従った形態形成（自発的形態形成、automorphogenesis）を示します。自発的形態形成の様態（成長方向など）は、植物の種類や器官によってさまざまです。

筆者らがスペースシャトルを用いて実施した宇宙実験により、黄化エンドウ（品種アラスカ）芽生えの自発的形態形成の特徴として、上胚軸が子葉節基部で子葉から離れる方向に傾いて伸長すること、根はそれとは逆方向に気中に向かって伸長すること、上胚軸頂端鉤状部の開度が大きいことなどが挙げられます。加えて、宇宙微小重力下で生育した芽生え上胚軸のオーキシン極性移動能は地上対照と比較して著しく低く、従来、植物組織の極性によって制御されており、重力の影響を受けないとされてきたオーキシン極性移動も重力の支配下にあることが初めて明らかとなりました（図2-24A）。

地上でエンドウ種子を、原形質膜上で機械的刺激を感受する Ca^{2+} 依存性機械受容チャンネルの阻害剤（ランタノイド、La^{3+} や Gd^{3+}）、細胞内シグナル伝達において重要性が指摘されているタンパク質リン酸化カスケードにおいてタンパク質リン酸化酵素の作用阻害剤（カンタリジン）、あるいはオーキシン極性移動の阻害剤（2, 3, 5-トリヨード安息香酸など）を与えて育てると、芽生えは自発的形態形成に似た形態を示します。加えて、自発的形態形成様の形態を示す重力応答突然変異体 *ageotropum* エンドウ上胚軸のオーキシン極性移動能は、正常な重力応答を示すアラスカエンドウのそれに比べ低く、重力刺激の影響も受けません。オーキシン排出を担う PIN タンパク質をコードする *PsPIN1* 遺伝子の発現はオーキシン極性移動能とよく関連しています。おそらくエンドウ芽生えでは、

64　第1部　植物の知恵を解き明かす

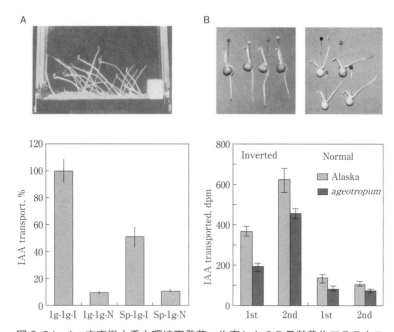

図 2-24　A：宇宙微小重力環境下発芽・生育した6.5日齢黄化アラスカエ
　　　　　ンドウ芽生えの自発的形態形成とオーキシン極性移動
　　　　B：重力応答突然変異体 *ageotropum* エンドウ芽生えの自発的形
　　　　　態形成様の形態形成とオーキシン極性移動

A：宇宙微小重力環境下発芽・生育した6.5日齢黄化アラスカエンドウ芽生えの自発的形態形成の様子（上）、および上胚軸オーキシン極性移動能（下）。1g-1g、Sp-1gは、それぞれ地上、宇宙微小重力環境下で発芽・生育させた芽生えを意味し、Iは極性方向への移動、Nは反極性方向への移動を意味します。オーキシン極性移動は、放射性インドール酢酸を用いて測定し、地上対照に対する相対値で示しています。

B：重力応答突然変異体 *ageotropum* エンドウ芽生えは、上胚軸のオーキシン極性移動能はアラスカエンドウのそれに比べ低く、また、自発的形態形成様の形態を示します。写真は4日齢のものです。オーキシン極性移動は、6.5日齢芽生えを対象に、第1節間（1st）と第2節間（2nd）について測定しました。

アミロプラストの沈降を機械的刺激として感受し、Ca^{2+}チャンネルの活性化やタンパク質リン酸化カスケードを介して刺激を伝達し、最終的に遺伝子発現を経てオーキシン極性移動システムを構築することによって正常な重力応答がなされているのでしょう。現在、国際宇宙ステーションにおいてこれを分子生物学的・

免疫組織化学的手法によって検証する国際宇宙ステーション実験が実施されつつあります。

一方、発芽種子の初期成長過程において頂端分裂組織を保護する上胚軸頂端鉤状部は、種子中の未熟な上胚軸の先端にすでに形成されており、それがいったん強固なものとなった後、展開していきます。前者の過程は3次元クリスタット上の擬似微小重力環境下でも同様に進行しますが、クリノスタット上ではその後の展開が早く進みます。鉤状部形成はエチレンによって誘導されますが、クリノスタット上ではエチレン生成が抑制されることから、重力はエチレンを介し鉤状部の成長を制御すると推察されます。

2) キュウリのペグ形成－重力によるネガティブ制御[19]

キュウリなどのウリ科植物の種子は扁平な形をしており、土の上に播種すると横向きになります。種皮は極めて固く、吸水してもふやけて壊れることはなく、扁平な種皮の一端にある発芽孔から出現した幼根は、重力屈性で湾曲します。すると幼根と胚軸の境界領域付近で湾曲した内側（地面側）に突起状組織、ペグ（peg）が形成され、その先端で種皮を押さえ、ペグを梃子にするりと種皮を脱ぎ胚軸が伸長します。種子を上下逆にしてもいつもペグは下側に形成されます（図2-25）。

重力がペグ形成を誘導するとの仮説のもと、高橋（H. Takahashi）らによる宇宙実験がなされました。予想に反し、宇宙微小重力環境下では境界領域の両側に計2個のペグが発達しました。この現象は、種子を垂直にして発芽させた場合やクリノスタット上で発芽させた場合にも観察されます。すなわち、境界領域はもともと両側にペグを形成する能力を有していますが、重力と反対側のペグ形成が重力により抑制されるのです（ネガティブ制御）。ペグ形成は、オーキシン極性移動阻害剤によって抑制され、種子を横置きにした場合でもオーキシンを投与すると上側にもペグが誘導されます。オーキシンの量に応じて発現が高まるオーキシン制御遺伝子（*CS-IAA1*）を指標にすると、宇宙で発芽させたものでは境界領域でまんべんなく強くこの遺伝子が発現しているのに対し、地上で発芽させたものでは重力側に偏って発現します。この偏りは、オーキシン排出を担うPINタンパク質が境界領域の内皮細胞に発現し、重力刺激に応答して横になった境界域の上側でオーキシンを低下させるように細胞内局在することによると推測され

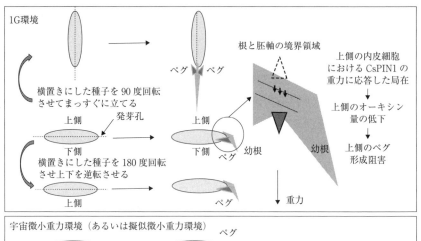

図 2-25 キュウリのペグ形成と重力
宇宙微小重力環境下、あるいはクリノスタット上の擬似微小重力環境下では、境界領域の両側に計2個のペグが発達します。両側にペグが形成される現象は、種子を垂直にして発芽させた場合にも観察されます。

ています。重力刺激によって、境界領域においてオーキシン輸送系の局在によってもたらされるオーキシン濃度勾配がペグの形成位置を決定しているのでしょう。

3) **植物の抗重力反応** ─ 細胞壁構築に対する重力の役割 ─ [20]

陸上植物は、重力に対抗できる強固な体を作らなくてはなりません。この重力に抗する体制作りを抗重力反応と呼び、主に遠心機を用いた過重力刺激により解析されています。過重力刺激を与えると植物の茎は太く短くなり、力学的に強固な細胞壁が構築されます。根の先端側方向と、逆の茎の先端方向に過重力をかけた場合の成長に対する影響が同じであること、重力受容細胞の機能欠失突然変異体でも抗重力反応が正常に起こること、原形質膜上の機械刺激受容体の阻害剤により抗重力反応が抑制されることなどから、抗重力反応と重力屈性反応では、必要な刺激の受容のしくみが異なっていると考えられます。

細胞に力学的強度を与えている細胞壁は、セルロース繊維とマトリックス多糖

類から構成されており、過重力下ではマトリックス多糖類の合成促進と分解抑制がもたらされる結果、細胞壁多糖量やその分子量が増えて細胞壁強度が増加します。この過程には、オーキシン誘導細胞成長の際に認められるのと逆の現象、細胞壁 pH 上昇と細胞壁多糖分解酵素の活性低下とが関わっています。加えて、表層微小管が、細胞壁に新たに付加されるセルロース微繊維の方向を制御して細胞の伸長方向、ひいてはその形を決定しています。伸長している細胞において細胞長軸方向に対し垂直に配向している表層微小管が、過重力刺激により軸と平行な向きへと配向を変えることにより細胞伸長方向が変化します。過重力環境下ではこのような細胞壁の構築を介して茎が太く短くなり、重力に対抗できる体になります（図 2-26）。

保尊（T. Hoson）らは、過重力は微小重力の反対側にあるとの考えに基づき宇宙実験を実施し、宇宙微小重力環境下ではイネの幼葉鞘やシロイヌズナの胚軸は細長く伸長し、また、その細胞壁は力学的に弱いことを見いだしています。

4）回旋転頭運動と重力[21]

植物の茎はただまっすぐ上に伸びていくのではなく、真上から観察するとその先端が円を描くように運動（回旋転頭運動）しています。ダーウィンは、蔓植物がよじ登るのには、重力を感受して上に伸びようとする性質と茎の先端の回旋転

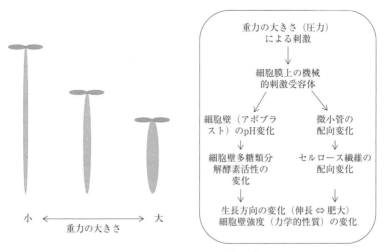

図 2-26　植物の抗重力反応

68 第1部 植物の知恵を解き明かす

頭運動の両方を併せ持つことが重要であり、後者は自発的運動としてとらえました。回旋転頭運動が自発的なものであれば、宇宙微小重力下でも見られるはずです。ブラウン（A. H. Brown）は、スペースシャトルを用い、地上で育てたヒマワリ芽生えの回旋転頭運動が宇宙微小重力下でも認められること、そして、ジョンソン（A. Johnsson）らは、国際宇宙ステーション内で発芽・生育したシロイヌナズナの回旋転倒運動はごくわずかですが、遠心機を利用して重力刺激を与えると回旋転頭運動が大きくなることを報告しています。すなわち、回旋転頭運動自身は植物が本来備えた機能ですが、その機能の増強に重力が必要と考えられます。

　植物には、自重に耐えられずに次第に枝垂れていくものがあります。高橋（H. Takahashi）らは、枝垂れ性のシダレアサガオに着目し、回旋転頭運動における重力感受の必要性を検討しました。通常のアサガオの茎では沈降性アミロプラストを有する内皮細胞層が発達しているのに対して、シダレアサガオではそれが分化していません。そこで内皮細胞の分化を制御するシロイヌナズナのSCR（SCARECROW、案山子の意味）遺伝子と相同の遺伝子（*PnSCR*）をクローニングし、これをシロイヌナズナ *scr* 重力屈性突然変異体に遺伝子導入しました。正常なアサガオの *PnSCR* 遺伝子を導入すると重力屈性と回旋転倒運動が回復するのに対して、シダレ性の *PnSCR* 遺伝子の導入ではいずれの回復も見られません。また、根においても回旋転頭運動と重力感受の関係が認められています。アラスカエンドウでは根冠を取り除くと重力屈性と回旋転頭運動のいずれもが阻害されます。また、重力応答突然変異体 *ageotropum* の根ではほとんど回旋転頭運動が認められません。したがって、回旋転頭運動にも重力感受細胞である内皮細胞やコルメラ細胞の有する重力感受機能が必要と考えられます。

5）根の重力屈性と水分屈性の相互作用[22]

　植物の根は水分の勾配に反応して、水分の多い方へと屈曲します。この性質を水分屈性（hydrotropisum）と呼びます。重力屈性が正常なエンドウの根は水分勾配下では重力屈性を示しますが、これをクリノスタット上の擬似微小重力下に置くと明らかな水分屈性が観察されます。また、重力屈性欠損突然変異体 *ageotropum* エンドウの根も顕著な水分屈性を示します。これらのことから水分屈性は植物が水分を獲得するのに重要な姿勢制御ですが、地上では重力の影に隠

第2章 植物の運動 69

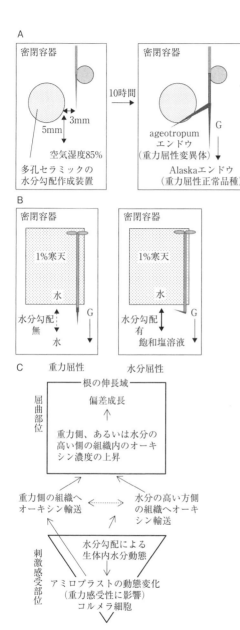

A：重力屈性正常種（アラスカ）と重力屈性変異体エンドウ（*ageotropum*）の芽生えを水分勾配の下で一定時間生育させると、アラスカエンドウの根は重力方向に伸長するのに対して、*ageotropum* エンドウの根は水分屈性を示します。

B：1%寒天板にシロイヌナズナの芽生えの根の先端が気中に突き出すように垂直にして載せ、これを底に水あるいは飽和塩溶液を入れた容器に入れて密閉して、寒天と飽和塩溶液の間に水分勾配を発生させると、水を入れたものでは重力の方向に、飽和塩溶液を入れたものでは重力に逆らい高水分の方へ屈曲します。

C：水分屈性の概念図

図2-27　エンドウとシロイヌナズナの根の水分屈性の概略図

70　第1部　植物の知恵を解き明かす

れてしまう成長現象です（図2-27）。

　宮沢（Y. Miyazawa）らによって、宇宙微小重力下でキュウリの根が水分屈性を示す際の、水分の高い側と低い側とで偏差的に発現する遺伝子の探索がなされています。RNAシーケンスというトランスクリプトーム解析によると高水分側で高い発現を示した遺伝子の多くがオーキシン誘導性遺伝子であり、水分屈性においてオーキシンが重要な因子であると推測されています。

　一方、シロイヌナズナの根は1G環境でも飽和塩溶液を用いて水分勾配を作ると水分の高い方へと重力に逆らって屈曲します。重力屈性を示しますが水分屈性を示さない変異体の分子遺伝学的解析から水分屈性に関係する*MIZU-KUSSEI1*遺伝子が単離され、根のコルメラ細胞中で強く発現していることが示されています。おそらく水分勾配の受容部位もコルメラ細胞と考えられますが、重力感受とは独立した機構によると思われます。水分勾配による水ストレスがコルメラ細胞中のアミロプラストの分解をもたらし、これが重力感受性の低下につながっていると考えられていますが、水分屈性と重力屈性とのオーキシン偏差分布が起こるしくみの異同は未解明です。

（2）特殊な重力屈性 ― 傾斜・側面重力屈性、枝垂れ、茎の正重力屈性[23, 24]

　木本植物では枝は幹に対して一定の角度で傾斜して保持されます（傾斜重力屈性）。被子植物の枝の場合、枝の基部の上側に「あて材」（reaction wood）と呼ばれる解剖学的に特殊な構造（導管要素の数が少なく、木部繊維に富む。木部繊維の細胞壁はセルロース繊維が多く、肥厚する）が形成され、これに枝の重さがかかるため引っ張り上げる応力が生じ、結果として傾斜した枝を上方向へと向けます（「引っ張りあて材」）。一方、裸子植物の枝では枝の基部の下側に「あて材」が形成されます（圧縮あて材）。幹でも木が傾くと、被子植物では上側に、裸子植物では下側に「あて材」が形成されることから、この形成にも重力が関係しているといえます。オーキシンを幹の片側に与えると、被子植物では与えたのと逆側に、裸子植物では与えた側にあて材が形成されます。また枝の先端を切除するとその形成は阻害されます。これらの結果は、枝の先端で作られたオーキシンの関与を示唆していますが、水平に保った枝の上側と下側とでオーキシンはほとんど差がなく、その関与は不明のままです。

一方、イチゴやクズなどの匍匐植物では、その匍匐茎（枝）は重力方向と直角に成長します（横または側面重力屈性）。しかしながら、この重力屈性の制御機構についてはほとんど明らかにされていません。

前述の枝垂れ性の原因はさまざまです。例えば枝垂れ性を示すある種の枝垂れサクラの枝では、「あて材」形成が起こりません。この枝垂れ性のサクラにジベレリンを与えると、あて材が形成され立ち性の枝のように上方に伸長します。また、立ち性のサクラにブラシノライドを与えると、あて材形成が阻害されて枝垂れます。確かにあて材は枝の支持に必要であるが、立ち性と枝垂れ性の枝でこれらのホルモン量に差は認められていません。

また、南米原産の水生植物のホテアオイ（*Eichhornia cressipes*）は、開花前の花茎は負の重力屈性を示していますが、開花すると花茎上部が屈曲し始め約半日で花茎はほぼ完全に下側に曲がります。この反応はクリノスタット上では認められません。ラッカセイ（落花生）の場合も、開花・受粉後、数日経つと、子房と花托との間の子房柄が下方に伸びて地中に潜り込み結実（地下結実性）します。このようなホテアオイやラッカセイに見られる屈性は、植物の地上部ではまれな「正」の重力屈性であり、しかも、成長段階によって重力屈性が変化する例です。しかし、いずれも関連する鍵化学物質や遺伝子の同定には至っていません。

7. 重力屈性のしくみ

図2-28は、重力屈性反応を感受、細胞内での化学的シグナル変換、細胞間シグナル伝達、偏差成長（屈性）で起こるイベントをまとめたものです。重力感受細胞でどのようにして小胞体複合体や原形質膜上の機械的刺激受容体が関わっているのか、そして、屈性を引き起こしている移動性の物質はオーキシンであるのかそれとも成長抑制物質であるのかなど、多くの疑問点が残っています。今後、詳細な成長解析とともに、植物生理化学的手法、分子生物学的手法を駆使し、植物の重力応答反応機構の解明が望まれます。

72 第1部 植物の知恵を解き明かす

Step 1：重力刺激の感受

平衡細胞
（コルメラ細胞、内皮デンプン鞘細胞）

デンプン平衡石説：　　　　　　　　　　　　　　重力圧モデル：
アミロプラストの沈降　　　　　　　　　　　　gravitational pressure model

・小胞体への接触の関与　　・細胞骨格の関与
　小胞体からの Ca^{2+} の放出　　機械刺激受容チャンネルを介した Ca^{2+} の放出
　　　　　　　　　　　　　　　　（amyloplast-tether model, tensegrity model）

Step 2：重力刺激の化学的シグナルへの変換

細胞質内 Ca^{2+} 濃度の変化　　　　　　　　　細胞質内 H^+ 濃度（pH）の変化
カルシウム結合タンパク質カルモジュリンの活性化

Step 3：感受細胞から偏差部位へのシグナル伝達

・原形質膜上のカルシウムポンプの活性化によるカルシウムイオン
　の細胞外への放出
・原形質膜上のオーキシンポンプの活性化によるオーキシンの細胞
　外放出

Step4：重力屈性（偏差成長）

伸長帯における植物生理活性物質（植物ホルモン）の不均等分布

オーキシン　　　　　　　アブシシン酸の　　　　成長抑制物質の
（コロドニー・ウェント説）　不均等分布　　　　　不均等分布

図 2-28　重力屈性の素過程で起こるイベント

重力感受から偏差成長までの重力情報のカスケードにおいて想定される要素を記しています。

第2章 植物の運動　*73*

8. 重力屈性とわたしたち

　近年の地球温暖化に伴う異常気象によって、農耕地面積の狭い日本では、持続可能な食糧の確保が危ぶまれています。その対策の一つとして、栽培環境を人工的に制御できる植物工場の稼働が急速に進んでいます。これまでは環境因子として光、温度、湿度、養分などについて研究され、実践されてきましたが、将来的には発想を転換してさまざまな重力環境下での栽培に関する基礎的研究を進めることによって新たな健康食糧の生産に繋げることも夢ではないかもしれません。

　また、現在、活発に宇宙開発が進められており、人類が月や火星で暮らす日も遠くないと思われます。長期間の宇宙滞在では、生存に不可欠な食糧と酸素を作り出し維持するための閉鎖生態系生命維持システムが必要であり、そこで植物の果たす役割は大きく、微小重力から過重力環境下での植物生産に関する植物生理化学から分子遺伝学といった多方面からの実用化を意識した基礎研究が待たれます。

参考文献

(1)　宮本健助「第3章　重力屈性・重力形態形成」『最新　植物生理化学』長谷川宏司・広瀬克利編、大学教育出版、2011、pp.85-133

(2)　Ciesielski, T. Untersuchungenüber die Abwärtskrümmung der Wurzel. Beitr. Biol. Pflanz.1: 1-30（1872）

(3)　Fukaki, H., Wysocka-Diller, J., Kato, T., Fujisawa, H., Benfey, P. N. and Tasaka, M. Genetic evidence that the endodermis is essential for shoot gravitropism in *Arabidopsis thaliana.* Plant Journal 14: 425-430（1998）

(4)　Fujihira, K., Kurata, T., Watahiki, M. K., Karahara, I. and Yamamoto, K. T. An agravitropic mutant of *Arabidopsis, endodermal-amyloplast less 1,* that lacks amyloplasts in hypocotyl endodermal cell layer. Plant Cell Physiol. 41: 1193-1199（2000）

(5)　Kuznetsov, O. A. and Hasenstein, K. H. Intracellular magnetophoresis of amyloplasts and induction of root curvature. Planta 198: 87-94（1996）

(6)　Morita, M. T. Directional gravity sensing in gravitropisum. Ann. Rev. Plant Biol. 61: 705-720（2010）

(7)　Zheng, H. Q. and Staehelin, L. A. Nodal endoplasmic reticulum, a specialized form of endoplasmic reticulum found in gravity-sensing root tip columella cells. Plant Physiol. 125: 252-265（2001）

74 第1部 植物の知恵を解き明かす

(8) Sievers, A., Buchen, B., Volkmann, D. and Hejnowicz, Z. Role of the cytoskeleton in gravity perception. In: Lloyd, C. W. (ed) The cytoskeletal basis of plant growth and form. Academic Press, London: 169-182 (1991)

(9) Yoder, T. L., Zheng, H.-Q., Todd, P. and Staehelin, L. A. Amyloplast sedimentation dynamics in maize columella cells support a new model for the gravity-sensing apparatus of roots. Plant Physiol. 125: 1045-1060 (2001)

(10) Behrens, H. M., Gradmann, D. and Sievers, A. Membrane-potential responses following gravistimulation in roots of *Lepidium sativum* L. Planta 163: 463-472 (1985)

(11) Thimann, K. V. Hormone Action in the Whole Life of Plants. The University of Massachusetts Press. Amherst (1977)

(12) Friml, J., Wiśniewska, J., Benková, E., Mendgen, K. and Palme, K. Lateral relocation of auxin efflux regulator PIN3 mediates tropism in *Arabidopsis*. Nature 415: 806-809(2002)

(13) Firn, R. D. and Digby, J. The establishment of tropic curvatures in plants. Ann. Rev. Plant Physiol. 31: 131-148 (1980)

(14) Pilet, P. E. Hormonal control of root georeaction: some light effects. In: Plant Growth Substances, Skoog, F ed., Springer-Verlag, Berlin: 450-461 (1979)

(15) Suzuki, T., Kondo, N. and Fujii, T. Distribution of growth regulators in relation to the light-induced geotropic responsiveness in *Zea* roots. Planta 145: 323-329 (1979)

(16) Tokiwa, H., Hasegawa, T., Yamada, K., Shigemori, H. and Hasegawa, K. A major factor in gravitropism in radish hypocotyls is the suppression of growth on the upper side of hypocotyls. J. Plant Physiol. 163: 1267-1272 (2006)

(17) Gutjahr, C., Riemann, M., Müller, A., Düchting, P., Weiler, E. W. and Nick, P. Cholodny-Went revisited: a role for jasmonate in gravitropism of rice coleoptiles. Planta 222: 575-585 (2005)

(18) Ueda, J., Miyamoto, K., Uheda, E., Oka, M., Yano, S., Higashibata, A. and Ishioka, N. Close relationships between polar auxin transport and graviresponse in plants. Plant Biology 16 (suppl. 1) : 43-49 (2014)

(19) 高橋秀幸「オーキシンによる植物の重力形態形成の制御機構に関する研究」『植物の成長調節』44、2009、pp.10-21

(20) Hoson, T. and Soga, K. New aspects of gravity responses in plant cells. Int. Rev. Cytol. 229: 209-244 (2003)

(21) Kitazawa, D., Hatakeda, Y., Kamada, M., Fujii, N., Miyazawa, Y., Hoshino, A., Iida, S., Fukaki, H., Morita, M. T., Tasaka, M., Suge, H. and Takahashi, H. Shoot circumnutation and winding movements require gravisensing cells. Proc. Natl. Acad. Sci. USA 102: 18742-18747 (2005)

(22) 高橋秀幸・藤井伸治・宮沢 豊（2005）「微小重力下における水分屈性とオーキシン動態」

『生物工学』83、2005、pp.560-564
(23) 中村輝子・吉田正人「樹木と重力」『宇宙生物科学』14、2000、pp.123-131
(24) Kohji, J., Yamamoto, R. and Masuda, Y. Gravitropic response in *Eichhornia cressipes* (water hyacinth) 1. Process of gravitropic bending in the peduncle. J. Plant Res. 108: 387-393（1995）

第3節　葉の開閉運動のしくみ

1. はじめに

　オジギソウは、昔はよく見かけた雑草のひとつでしたが、最近ではホームセンターのガーデニングコーナーで見かけるだけで、普通の生活の中からはなくなってしまいました。オジギソウの研究をしているといつも聞かれるのが、「なぜオジギソウの葉はあんなに早く動くのか？」ということです。なぜには2通りの解釈があります。何の目的でという解釈と、どのような機構（メカニズム）でという解釈です。前者に対してはいくつかの仮説がありますので後述したいと思います。本節では主に、後者のメカニズムについて解説したいと思います。

　本題に入る前にオジギソウの運動を2つに分けておきたいと思います。まず、

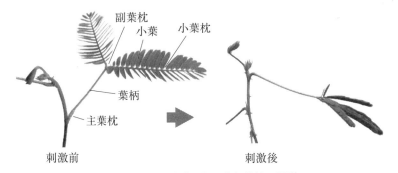

図2-29　オジギソウの葉と葉枕の運動
オジギソウの葉は図のように刺激に応じて葉を閉じるだけでなく、
24時間周期の葉の開閉運動をします。

76 第1部 植物の知恵を解き明かす

多くの人がオジギソウを知るきっかけになるのが、触った時に葉が閉じる運動です。触って数秒で葉が閉じ、20-30分後には元の状態に戻っています。この運動は接触傾性運動と呼ばれるものです。さらに、オジギソウでは朝に葉を開き、夜に葉を閉じる24時間周期の運動が見られます。これは就眠運動と呼ばれています。いずれも葉枕（図2-29）に存在する運動細胞が関与する運動です。本節の前半は、オジギソウの接触傾性運動を中心に筆者らの研究結果も交えながら解説したいと思います。後半は、オジギソウを含めマメ科植物の就眠運動について解説したいと思います。

2. オジギソウの運動と研究の歴史

オジギソウは触ると葉を速やかに閉じることから、さまざまな人々に興味を抱かせてきました。日本では、その運動の外見的な特徴から「オジギソウ」という名称が与えられています。学名の *Mimosa pudica* の pudica はラテン語で「遠慮がち、シャイな」という意味があります。そのため海外では、「Touch me not "さわらないで"」や「Sensitive plant」など、いずれもユニークで親しみやすい名前で呼ばれています。これらの名称は 、オジギソウが触られた時にすぐ葉を閉じる様子、つまり接触傾性運動の様子を反映しています。光学顕微鏡を開発して、植物に細胞があることを観察したことで有名なロバート・フック（Robert Hook）は、彼の著書『ミクログラフィア』の中で動物のような運動をする植物としてオジギソウに触れ、その観察記録も残しています（表2-4）。

日周性とは異なる、いわば動物的な運動を見た研究者の多くは、動物と同じように神経や筋肉があるものと考えました。電気生理学の手法が確立するとすぐに、植物細胞の膜電位が測定され、1960年代以降、オジギソウでも運動に伴う膜電位の変化が調べられるようになりました。多くの日本の研究者がここでも活躍しています（阿部、2006）。

刺激を感じて葉を閉じる過程では、化学物質の移動による刺激の伝搬と神経のような電気的な刺激の伝搬が存在すると考えられていました。前者は、葉柄（図2-29）の維管束部分を切断し、ガラス管でつないでも刺激が次の葉枕に伝えられることから、その存在が示唆されていました。後者については刺激後に活動電位

表 2-4　オジギソウ研究の歴史

年／年代	発見の歴史	著者等
1729	洞窟内での運動観察	Jean-Jacques d'Ortous de Mairan
1880	植物の運動力	Charles Darwin
1665	光学顕微鏡による観察	Robert Hook
1960～	電子顕微鏡による観察	Toriyama, Fleurat-Lessard ら
1960～	運動の電気生理学的解析	Oda & Abe ら
1980	イオン濃度変化の測定	Samejima & Shibaoka
1980～	関連因子の生化学的解析	Fleurat-Lessard ら
1999	葉の開閉に関わる物質の単離	Ueda & Yamamura ら
2000～	関連因子の遺伝子解析	Kanzawa ら
2012	就眠運動に異常を持つ変異株の解析	Zhou ら
2014	遺伝子組換え体の作製	Mano ら

が伝わっていく様子が電気生理学の手法で明らかにされています。同じ葉枕で起こる就眠運動では、後述のとおり運動に関与する物質が発見されていますが、接触傾性運動にどのような物質が関与するかは未だ明らかにされていません。

　刺激が葉枕の運動細胞まで伝えられると、次は運動細胞（図2-30）が活性化されます。残念ながら、今現在でも、運動細胞の中にどのようなメカニズムで刺激が伝えられるのかは分かっていません。伝えられた電気刺激が電位変化依存的なイオンチャネルを活性化する経路や、膜上または細胞質に存在する刺激物質

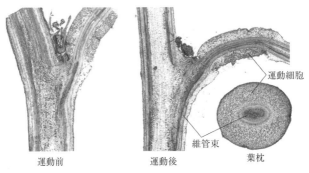

図2-30　オジギソウ葉枕部分の縦断面と葉枕の様断面

の受容体が刺激を細胞内に伝える経路など、可能性はいくつか指摘されています。刺激が伝えられた後で運動細胞に何が起こるかを理解するためのキーワードは「膨圧の減少」です。電気生理学の手法や、運動前後での細胞内外のイオン濃度の測定、金属キレート剤の利用などから、刺激が細胞に伝えられると、細胞外からカルシウムが細胞内に流入し、次に電位依存的またはカルシウム濃度依存的な経路を経て細胞膜上のイオンチャネルが動き始めることが分かっています。動物の筋肉では細胞内のカルシウム濃度は$10^{-7} \sim 10^{-8}$M 程度に維持されていますが、外からの刺激によって筋小胞体からカルシウムが細胞質内に放出され、$10^{-3} \sim 10^{-4}$M 程度まで上昇することで、筋収縮が開始されることが知られています。植物の原形質流動でもカルシウム濃度の変化が関与することが知られており、動植物に限らず10^{-6}Mというのがカルシウムスイッチの濃度境界になっているようです。オジギソウでもキレート剤の効果から細胞外のカルシウムが運動の開始に関与することが分かっていますが、それだけでなくカルシウムの細胞内貯蔵場所としてタンニン液胞の存在が報告されています（図2-31）。

つまり、細胞の興奮に伴ってタンニン液胞に蓄えられたカルシウムが細胞質内に放出され、境界濃度を超えることで次の反応として、細胞膜が活性化され、細胞外（アポプラスト）に塩化物イオンやカリウムイオンなどが放出されます。さらにイオンの移動は細胞膜を挟んで、細胞内外の浸透圧の変化を引き起こし、細

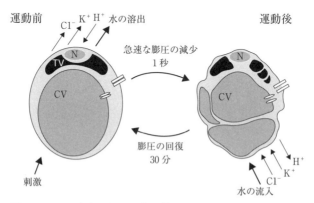

図2-31　オジギソウに運動に伴う運動細胞のイオンの移動
TV：タンニン液胞、CV：中心液胞、N：核
(Fleurat-Lessard *et al.* (1997) Plant Physiology 114: 827-834. Fig. 1 より改変)

第2章 植物の運動　*79*

胞内から水が流出し、その結果、運動細胞の膨圧が減少し、細胞が少しだけ小さくなると考えられています。このわずかな細胞の変化が組織としては屈曲運動という、わたしたちが見える運動になっています。アポプラストに吐き出された水はどこに行ってしまうのでしょうか。筆者らは、医療用のNMRを使用し、オジギソウ運動前後でのプロトンの動きを指標に水の移動について調べました。その結果、葉枕下側の運動細胞から放出された水は、上側のアポプラストに移動することが明らかになりました。

3. 運動機構を理解するための新しい取り組み

　1980年代後半から、フランスのピエレット・フロラ−リサー（Pierrette Fleurat-Lessard）らによる新しい取り組みが始まりました。彼らは運動のメカニズムを分子レベルで捉えようという取り組みを始めました。彼らは植物細胞の中でほとんどの体積を占める液胞に注目し、液胞上に発現するアクアポリン（水の通り道となるチャネルタンパク質）の発現量の変化と運動性とを比較し、オジギソウが運動性を獲得するのに従い、液胞膜上のアクアポリンの量が増加することを免疫電子顕微鏡の技術により明らかにしました。その後筆者らも、分子生物学の手法でオジギソウに存在する複数のアクアポリン遺伝子を解析しました。葉枕運動細胞から水が出る際には秒単位の調節が必要であり、当初は特殊なアクアポリンが存在するのではと考えていましたが、調べた範囲では他の植物のアクアポリンと遺伝子配列上大差はなく、リン酸化がチャネルの開閉に関与している可能性が示されましたが、未だその詳細を明らかにできていません。

　筆者らがこの研究に携わるようになった時に、最初に行ったのが「見る」ということでした。オジギソウは葉が閉じるだけでなく、閉じた葉が下垂します。もう少し厳密に言いますと、オジギソウの葉と言っているのは複葉と呼ばれるもので、一枚の葉のように見える部分は複数の小葉の集まりからできています（図2-29）。小葉が閉じる際には、この小葉の基部にある小葉枕と、複葉の基部にある副葉枕が関係します。また葉が下垂する際には、いくつかの葉（複葉）から延びる葉柄の基部にある主葉枕が関係します。それぞれの葉枕の中には運動細胞と呼ばれる特殊化した細胞が存在し、この運動細胞の膨圧が減少するというのが、小

80 第1部 植物の知恵を解き明かす

葉が閉じたり、葉が下垂したりする原因となっています（図2-30、図2-31）。

図2-30に示したのは、オジギソウの葉枕部分を縦切りにし、トルイジンブルー染色したもので、葉枕部分では特にタンニン液胞がよく染まることが分かっています。まず維管束の配置が目につきます。オジギソウの茎では、他の維管束植物の茎と同様に、茎中心部分の柔細胞を取り囲むように維管束が存在します。茎の維管束は葉枕へと続いていますが、葉枕部分を見ると維管束は中央に集まり、葉柄に達する頃には茎と同様に外側に近い部分に広がります。オジギソウが葉枕部分で容易に屈曲（下垂）する理由の一つはこの維管束の配置にあることがよく分かります。さらに、維管束を挟んで上側の運動細胞は下側の運動細胞に比べ、約3倍の細胞壁の厚さがあることが知られています。これも葉枕部分が屈曲しやすくなる一つの構造的特徴と考えられます。

（1）アクチン細胞骨格の関与

上に挙げた観察は筆者らが研究を始める前からすでに詳細に調べられていたものです（Satter *et al.,* 1990）。

筆者らは、運動細胞の細胞骨格に興味を持ち、特にアクチン細胞骨格の変化に興味を持ちました。ファロイジンと呼ばれる毒キノコから見つけ出され、繊維状のアクチン細胞骨格と特異的に結合できる化合物で蛍光標識すると、運動前後で細胞骨格の様子が明らかに違っていることが分かりました。運動前には太い束状になったアクチンの繊維が細胞質内に多数観察され、運動後にはその繊維が細かく寸断されているのが観察できました。細胞骨格の再編が接触傾性運動にとってどれほど重要かを調べるために、前述のファロイジンで前処理するとアクチン繊維が壊れなくなることを利用し、ファロイジン処理したオジギソウの屈曲角（運動前後の茎と葉柄のなす角度の差）を調べました。未処理のオジギソウでは、通常運動前後で60度程度の角度変化がありますが、ファロイジン処理したものでは約半分の角度変化しか見られませんでした。さらに、サイトカラシンやラトランキュリンという、アクチン繊維を壊すことができる物質で前処理すると、この場合も約半分の角度変化しか見られませんでした。骨格が壊れていても、元の位置まで葉柄が戻ることから、運動後に葉が開く過程にはアクチン細胞骨格は関与しないことが考えられます。

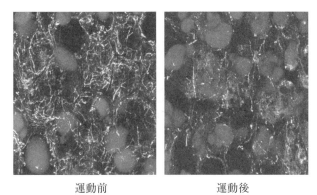

　　　運動前　　　　　　　運動後
図 2-32　葉枕運動細胞内のアクチン細胞骨格の変化
丸く見える部分はタンニン液胞の自家蛍光、繊維状に見えるのが
アクチン細胞骨格。

　さらに、細胞骨格を強制的に壊しても、十分な角度変化が見られないことから、単に細胞骨格が壊れることが運動に必要なのではなく、適切なタイミングで細胞骨格の再編が起こることが重要であることが分かります。このアクチン細胞骨格の再編はどのように調節されているのでしょうか。筆者らが目を付けたのはアクチン自身のチロシン残基のリン酸化です（Kameyama et al., 2000）。タンパク質のリン酸化は、タンパク質を構成するアミノ酸側鎖の荷電状態を変化させ、特定のタンパク質との結合を調節します。同じようなアクチン細胞骨格の再編は植物の孔辺細胞でも見られることがその後報告されました。孔辺細胞で見られる気孔の開閉も膨圧が関与する傾性運動のひとつです。
　また、アクチン・チロシン残基のリン酸化自体は以前から細胞性粘菌で見られる現象として知られていました。アメリカ NIH のエドワード・コーン（Edward D. Korn）らは、このアクチン・チロシン残基のリン酸化が細胞骨格の再編に重要であることを報告しています。彼らは、リン酸化されたアクチンが脱リン酸化されることで、繊維全体の構造がわずかに変化し、結果としてアクチン細胞骨格が不安定化することを報告しています。この不安定化にはアクチン繊維の脱重合にかかわる結合タンパク質が重要な役割を担うことが報告されています。筆者らはオジギソウの運動細胞で見られるアクチン繊維の再編でも同様なことが起きているのではないかと考えています。現在、繊維状態に影響を与えるアクチン結合

82 第1部 植物の知恵を解き明かす

タンパク質であるゲルゾリン様タンパク質やビリンの存在を確認し、運動への関与を明らかにしようとしています。

（2） 遺伝子組換え技術の導入

特定の因子と現象との関連を明らかにするためには、さまざまな方法があります。多くの優れた研究が、シロイヌナズナを材料として研究がすすめられています。しかし、接触傾性運動や就眠運動はシロイヌナズナを材料として解析することはできません。これらの運動はマメ科を中心としたいくつかの種のみで見られる運動です。一般に、モデル植物以外では遺伝子導入や、形質転換体の作製は非常に困難なことが知られています。オジギソウでは2014年になり初めて、GFPを発現する変異体が創られました（Mano *et al.,* 2014）。筆者らもこの研究を参考にこれまで抱えていた「やりたくてもできなかった」実験を推し進めたいと考えています。また、就眠運動については遺伝子組換えの容易なミヤコグサを利用し解析を始めています。

（3） 接触傾性運動にみる知恵のしくみ

前半部の最後として、「何の目的で」葉が閉じるのかということについて考えたいと思います。オジギソウはもともと南米原産の植物です。突然の雨や風に対して物理的に傷つけられないように、急な刺激に応じて葉を閉じるという考え方があります。しかし、オジギソウを観察していると、夏の暑い時期には朝開いた葉は、太陽が正中に達する頃には一端閉じてしまい、日が傾きかける頃に再度開きます。そして夜になると再び葉を閉じます。これはいうまでもなくゆっくりとした就眠運動の一部です。マメ科植物のクズの葉では調位運動という、太陽の位置に合わせて効率よく光合成をするための葉の運動があることが知られています。このような現象を見ていると、マメ科植物では効率よく光合成をするために葉枕を獲得し、その過程で副次的に触っても動くことを獲得したのかもしれないと考えてしまいます。接触傾性運動には積極的な生理的意義を見いだせないのが現状です。しかしこの運動は、人の興味を引くことで、オジギソウが世界中で愛される植物であることを可能にしていると言えます。

4. マメ科植物は夜、眠るように葉を折りたたむ

　前述の通りオジギソウは接触刺激が無い状態でも、24時間周期のゆっくりとした葉の開閉運動の「就眠運動」を行っています。就眠と名前がついていますが、実際に休んでいるかどうかは分かりません。オジギソウを含むマメ科植物と、カタバミ科植物、コミカンソウ科のコミカンソウなどの一部の植物、シダ植物のデンジソウは葉枕にある運動細胞を使って就眠運動をしています。これらの植物の就眠運動では、オジギソウの素早い運動と同じように表側と裏側それぞれにある運動細胞のサイズが相対的に変化することによって葉の運動が駆動されます。葉枕にある運動細胞の膨圧変化によって葉の上下運動を行っていることから、就眠運動も気孔の開閉などと同じ「膨圧運動」の一種だと考えられています。

　マメ科モデル植物として知られるミヤコグサの葉枕の外見を走査型電子顕微鏡で見たものが図2-33になります。葉枕部分は長軸方向に押し縮められ、横方

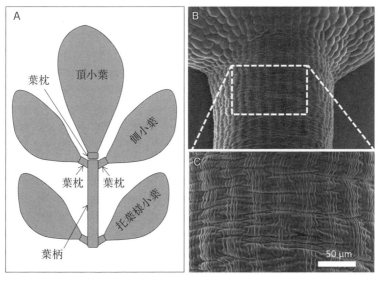

図2-33　ミヤコグサの複葉の模式図と走査型電子顕微鏡図
A：ミヤコグサの複葉の模式図、B：頂小葉裏側の葉枕付近の電子顕微鏡図、C：Bの白枠部分の拡大図
（顕微鏡図は基礎生物学研究所の中田未友希博士にご提供いただきました。）

84 第1部 植物の知恵を解き明かす

向に細長くなった表皮が観察されます。内部の運動細胞も押し縮められ、コンパクトな細胞が密に集合した構造をしています。

就眠運動のメカニズムを理解する上では、変異株の解析が有効であることは言うまでもありません。しかし、これまで就眠運動に異常を持つ変異体として知られていたのが*sleepless*変異体だけであり、その運動異常に至るメカニズムは十分に理解されていませんでした。最近になり、ミヤコグサ*sleepless*変異体やエンドウ*apulvini*変異体、タルウマゴヤシ*elongated petiolule1*変異体では、葉枕に特徴的な長軸方向に圧縮された構造を作るためのマスター遺伝子が壊れており、葉枕部分が細長い葉柄に置き換わってしまうことが報告されました。これらの変異体では就眠運動のダイナミズムが失われてしまうことから、膨圧変化を効率的に運動に変えるためには、葉枕特有の構造が重要であることが分かってきました（Kawaguchi, 2003; Chen *et al.*, 2012）。

5. 葉枕での就眠運動の進化的な起源について

構造と運動とに相関があるとすると、進化の過程で運動に必要となる構造はどのように作られてきたのでしょうか。APGIIIという分類方法によるとマメ目、カタバミ目、コミカンソウ科を含むキントラノオ目に加え、マメ科とよく似た就眠運動をするハマビシ科のユソウボクを含むハマビシ目の共通祖先で葉枕での就眠運動の獲得が起こり、その後多くの種で退化した可能性が考えられます（図2-34）。

一方でデンジソウはシダ植物であり、マメ科などとは独立に派生した就眠運動ではないかと考えられます。進化の過程で同じような形質が独立して複数回生み出されることは収斂進化と言い、決して珍しい現象ではありません。例えば「C3植物からC4植物への変化」や「食虫植物の壺状の捕虫葉」は類縁の離れた種で独立して何度も起こっています。収斂進化は生育環境に適した（つまり生存に有利な）形への変化であり、マメ科植物などの就眠運動にも環境適応の上で有利な点があるのかもしれません。

葉枕を使って素早い葉の開閉運動をする植物は、例外なく就眠運動も行うことから、素早い運動は就眠運動のメカニズムを転用しているのではないかと考えら

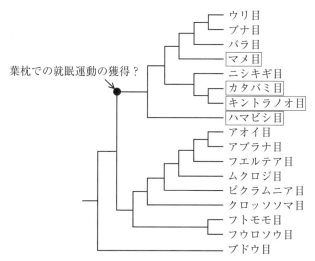

図 2-34　マメ科植物の葉枕での運動の進化的起源
黒円：葉枕様組織での就眠運動を獲得した可能性のある分岐点
（APGIII 分類より一部抜粋）

れます。また、素早い運動はマメ科のオジギソウだけでなくカタバミ科のオサバフウロにおいても見られますが、この 2 種は系統的に離れています。そのため、素早い運動は複数回独立して就眠運動から派生して進化した可能性が高いと考えられます。

6. オジギソウの就眠運動から「生物時計」が見つかった

マメ科植物の就眠運動の研究で最古のものは紀元前 4 世紀のアレキサンダー大王の部下、アンドロステネス（Androsthenes）によるタマリンド（和名：チョウセンモダマ）の観察だと言われています。就眠運動の近代的な科学研究としては、1729 年にフランスのジャン＝ジャック・ドルトゥス・ドゥメラン（Jean-Jacques d'Ortous de Mairan）が、暗所に置いたオジギソウが外部からの明暗刺激が無い状態でも約 24 時間周期で葉を開閉することを報告しています（表 2-4）。ドゥメランはこの発見から生物自身のもつ自発的な時計「生物時計」の概念を提唱しました。現在では、仕組みはさまざまですがあらゆる生物が「生物時

86 第1部 植物の知恵を解き明かす

計」を持つことが分かってきています。しかしながら、その発見の端緒となった
のがオジギソウの就眠運動だったことはあまり知られていません。

　オジギソウの就眠運動をきっかけに発見された生物時計ですが、モデル植物で
あるアブラナ科のシロイヌナズナを使った分子遺伝学的研究によって、近年、高
等植物における分子機構の解明が急速に進んできています。シロイヌナズナで
は、発現している遺伝子の8割以上が転写レベルの1日周期の変動（日周変動）
を示すこと、約3割の遺伝子ではその日周変動が内生の時計遺伝子によって制
御されていることが明らかになっています。内生の時計遺伝子としては朝の遺伝
子 *CCA1/LHY*、夕方の遺伝子 *GI*、夜の遺伝子 *TOC1* などが知られており、こ
れらを中心とした制御因子間での転写調節によるフィードバック制御の結果、約
24時間の周期性が生み出されていることが知られています。マメ科植物ではこ
れら時計遺伝子の研究がまだあまり進んでおらず、また、シロイヌナズナは葉枕
による就眠運動を行わない植物であるため、シロイヌナズナで明らかになってき
た植物の生物時計の分子機構とマメ科の就眠運動との関連性についてはまったく
分かっていません。

7. 就眠運動のメカニズム

（1）素早い運動と就眠運動の相違点

　就眠運動の研究はマメ科植物のモンキーポッドでよく行われてきました
（Moran, 2007）。一連の研究により運動細胞の収縮は、カリウムイオンと塩化物
イオンを細胞外に排出し、その結果生じる浸透圧差によって水が細胞外へ排出さ
れることで起こると考えられています。反対に膨張するときには H^+-ATPase に
よって H^+ が細胞外に排出され、カリウムイオンと水の取り込みが起こることで
膨張すると考えられています。これらのイオンや水の動きはオジギソウの接触傾
性運動の際に観察された結果と酷似しています。しかし就眠運動の際は、運動
細胞の収縮は青色光によっても、膨張は赤色／遠赤色光によっても調節されてお
り、葉を開閉するタイミングは光によって厳密に微調整されているものと考えら
れています。このように接触傾性運動と、就眠運動とは共通のメカニズムを使い
つつも、異なる調節を受けていることが考えられます。

第 2 章　植物の運動　*87*

（2）　化学物質による就眠運動の調節

　慶応大学の山村らのグループはマメ科植物の就眠運動を制御する就眠物質および覚醒物質の単離に成功しました（上田ら、2002a; 2002b）。興味深いことに、あるマメ科植物から単離された就眠物質は、マメ科の別の種には効果を示しませんでした。複数の就眠制御化合物について検討し、葉の開閉を制御する物質は種ごとに異なることが分かってきました。オジギソウからも 3 種の物質が就眠に関与することが報告されていますが、細胞内にどのようにその刺激が伝えられるかなどは不明なままとなっています。

　また、植物ホルモンとの関連についても多くの実験が行われています。例えば、インゲンマメの葉枕由来プロトプラストはアブシシン酸投与で収縮が引き起こされ、オーキシン投与で膨張することから、これらの植物ホルモンの運動への関与が示唆されています。

（3）　葉枕を基点とした運動は気孔の開閉と似ている？

　葉枕での運動は「膨圧運動」であること以外にも気孔の開閉運動との類似点があります。たとえば、オジギソウの素早い運動ではアクチン繊維の状態変化やカリウムイオンの移動、細胞質のカルシウム濃度の上昇が起こっていますが、気孔を開閉する運動細胞である孔辺細胞でも同様の変化が起こることが知られています。また、24 時間周期で自律的な開閉運動をしつつ、刺激に応答して素早い開閉をする点もよく似ています。これらのことから、葉の付け根の組織の細胞が孔辺細胞の運動メカニズムを利用することで運動能を獲得したのではないかと考え、現在この仮説を検証するための準備を進めているところです。

（4）　就眠運動にみる知恵のしくみ

　前述のとおり、自律的な約 24 時間周期の生物時計により就眠物質の量が調節され、就眠物質の量の変化によりイオンや水の移動が引き起こされ、葉の開閉が起こるという大まかなメカニズムが分かってきています。しかし、植物がなぜこのようなメカニズムを発達させたのかについては、ほとんど分かっていません。チャールズ・ダーウィン（Charles Darwin）は著書『植物の運動力』において、葉を垂直にすることで上空へ向かっての熱放散から葉の上面を守っている

88 第1部 植物の知恵を解き明かす

のではないかと考察しています。また、生物時計の父、エルヴィン・ビュニング
(Erwin Bünning) は、葉を垂直に立てることにより、夜間に月の光を浴びない
ようにすることで狂い咲きを防いでいるのではないかという仮説を提唱していま
す。長日植物は夜に強い光を浴びると、暗期が短くなったと感じ取り、勘違いし
て季節外れの花を咲かせてしまいます。実際に夜間に赤色光を照射するとエンド
ウの開花が顕著に促進されることが知られています (川西ら、2016)。光の強さ
が異なるため、この結果を月の光と単純に比較して考えることはできませんが、
満月の光で偶発的に花成が始まってしまうと本来の開花期以外に花が咲く「狂い
咲き」が起こってしまう危険性があります。狂い咲きした花は季節外れの開花の
ため、周りに開花した同種の花が存在しない可能性が高く、昆虫などの花粉輸送
者がいない可能性もあり、他家受粉が起こりにくいために生存に不利になってし
まいます。反対に短日植物の場合、本来の花成の時期に花を咲かすことができず
に子孫を残せません。東北大学の上田らは、カワラケツメイに覚醒物質を投与し
続けることで「不眠」にした植物が枯死することを見いだし、水分の蒸散と就眠
との関連を実験的に示しています。

　面白いことに、葉枕を持たない植物の中にも 24 時間周期で葉を上下に動かす
植物は多数存在し、身近なところではアサガオなどの葉も上下運動しています。
これらは葉柄の表側と裏側の細胞の成長速度が昼夜で逆転することによって駆動
される成長運動の一種であり、マメ科やカタバミ科植物の運動とは様式が異なり
ます。しかしながら、24 時間周期で葉を上下に動かすという点では共通してお
り、葉の日周変動が何らかの理由で生存に有利である可能性は高そうです。

　このように、マメ科植物の就眠運動の目的にも不明点が多いのですが、分子メ
カニズムにもまだ不明な点が多い状況です。先行研究から赤色光や青色光で運動
の周期がちょうど24時間にリセットされること、カルシウムの濃度の周期的な
変化が運動に必須であることが示唆されていますが、その分子的なメカニズムに
ついての実験的な検証はまだほとんど行われていません。そこで、この運動のメ
カニズムを分子レベルで理解するために、筆者らはマメ科のモデル植物であるミ
ヤコグサを使うことにしました (図 2-35)。

　ミヤコグサは他のマメ科植物同様に葉枕を持ち、規則正しく葉の就眠運動を行
います (図 2-36)。

第2章　植物の運動　89

図 2-35　ミヤコグサの就眠運動
マメ科のモデル植物ミヤコグサも、昼夜での葉の開閉を行います。

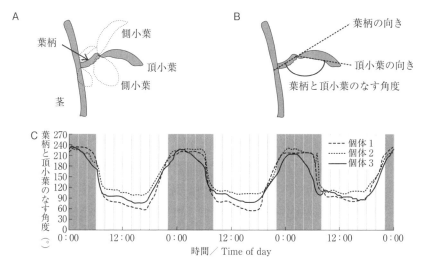

図 2-36　ミヤコグサの就眠運動における頂小葉の角度変化のグラフ
異なる3個体について、上から4つ目の複葉の葉柄と頂小葉のなす角度を計測し、グラフにしました。グラフ背景のグレーの部分は暗期を表しています。非常に規則正しく運動していることが分かります。

90 第1部 植物の知恵を解き明かす

　その上、ゲノム配列が解読されており、変異体が得られた場合に原因となる遺伝子の同定が可能です。例えば同じマメ科のエンドウはメンデルの時代から遺伝学研究に使われてきたという歴史的背景から、さまざまな変異体が集められていますが、ゲノム配列が解読されていないため、原因遺伝子の同定が困難です。また、ミヤコグサはマメ科植物では例外的に遺伝子組換えが容易に行えるため、特定の遺伝子を過剰に働かせたり、逆に特定の遺伝子機能のみを阻害したりすることが可能です。そのため、就眠運動との関連が疑われる遺伝子が実際に運動に寄与しているかの解析を行うことが可能です。

　現在筆者らは就眠運動に関与すると予測される時計遺伝子やその他の因子についての遺伝子組換え体を作出して解析を行っており、近い将来にこれらの成果を報告できると考えています。

8. お わ り に

　柴岡らは夜間就眠運動で垂れ下がった状態のオジギソウに刺激を与えると葉が更に下垂すること、就眠運動には活動電位が関与していないことから、素早い運動と就眠運動のメカニズムが異なるであろうと考察しています（柴岡、1981）。また、ジャン＝アンリ・カジミール・ファーブル（Jean-Henri Casimir Fabre）は著書『ファーブル植物記』の中で「カタバミを立て続けに打つと小葉が眠りの姿勢を取る」と報告しています。これは一般的には素早い運動をすると考えられていないカタバミが接触刺激に応答して比較的素早い運動をしていることを示しています。正確な種名が記載されていないため、検証ができていませんが、これが事実であるなら速度は遅いながらも接触刺激に応答して運動するマメ科・カタバミ科植物が認識されているよりも多く存在する可能性を示しています。

　素早い運動と就眠運動の2つの運動において、何が共通であり、どの部分がどのように変化したのかは筆者らがこの研究を始めた当初からの疑問であり、両者の研究を進めていくことで、明らかにしていきたいと考えています。

参考文献

(1) Chen, J., et al. Conserved genetic determinant of motor organ identity in *Medicago truncatula* and related legumes. Proc. Natl. Acad. Sci. USA 109: 11723-11728 (2012)

(2) Fleurat-Lessard, P., et al. Increased expression of vacuolar aquaporin and H^+-ATPase related to motor cell function in *Mimosa pudica* L. Plant Physiol. 114: 827-834 (1997)

(3) Kameyama, K. et al. Tyrosine phosphorylation in plant bending. Nature 407: 37 (2000)

(4) Kawaguchi, M. SLEEPLESS, a gene conferring nyctinastic movement in legume. J. Plant Res. 116: 151-154 (2003)

(5) Mano, H. et al. Development of an agrobacterium-mediated stable transformation method for the sensitive plant *Mimosa pudica.* PloS One 9: e97211 (2014)

(6) Moran, N. Osmoregulation of leaf motor cells. FEBS Lett 581: 2337-2347 (2007)

(7) Satter, R.L., Gorton, H.L. and Vogelmann, T.C. The pulvinus: Motor organ for leaf movement Current Topics in Plant Physiology, An American Society of Plant Physiologists Series Volume 3: (1990)

(8) 阿部武『動く植物 ― オジギソウとハエジゴクから ―』歴春ふくしま文庫 Vol.6、歴史春秋社、2006

(9) 上田実・杉本貴謙・高田晃・山村庄亮「植物の運動を支配する鍵化学物質」『化学と生物 Vol. 40』No.9、2002、pp.578-584

(10) 上田実・高田晃・山村庄亮「葉の開閉運動」『動く植物 ― その謎解き ―』山村庄亮、長谷川宏司編著、大学教育出版、2002、pp.119-134

(11) 柴岡孝雄『動く植物』UP Biology シリーズ、東京大学出版、1981

(12) 川西孝秀・小谷真主・堀端章・松本比呂起・楠茂樹「実エンドウの開花促進に適した光の波長、光源および電照時間帯」『和歌山県農林水産試験研究機関研究報告 Bulletin of the Wakayama Prefectural Experiment Stations of Agriculture, Forestry and Fisheries (4)』、和歌山県農林水産部、2016、pp.41-54

第3章

植物の防衛機能

第1節 光との戦い

1. はじめに

光合成を行う植物にとって、光は唯一のエネルギー源であり、日照不足は植物の成長を妨げます。光は植物にとってエネルギー源であるだけでなく、形態形成、すなわち植物が発達段階に応じた正常な形態と機能をもつようになるためにも必須です。

しかしながら、光は、同時に植物に障害ももたらします（図3-1）。図3-2は、地球上に降り注ぐ太陽光の波長分布です。太陽光のうち、波長が400nmより短い光を紫外線、400〜700nmを可視光、700nmより長い光は赤外線とよばれます。このうち紫外線は、ヒトの皮膚に日焼けやシミ、シワ、皮膚ガンなどの障害をもたらす原因として知られていますが、天日干しによる洗濯物やまな板の殺菌に見られるように微生物にも障害をもたらします。

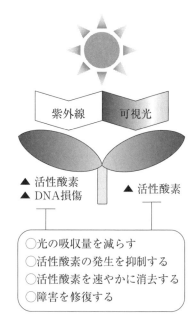

図3-1 紫外線も可視光も障害をもたらすが、植物はさまざまなレベルの緩和機構をもつ

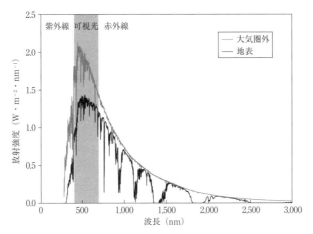

図3-2 大気圏外と地表の太陽放射スペクトル
(データは http://rredc.nrel.gov/solar/spectra/ より)

表3-1 紫外線と過剰な可視光への耐性機構に関する研究の歴史

紫外線耐性機構		
1960	Rupert ら	酵母抽出液中に、紫外線による障害を回復する酵素(光回復酵素)が含まれることを発見[1]
1978	Sancar ら	CPD 光回復酵素遺伝子の大腸菌からの単離[2]
1993	Todo ら	(6-4) 光回復酵素遺伝子のショウジョウバエからの単離[3]
2002	Kliebenstein ら	紫外線耐性因子としてのシロイヌナズナ UVR8 の発見[4]
2011	Rizzini ら	UVR8 による紫外線シグナル伝達経路の解明[5]
2012	Christie らと Wu ら	UVR8 の結晶構造の決定[6],[7]
過剰可視光耐性機構		
1987	Demmig ら	キサントフィルサイクルによる過剰光エネルギーの散逸[8]
1988	Wollman ら	LHCII のリン酸化によるステート遷移の解明[9]
1995	Hikosaka ら	光強度によるアンテナタンパク量の調節[10]
1999	Asada	water-water cycle の確立[11]
2001	Kagawa ら	葉緑体の強光逃避運動を司る青色光受容体の発見[12]
2002	Munekage ら	光化学系Iサイクリック電子伝達を司る遺伝子の発見[13]

一方、植物は、このような障害をもたらす紫外線を含む太陽光に常にさらされていながら、一見、正常に成長・発達を続けています。植物は紫外線による障害を受けないのでしょうか。紫外線は細胞内の生体分子を励起して活性酸素を発生させるだけでなく、遺伝子の本体であるDNAも損傷させるため、植物も他の生物と同様に障害を受けます。では、可視光はどうでしょうか。植物が光合成に利用するのは可視光の波長域ですが、実は、可視光も植物に障害を与えることがあります。本節では、まず、植物がどのように紫外線による障害を防いでいるかについて述べ、次いで、可視光による障害がどのようなときに植物に障害を与えるか、そして、植物がその障害をどのように防いでいるかについて解説します[14)-17)]。

2. 紫外線との戦い

紫外線は、波長の長い可視光よりも、より多くのエネルギーをもつため、細胞内のDNA、タンパク質、脂質を直接、分解、修飾、酸化し、活性酸素を発生させます。さらに紫外線によってDNAの1本鎖上に隣接するピリミジン塩基（シ

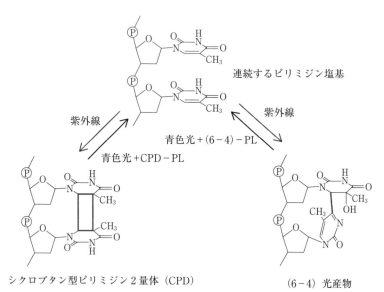

図3-3 紫外線による主要なDNA損傷と青色光による損傷の修復
CPD-PL：CPD損傷特異的光回復酵素、(6-4)-PL：(6-4)損傷特異的光回復酵素

トシンまたはチミン）同士が結合し、シクロブタン型ピリミジン2量体（CPD）や（6-4）光産物等が生成し（図3-3）、DNAの複製時にエラーが生じることで、突然変異や場合によっては細胞が死んでしまうことがあります。ここでは、生物で最も長時間、太陽紫外線にさらされる植物が紫外線による障害をどのように防いでいるかについて、（1）紫外線の吸収を減らすしくみ、および（2）紫外線による障害を修復するしくみについて述べます。

（1）紫外線の吸収を減らすしくみ

　フラボノイドは、C_6-C_3-C_6のフラバン骨格（図3-4）をもつ植物の二次代謝産物の総称で、これまでに7,000種以上が報告されており、フラボン、フラボノール、イソフラボン、アントシアニンなどのグループに分類されます。このうちアントシアニンは、植物の花や葉、果実に広く含まれ、赤や青、紫色で自然界を彩る色素です。他のフラボノイドは淡黄色〜無色のものが多いが、いずれも紫外線を吸収するベンゼン環をもつことから、フラボノイドは紫外線吸収フィルターとして日焼け止めクリームのような機能をもちます。植物の表皮細胞にはフラボノイドが蓄積しており、高山など紫外線量の多い場所に生育する植物は、フラボノイド含量が高いです。

　また、多くの植物において、紫外線、特にUV-B（290〜320nm）照射によってフラボノイド合成が促進されることが知られていましたが、近年、UV-Bを感知する光受容体タンパク質UVR8が発見されました[4],[5]。これまで可視光の受容体して知られていたフィトクロムやフォトトロピン、クリプトクロムではタンパク質に結合した発色団が光を吸収するのに対して、UVR8は、タンパク質を構成するトリプトファンによってUV-Bを吸収するという特徴をもちます[6],[7]。UVR8は暗所では2量体構造を形成していますが、UV-B照射によって単量体へと解離することで、フラボノイド合成遺伝子の発現を調節するタンパク質因子と相互作用するようになり、フラボノイドの合成を促進すると考えられています。

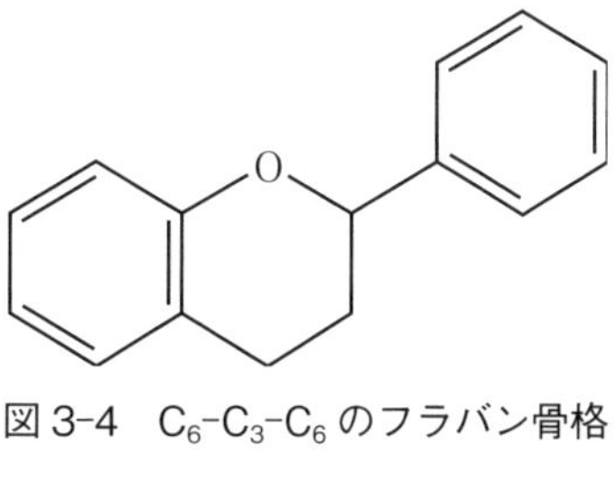

図3-4　C_6-C_3-C_6のフラバン骨格

96 第1部 植物の知恵を解き明かす

（2）紫外線による障害を修復するしくみ

　DNAに生じた損傷の修復機構の代表的なものは、ヌクレオチド除去修復と光回復酵素による修復です。ヌクレオチド除去修復は、2本鎖DNAのうち、損傷を含む側のDNAを除去し、損傷していない相補鎖を鋳型にしてDNAを合成して、元の2本鎖DNAに復帰させるしくみであり、大腸菌からヒトまで、調べられたどの生物にも存在する最も普遍的な修復機構です。一方、光回復酵素は、紫外線によって損傷したヌクレオチドを可視光のエネルギーを利用して元の形に修復する酵素で、シクロブタン型ピリミジン2量体（CPD）を特異的に修復するCPD光回復酵素と（6-4）光産物を特異的に修復する（6-4）光回復酵素が存在します（図3-3）。CPD光回復酵素は古くから知られており[2]、ヒトを含む胎生の哺乳類を除き、原核生物から真核生物まで広く分布していますが、最近発見された（6-4）光回復酵素[3]は、今のところ、一部の真核生物にしか存在が確認されていません。いずれの酵素にも、タンパク質に補酵素のフラビンアデニンジヌクレオチド（FAD）が結合しており、FADが青色光を吸収して励起し、CPDあるいは（6-4）光産物に電子を付与することにより、2量体を元の単量体に修復します。植物は両方の光回復酵素をもちますが、興味深いことに、青色光受容体のクリプトクロム（CRY）は、この光回復酵素と相同性を有しています。クリプトクロムは、花芽形成や概日リズムなどの調節に関与していますが、光回復酵素としての活性はもちません。また、動物にもクリプトクロムと相同性のあるタンパク質が広く存在し、CRYタンパク質と呼ばれ、これらも光回復酵素活性をもちませんが、概日リズムを制御していることが明らかとなっています。分子進化学的な研究より、CRYタンパク質は、生物が紫外線と戦う過程において、光回復遺伝子が遺伝子重複を繰り返し、進化の過程で異なる機能を獲得したものではないかと考えられています。

3. 可視光との戦い

　前項で植物と紫外線との戦いについて述べました。では、地表に届く太陽光エネルギーの約50%を占める可視光の領域の光は植物にとってはまったく無害なのでしょうか。植物の光合成は、葉緑体中のクロロフィルが光を吸収すること

によって駆動されています。クロロフィルの吸収する光の波長は、主に400～500nm（青色）と600～700nm（赤色）の可視光の領域にあることから、可視光は光合成に必須です。しかしながら、太陽光エネルギーの強さは、実際には、光合成による光エネルギーの消費能力をはるかに上回っています。図3-5は、太陽光強度に対する葉による光エネルギーの吸収量（点線）と光合成に利用される光エネルギー量（実線）の関係を模式的に示したグラフです。葉に吸収される光エネルギー量は、太陽光強度に直線的に比例して高くなるのに対して、光合成に利用される光エネルギー量は途中で頭打ち（光飽和）になることから、灰色の領域は葉に吸収されたが、光合成には利用されなかった過剰な光エネルギーの量を表しています。横軸上の矢印は、夏の晴天時の正午ごろの光強度（約2,000 μmol photons m^{-2} s^{-1}）を示し、この光強度では、葉に吸収された光エネルギーの約80～90％（植物種によって異なる）が過剰光エネルギーとなります。太陽光の

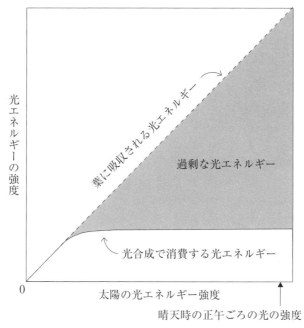

図3-5　葉に吸収される光エネルギーは光合成で消費する光エネルギーをはるかに上回る
（浅田（1999）[14]より改変）

強度は季節変化、日変化、気象条件によって常に変動し、植物の群落ではすべての葉が直射日光を受けているわけではありませんが、最大値の$\frac{1}{10}$の光強度（約 $200\,\mu\mathrm{mol\ photons\ m^{-2}\ s^{-1}}$）でさえ、多くの植物にとっては過剰光となります。

　光は植物にとって必要不可欠なものであり、光強度が不足する場合は、光合成速度が低下して植物の成長が妨げられるのは自明ですが、光が過剰な場合にも植物にとってはストレスとなります。それは、光合成が、クロロフィルが光を吸収するという物理的な反応と炭酸固定に代表される酵素反応の両方を含んでいることによります。光合成の過程は、光エネルギーをクロロフィルが吸収して、より高いエネルギーをもつ励起状態となり（光捕集過程）、その励起エネルギーを使って、水を酸化して電子を抜き取り、還元力（NADPH）と化学エネルギー（ATP）を生成する過程（電子伝達過程）と、その還元力と化学エネルギーを使って二酸化炭素（CO_2）を還元することにより糖を生成する過程（CO_2固定過程）とに分けられます（図3-6）。前者の過程では、光強度の増加とともに励起エネルギーと還元力の生成速度も増加しますが、後者のCO_2固定反応は、CO_2濃度や温度による制限により、還元力の消費速度に限界があるため、強すぎる光のもとで

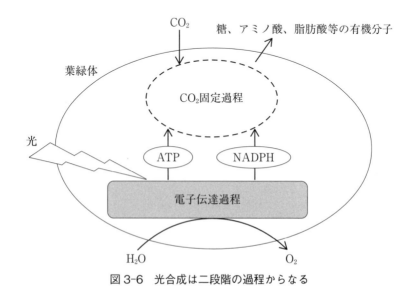

図3-6　光合成は二段階の過程からなる

は、励起エネルギーと還元力が過剰となります。このような過還元状態の葉緑体では、クロロフィルの過剰な励起エネルギーや電子が酸素へと渡りやすくなります。葉の細胞の内部は、光合成による酸素発生によって酸素濃度が極めて高い（動物の肝細胞の約1,000倍）ことから、容易に酸素分子に電子が渡って還元され、活性酸素が生じてしまいます。生じた活性酸素は、葉緑体内の光合成関連のタンパク質や色素、膜脂質を破壊して、光合成速度の低下をもたらし、葉の組織や、重篤な場合には植物個体をも枯死させます。植物にはこのような過剰光による障害を防ぐための種々の防御機構が存在します。本節では、（1）有害な量の光（過剰光）を吸収しないしくみ、（2）活性酸素の発生を最小限に抑えるしくみ、（3）発生する活性酸素を速やかに消去するしくみについて解説します。

（1） 過剰光を吸収しないしくみ

　光合成を行うとともに過剰光のもとでは活性酸素を発生する葉緑体は、葉肉細胞の中で、常に同じ位置に固定されているわけではありません。図3-7に示すように、光が弱い時は集光効率を上げるために細胞の表面に集まりますが、過剰光のもとでは、光を避けて細胞の側面に移動します。この葉緑体の移動には、フォトトロピンという青色光受容体が関わっていることが分かっており[12]、フォトトロピンを欠損した変異体では過剰光のもとでも、葉緑体が移動せず、障害を受けやすくなります。さらに、長時間過剰光のもとで生育することで、植物の葉の

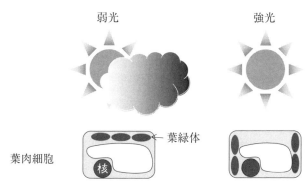

図3-7　過剰光を吸収しないしくみ（1）
葉緑体は光強度に応じて移動します。

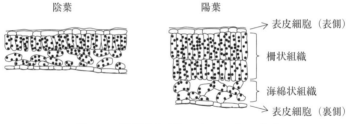

図 3-8 過剰光を吸収しないしくみ（2）
葉の厚さは光強度によって変わります。

構造、タンパク質や色素の組成も変化します。図3-8に示すように、同じ植物個体の葉でも、直射日光の当たる葉（陽葉）は、他の葉に遮られて陰にいる葉（陰葉）よりも、葉が厚くなるという傾向が見られます。これは、陽葉では、葉の表側（向軸側）にある柵状組織を発達させることにより、葉の内部の細胞への光の透過量を低下させて過剰光による障害を防ぐためと考えられています。さらに、葉緑体内の光合成タンパク質の組成も光強度に応じて変化します。強光下で生育した植物では、光合成タンパク質のうち、光捕集を担うタンパク質（アンテナタンパク質）の占める割合が、弱光下で生育した植物よりも小さいことが知られており[18]、これも、過剰な光を吸収しないために、集光効率を下げるしくみのひとつです。また、前節で述べた紫外線を吸収するアントシアニンは、可視光も吸収するため、過剰光に対するフィルターとしても機能しています。

（2）活性酸素の発生を最小限に抑えるしくみ

活性酸素は、先述したように細胞成分を無差別に酸化し酸素障害を与えます。過剰光によって過還元状態になった葉緑体内では、図3-9に示すように、光化学系IIにおいて、$^1O_2$（励起一重項酸素分子）、光化学系Iにおいて、O_2^-（スーパーオキシドラジカル）が生じ、さらにO_2^-からH_2O_2（過酸化水素）、・OH（ヒドロキシルラジカル）などの活性酸素が生じます。日常的に強光にさらされる植物はこれら活性酸素の発生を抑制し、また発生した活性酸素を速やかに消去するさまざまなシステムをもちます。以下、植物が光との戦いの中で獲得してきたそれぞれのしくみについて解説します。

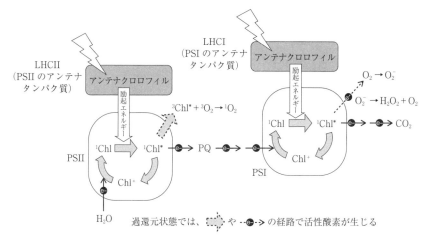

図3-9　葉緑体における活性酸素の生成

1）キサントフィルサイクル～過剰な励起エネルギーを熱として捨てる～

　カロテノイドはクロロフィルとともに葉緑体に存在する色素であり、クロロフィルが吸収しない波長域の光も吸収することから、その役割は、光合成におけるクロロフィルの補助色素、つまり、光合成効率を上げるための色素ととらえられてきました。しかし、実際には、光合成効率を下げることによって、過剰光ストレスを緩和する役割の方が重要であることが分かってきました。図3-10は、高等植物におけるカロテノイド合成経路です。緑葉に存在する主なカロテノイドは、ルテイン、β-カロテン、ゼアキサンチン、アンテラキサンチン、ビオラキサンチン、ネオキサンチンです。カロテノイドのうち、炭素と水素以外に酸素をエポキシ基、ヒドロキシル基、カルボニル基、メトキシ基などの形で含むものをキサントフィルと呼びます。クロロフィルとともにアンテナタンパク質に結合しているキサントフィルのうち、ゼアキサンチン（Z）、アンテラキサンチン（A）、ビオラキサンチン（V）は、キサントフィルサイクルとよばれる、過剰光照射下で励起エネルギーの反応中心への移動効率を低下させるしくみを担っていることが知られています[8]。弱光条件では、この3つのキサントフィルの平衡は、ビオラキサンチンに偏っており、ビオラキサンチンはクロロフィルの補助色素として集光の役割をもっていると考えられます。一方、過剰光条件では、電子伝達速度

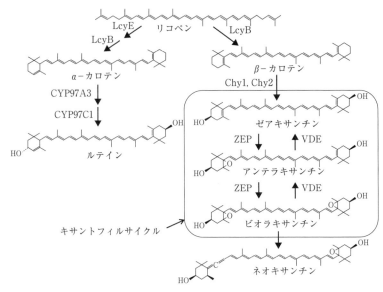

図3-10 高等植物のカロテノイド合成経路とキサントフィルサイクル

が速くなり、それに伴って、ストロマ（チラコイド膜の外側）からルーメン（チラコイド膜の内側）へのH$^+$（水素イオン）の流入速度も速くなり、ルーメン内のpHが低下、すなわち酸性化します（図3-11）。ビオラキサンチンからアンテラキサンチンを経て、ゼアキサンチンを合成するビオラキサンチン−デエポキシダーゼ（VDE）は、ルーメンの内側に存在し、最適pHがpH5付近であることから、過剰光条件下で活性化します。VDEの活性化により、キサントフィルサイクル色素に占めるゼアキサンチンの割合が高くなると、励起エネルギーが熱として散逸されて（捨てられて）、アンテナタンパク質から反応中心への励起エネルギー移動効率が低下します。そのメカニズムについては、まだ完全には解明されていませんが、弱光下でアンテナタンパク質に結合していたビオラキサンチンが、過剰光下でゼアキサンチンに置き換わることにより、アンテナタンパク質の構造変化が生じて、アンテナクロロフィル（集光のためにアンテナタンパク質に結合しているクロロフィル。緑葉に含まれるクロロフィルの大半はアンテナクロロフィルです）の配向が変化することで、励起エネルギーの移動効率が低下するのではないかと考えられています。

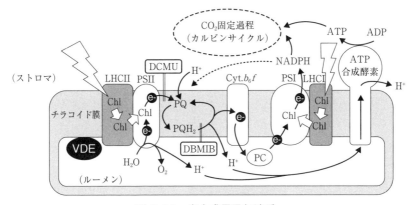

図 3-11 光合成電子伝達系
PSI（II）（光化学系 I（II））：LHCI（II）、光化学系 I（II）の集光アンテナタンパク質：
Cyt.b_6f, シトクロム b_6f 複合体：Chl, クロロフィル：PQ, 酸化型プラストキノン：
PQH$_2$, 還元型プラストキノン：VDE（ビオラキサンチンデエポキシダーゼ）

　このキサントフィルサイクルは、高等植物だけでなく、シダやコケ類、一部の藻類にも存在することから、重要な過剰光ストレス緩和機構のひとつと考えられます。さらに、緑葉のカロテノイドのうち、最も含有量の高いルテインも、キサントフィルサイクルには関与していませんが、アンテナタンパク質において、クロロフィルの励起エネルギーを受け取って、安全に熱として散逸することで反応中心への過剰な励起エネルギーの移動を防いでいると報告されています。これらキサントフィルによる過剰な励起エネルギーの熱散逸は、過剰光照射に対する短時間（秒～分）の適応反応ですが、長時間（時間～日）、過剰光にさらされて生育した植物では、キサントフィルサイクル色素総量が増加して、過剰光ストレス耐性が高くなっていることが知られています。また、遺伝子操作により、ゼアキサンチンを多量に蓄積するよう改変した組換え植物は、通常の植物よりも過剰光ストレスに高い耐性をもつことが報告されています（図 3-12）。しかしながら、過剰光照射がどのような過程を経て、キサントフィルサイクル色素を増加させるかについては、ほとんど未解明であったことから、筆者らは、培養細胞を材料として過剰光によるキサントフィル合成の調節機構の解明を試みました。
　植物培養細胞は、無菌であること、均質な細胞を得やすいこと、環境要因の制御が容易であることなどの理由から、生化学的・分子生物学的な分析材料として

適している一方、一般的な培養系では、エネルギー源として糖を添加した培地中で培養されるため、葉緑体が発達せず、光合成活性も低く、緑葉のモデルとしての光合成研究の材料には適していません。筆者らは、細胞選抜を繰り返すことにより、発達した葉緑体をもち、培地に糖を添加しなくとも、光合成のみによって継続的に増殖する光独立栄養培養細胞をモデル植物のシロイヌナズナで確立しました[19]（図3-13）。この培養細胞は、植物個体の緑葉と比較して、光をはじめとする環境要因の制御が容易であることから、細胞レベルでの過剰光への適応機構を研究するには適切な実験材料ではないかと考えられます。

そこで、まず、さまざまな強度の光照射下で、細胞を培養して葉緑体色素を分析し

図3-12 ゼアキサンチンを多量に蓄積した組換えシロイヌナズナは、過剰光ストレス耐性が高い

過剰光処理後の野生株（左）とゼアキサンチンを合成する酵素遺伝子（$Chy1$）を過剰発現させた組換え株（右）
(Davison et al. (2002)[22] より、一部改変して転載)

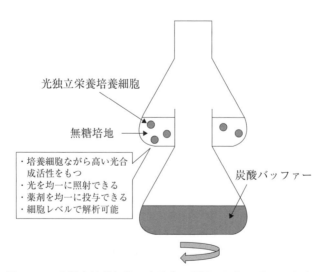

図3-13 光独立培養細胞は光強度の影響の評価に適した実験系

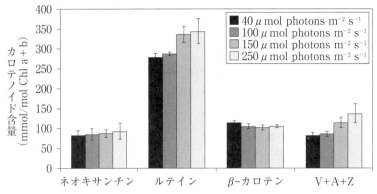

図 3-14　培養時の光強度の増加に伴って、キサントフィルサイクル色素（V+A+Z）が増加
（Kawabata ら（2014）[19]より、一部改変して転載）

たところ、緑葉で見られるように、光強度の増加に伴って、キサントフィルサイクル色素が増加しました（図 3-14）。また、強光下で培養した細胞と弱光下で培養した細胞の光－光合成曲線を比較すると、それぞれ、陽葉型、陰葉型の特徴が認められたことから（図 3-15）、培養系であっても、植物個体の緑葉と同様の強光への適応機構がはたらいていると考えられました。次に、キサントフィルサイクル色素の合成に関与する酵素の遺伝子発現を調べたところ、強光を照射した細胞で、リコペンからカロテンを合成するリコペンシクラーゼ（*LcyB, LcyE*）、β－カロテンからゼアキサンチンを合成する β－カロテンヒドロキシラーゼ（*Chy1, Chy2*）、α－カロテンからルテインを合成するヒドロキシラーゼ（*CYP97A3, CYP97C1*）遺伝子の発現量が増加していました（図 3-16）。カロテノイドの合成は、葉緑体で行われますが、合成酵素遺伝子はすべて核に存在します。葉緑体は、光合成を行う原核生物であるシアノバクテリアが、従属栄養の真核生物に取り込まれたのち、細胞内共生の過程を経て、細胞小器官となったと考えられています。

ところが、シアノバクテリアと葉緑体のゲノムを比較すると、葉緑体のもつ遺伝子数は、シアノバクテリアの $\frac{1}{10}$ 以下であり、進化の過程で多くの遺伝子がシアノバクテリアから宿主の核へと移行したと考えられます。カロテノイド合成を含む光合成関連遺伝子も大半が核に存在し、核内で転写され、細胞質で翻訳されたのち、葉緑体内に運ばれて、種々のカロテノイドを合成しています。葉緑体

106 第1部 植物の知恵を解き明かす

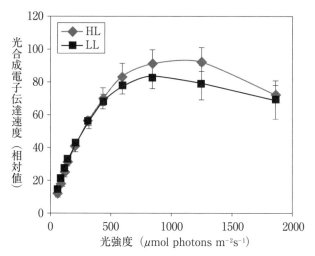

図 3-15 強光（HL）で培養した細胞は、弱光（LL）で培養した細胞よりも最大光合成活性が高い
（Kawabata ら（2014）[19] より、一部改変して転載）

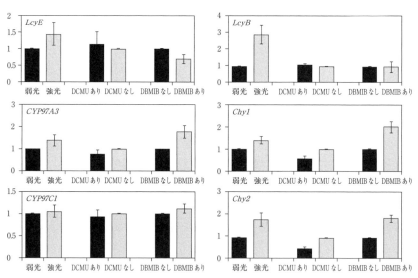

図 3-16 カロテノイド合成酵素遺伝子の発現は、光強度と PQ レドックスによって調節される
縦軸はいずれも発現量（相対値）を表します。
（Kawabata ら（2014）[19] より、一部改変して転載）

ではたらく多くのタンパク質の合成量は核によって調節されているのです。しかし、過剰光ストレスは葉緑体内で生じることから、このストレスに適応してカロテノイド合成遺伝子の発現調節を行うためには、葉緑体からのシグナルが何らかの形で核に伝達されなければなりません。葉緑体から核へのシグナル伝達は、プラスチドシグナル（葉緑体はその存在する組織によって、形態や機能が変化するが、それらを総称してプラスチドという）と呼ばれ、近年、注目されています[20]。主要なプラスチドシグナルとして、クロロフィル合成の中間体や活性酸素、光合成電子伝達系の酸化還元状態（レドックス）が挙げられます。筆者らは、このうち光合成電子伝達系のレドックスに注目し、カロテノイド合成遺伝子の発現調節への影響を調べました。プラストキノン（PQ）は光化学系II（PSII）とシトクロム b_6f 複合体を結ぶ電子キャリヤーで、強光下ではPQの酸化還元状態（PQレドックス）の還元型（PQH_2）の割合が高く、弱光下では酸化型（PQ）の割合が高くなることから、光強度のセンサーのひとつではないかと考えられています（図3-11）。活性酸素の消去酵素のひとつであるアスコルビン酸ペルオキシダーゼ（APX2）もPQレドックスによって発現調節されると報告されています。

　筆者らは、PSIIからPQへの電子伝達を薬剤（DCMU）で阻害して、PQレドックスを弱光下のように酸化型になる条件と、PQからシトクロム b_6f 複合体への電子伝達を薬剤（DBMIB）で阻害して、PQレドックスが強光下のように還元型になる条件でのカロテノイド含量を比較しました。その結果、DCMUを培地に添加した細胞では、強光照射してもキサントフィルサイクル色素総量は増加しなかったのに対し、DBMIBを添加した細胞では、強光照射しなくてもキサントフィルサイクル色素総量が増加しました（図3-17）。

　つまり、PQレドックスが還元型になることにより、キサントフィルサイクル色素総量が増加したことになります。色素量の増加は、その合成酵素遺伝子の発現量の増加によると考えられます。そこで、次にカロテノイド合成酵素遺伝子の発現量の変化を調べました。その結果、β−カロテンからゼアキサンチンを合成する β−カロテンヒドロキシラーゼ遺伝子（*Chy1, Chy2*）の発現量は、DCMUを添加した場合は、強光照射しても低く、DBMIBを添加した場合は、強光照射しなくても高いことが分かりました（図3-16）。このことから、植物は、葉緑体

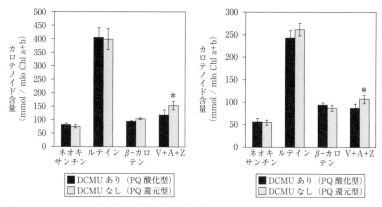

図 3-17 PQ レドックスが還元型の細胞では、キサントフィルサイクル色素（V+A+Z）が増加
（Kawabata ら（2014）[19] より、一部改変して転載）

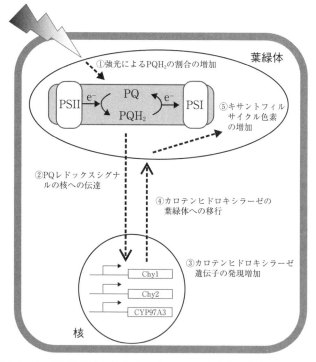

図 3-18 強光照射からキサントフィルサイクル色素増加までのシグナルの流れ

中のPQレドックスが還元型になることで強光照射下にあることを感知し、そのシグナルを核へ伝達し、核内のβ-カロテンヒドロキシラーゼ遺伝子の転写を促進し、酵素量を増やすことにより、キサントフィルサイクル色素総量を増加させていると考えられます（図3-18）。しかしながら、PQレドックスのシグナルを葉緑体から、どのように細胞質を経由して核に伝えているかについては、未解明です。PQレドックスの伝達に関わると考えられる葉緑体内タンパク質や核内でβ-カロテンヒドロキシラーゼ遺伝子を転写調節するタンパク質も見つかってきてはいますが、細胞質中を伝達する因子については、未だに有力な候補は見つかっておらず、さらなる研究が必要です。

2）光化学系Iサイクリック電子伝達

　光化学系Iサイクリック電子伝達は、フェレドキシンまたはNADPHの電子をカルビンサイクルでのCO_2の還元に使わずに、プラストキノンに戻す経路で（図3-11）、電子は光化学系Iの回りを循環します。還元されたプラストキノンが電子をシトクロムb_6f複合体に渡す過程でルーメン側にH^+を放出することから、この電子伝達により、ルーメンが酸性化します。ルーメンの酸性化は、キサントフィルサイクルでゼアキサンチンを合成するVDEの活性化だけでなく、励起エネルギーの熱としての散逸に重要なPsbSタンパク質へのH^+の結合による構造変化を促進することから、過剰光ストレスの緩和において重要です。光化学系Iサイクリック電子伝達には、NAD（P）Hデヒドロゲナーゼ複合体依存経路とPGR5タンパク質依存経路が存在しますが、高等植物においては、特にPGR5依存経路が過剰な励起ネルギーの熱散逸に重要と考えられています[13]、[21]。

3）光呼吸

　カルビンサイクルにおける唯一のCO_2固定酵素であるリブロース1, 5-ビスリン酸カルボキシラーゼ（RubisCO）は、CO_2濃度が高く、O_2濃度が低いときは、リブロース1, 5-ビスリン酸（RuBP、炭素数5個の化合物）とCO_2から、2分子の3-ホスホグリセリン酸（3-PGA、炭素数3個の化合物）を生じますが、逆にCO_2濃度が低く、O_2濃度が高いときは、オキシゲナーゼとしてはたらき、RuBPにO_2を付加して、3-PGAと2-ホスホグリコール酸（炭素数2個の化合物）を生じます。2-ホスホグリコール酸は、葉緑体、ペルオキシソーム、ミトコンドリアの3つの細胞小器官において代謝され、最終的に葉緑体に戻り、

RuBP に再生されます。この光呼吸と呼ばれる経路では、O_2 の吸収、CO_2 の放出があり、さらに ATP と NADPH も消費されることから、従来は、光合成の効率を下げる「無駄な」代謝と考えられてきました。しかし、過剰光下では、葉緑体内は CO_2 不足で、還元力（NADPH）が過剰であるので、CO_2 を発生し、NADPH を消費するこの経路は、過剰光ストレスの緩和機構のひとつであると現在では考えられています。

4）ステート遷移

図 3-11 では、光化学系 II にアンテナタンパク質として、LHCII が結合していますが、常に結合しているわけではありません。LHCII の一部は、光条件によって、光化学系 II から離脱することがあります。光強度や波長によって、光化学系 II が電子を送り出す速度が、光化学系 I がカルビンサイクルに電子を送り出す速度より速くなると、2 つの光化学系の間で電子が渋滞する、すなわち過還元状態となります。これを解消するために、LHCII の一部のタンパク質がリン酸化されて、光化学系 II から離れます。その結果、光化学系 II は集光アンテナのサイズが小さくなるため、速度が低下し、2 つの光化学系のバランスをとることができます[9]。このしくみはステート遷移とよばれますが、これもプラストキノンが関与しており、そのレドックスが還元型になることによって LHCII をリン酸化するプロテインキナーゼが活性化することによって起こります。

5）D1 タンパク質の分解

強光条件下では光合成活性が低下しますが、その最初の原因は光化学系 II の反応中心を構成する D1 タンパク質が分解することによります。D1 タンパク質の遺伝子は葉緑体 DNA にコードされており、その mRNA は安定で常に蓄積されているため、D1 タンパク質が分解されても、すぐに翻訳されて、新しい D1 タンパク質が合成され、光化学系 II に組み込まれることから、速やかに機能を回復することができます。一方、光化学系 I の反応中心は、このような修復系をもたないので、いちど損傷すると機能回復に時間がかかり、葉緑体全体に障害が及んでしまいます。光化学系 II が先に分解することで、下流に電子を送り込めなくなるので、過還元状態を緩和して、光化学系 I を保護するしくみと考えられています。

(3) 発生する活性酸素を速やかに消去するしくみ

　葉緑体は、前節で述べたように活性酸素の発生をさまざまな方法で抑制していますが、それでも発生した活性酸素を速やかに消去するため、種々の酵素や抗酸化物質が存在し、互いに連携してはたらいています。water-water サイクル[11]は、その中心的なもので、光エネルギーを使って水から引き抜かれた電子が、葉緑体内を巡る過程でエネルギーを消費し、最終的に水に戻るという、これも一見「無駄」にみえる回路ですが、強光下で発生した活性酸素を消去し、過剰なエネルギーを消費する反応です。

　図3-9に示すように、光化学系IIでは、光エネルギーを使って、水を酸化して電子を引き抜きます。

$$2H_2O \rightarrow 4e^- + 4H^+ + O_2$$

過剰光にさらされた過還元状態の葉緑体では、光化学系IIで、$^1O_2$が生じますが、反応中心やアンテナタンパク質に結合しているカロテノイドによって消去されます。光化学系Iでは、過還元状態では光化学系IIからの電子によってスーパーオキシドラジカル（O_2^-）が発生します。

$$2O_2 + 2e^- \rightarrow 2O_2^-$$

O_2^-は、スーパーオキシドディスムターゼ（SOD）によって、過酸化水素（H_2O_2）と酸素になります。

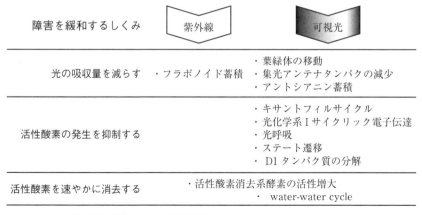

図3-19　紫外線と可視光による障害を緩和するしくみ

112 第1部　植物の知恵を解き明かす

$$2O_2{}^- + 2H^+ \rightarrow H_2O_2 + O_2$$

H_2O_2 は、アスコルビン酸（AsA）ペルオキシダーゼ（APX）によって、還元されて水になり、アスコルビン酸は酸化されてモノデヒドロアスコルビン酸ラジカル（MDA）になります。

$$H_2O_2 + 2AsA \rightarrow H_2O + 2MDA$$

この反応で、活性酸素が消去されたことになります。H_2O_2 はカタラーゼによっても、水と酸素に無毒化されますが、葉緑体内にはカタラーゼはなく、APX によって触媒されます。MDA は還元型フェレドキシンまたは NAD（P）H によって還元されてアスコルビン酸に戻ります。還元型フェレドキシンと NAD（P）H の電子は光合成電子伝達系由来、すなわち、光化学系 II で水から引き抜かれた電子であることから、water-water サイクルは、水を分解して得られた電子を水に戻す過程で、活性酸素を消去しつつ、過剰な光エネルギーを安全に消去することによって、葉緑体を過剰光ストレスから護るしくみといえます。

4. お わ り に

　これまで述べたように、植物は光合成で消費するよりも多量の光エネルギーを日常的に吸収しており、葉緑体内には過剰なエネルギーが生じていますが、通常は障害を受けないのは、さまざまな機構を組み合わせて、過剰光ストレスを緩和しているからです。しかしながら、過剰なエネルギーの量は図3-5に示したように、吸収したエネルギーとの差で決まるので、過剰光以外のストレス、例えば、乾燥、塩害、低温、高温、栄養不足などにより、光合成活性が低下すると、同じ光強度でも、より多くの過剰エネルギーが生じて、二次的に過剰光ストレスを受ける場合が多くなります。このことから、過剰光ストレスへの抵抗性の高い植物は、その他の環境ストレスへの抵抗性も高いことが期待されます。実際、β-カロテンからゼアキサンチンを合成する β-カロテンヒドロキシラーゼ遺伝子を過剰発現させた組換えシロイヌナズナ（図3-12）は、強光だけでなく、高温に対する抵抗性も高くなったことが報告されています[22]。植物が「どのように光と戦っているか」を研究することは、過剰光ストレスへの適応機構に関する知識が増えるだけではなく、環境ストレス耐性植物の創出にも大きく寄与すると考えられます。

引用文献

1) Rupert, C. S. Photoreactivation of Transforming DNA by an Enzyme from Bakers' Yeast. The Journal of General Physiology. 43 (3): 573-595 (1960)

2) Sancar, A. and Rupert, C. S. Cloning of the phr gene and amplification of photolyase in *Escherichia coli*. Gene. 4 (4): 295-308 (1978)

3) Todo, T., Takemori, H., Ryo, H., Ihara, M., Matsunaga, T., Nikaido, O. et al. A new photoreactivating enzyme that specifically repairs ultraviolet light-induced (6-4) photoproducts. Nature. 361 (6410) : 371-374 (1993)

4) Kliebenstein, D. J., Lim, J. E., Landry, L. G. and Last, R. L. *Arabidopsis* UVR8 Regulates Ultraviolet-B Signal Transduction and Tolerance and Contains Sequence Similarity to Human Regulator of Chromatin Condensation 1. Plant Physiol. 130 (1): 234-243 (2002)

5) Rizzini, L., Favory, J-J., Cloix, C., Faggionato, D., O'Hara, A., Kaiserli, E. et al. Perception of UV-B by the Arabidopsis UVR8 Protein. Science. 332 (6025) : 103-106 (2011)

6) Christie, J. M., Arvai, A. S., Baxter, K. J., Heilmann, M., Pratt, A. J., O'Hara, A. et al. Plant UVR8 Photoreceptor Senses UV-B by Tryptophan-Mediated Disruption of Cross-Dimer Salt Bridges. Science. 335 (6075) : 1492-1496 (2012)

7) Wu, D., Hu, Q., Yan, Z., Chen, W., Yan, C. Y., Huang, X. et al. Structural basis of ultraviolet-Bperception by UVR8. Nature. 484 (7393) : 214-U96 (2012)

8) Demmig, B., Winter, K., Kruger, A. and Czygan, F. C. Photoinhibition and zeaxanthin formation in intact leaves: a possible role of the xanthophyll cycle in the dissipation of excess light energy. Plant Physiol. 84 (2): 218-224 (1987)

9) Wollman, F. A. and Lemaire, C. Studies on kinase-controlled state transitions on photosystem-II and b6f mutants from *Chlamydomonas reinhardtii* which lack qunone-binding proteins. Biochim Biophys Acta. 933 (1): 85-94 (1988)

10) Hikosaka, K. and Terashima, I. A model of the acclimation of photosynthesis in the leaves of C3 plants to sun and shade with respect to nitrogen use. Plant Cell Environ. 18 (6): 605-618 (1995)

11) Asada, K. The water-water cycle in chloroplasts: Scavenging of active oxygens and dissipation of excess photons. Annu Rev Plant Physiol Plant Mol Biol. 50: 601-639 (1999)

12) Kagawa, T., Sakai, T., Suetsugu, N., Oikawa, K., Ishiguro, S., Kato, T. et al. Arabidopsis-NPL1: A Phototropin Homolog Controlling the Chloroplast High-Light AvoidanceResponse. Science. 291 (5511) : 2138-2141 (2001)

13) Munekage, Y., Hojo, M., Meurer, J., Endo, T., Tasaka, M. and Shikanai, T. PGR5 is involved in cyclic electron flow around photosystem I and is essential for photoprotection in *Arabidopsis*. Cell. 110 (3): 361-371 (2002)

14) 浅田浩二「3章 -2.葉の光壌境変動に対する迅速適応」『植物の環境応答　生存戦略とそ

114 第1部　植物の知恵を解き明かす

の分子機構』（植物細胞工学シリーズ）寺島一郎・渡辺昭・篠崎一雄監修、秀潤社、1999、pp.107-119

15)　浅田浩二「2章-1 植物の葉はなぜ日焼けしないのか」『生物の光障害とその防御機構』（シリーズ・光が拓く生命科学第4巻）市橋正光・佐々木政子編、共立出版、2000、pp.36-50

16)　徳富光恵・園池公毅「9章　光環境の変動に伴う光合成系の機能制御」『光合成』（植物生理学講座第3巻）佐藤公行編、朝倉書店、2002、pp.163-179

17)　園池公毅「11.4 光もストレスになる」『光合成の科学』東京大学光合成教育研究会編、東京大学出版会、2007、pp.208-213

18)　寺島一郎『植物の生態：生理機能を中心に』（新・生命科学シリーズ）裳華房、2013、pp.147-154

19)　Kawabata, Y. and Takeda, S. Regulation of xanthophyll cycle pool size in response to high light irradiance in *Arabidopsis*. Plant Biotechnol. 31: 229-240（2014）

20)　増田建「9.3 葉緑体から核へのシグナル伝達」『光合成の科学』東京大学光合成教育研究会編、東京大学出版会、2007、pp.167-170

21)　鹿内利治「植物の光環境適応戦略」『化学と生物』44（2）、2006、pp.121-127

22)　Davison, P. A., Hunter, C. N. and Horton, P. Overexpression of beta-carotene hydroxylase enhances stress tolerance in *Arabidopsis*. Nature. 418（6894）: 203-206（2002）

第2節　微生物との戦い

1. はじめに

　農作物の生産に影響を及ぼす要因は光、温度、湿度、水・土壌養分、pHなどさまざまですが、収量低下や品質低下を起こす大きな要因の一つが病害です。糸状菌（カビ）や細菌、ウイルス等の微生物に感染した植物では葉が黄色くなったり、茶色いぶつぶつとした斑点が出たり、白い粉がかかっていたり、果実が腐ったりというような症状がみられます。このような被害にあった農作物は商品価値がなくなるため、生産者の農家の皆さんは経済的損失を受けます。また、その被害が地方・全国規模で拡がると、その農作物の供給量が減るために市場価格が高騰、消費者の経済的負担が増します。病害による農作物の被害は日本だけでなく、世界各国においても深刻な問題となっています。現在、地球の人口は増え続けており、このままの勢いで増加すれば近い将来食糧生産が追い付かなくなります。

第3章　植物の防衛機能　*115*

食糧を持続的にかつ安定して生産するためにも病害を防がなければなりません。

　病害を防除するための手法は、その原理に基づいて物理的防除、生物学的防除、化学的防除、耕種的防除に大別されます。物理的防除は熱や光などの物理的力を利用した手法で、環境に与える影響は小さいですが、一般に導入や維持にはコストがかかり、多大な労力も必要とするなどのデメリットがあります。生物学的防除は微生物の力を借りて防除する手法で、物理的防除同様、環境に与える影響は小さいと言われていますが、防除効果を安定的に発揮させることが難しいという問題があります。化学的防除は殺菌剤を利用する手法で、即効的で効果の程度も高いメリットがありますが、これらの薬に耐える菌が出現することがあるなどの問題があります。耕種的防除は病害に対して抵抗する力が備わっている作物品種を利用する手法で、安価に導入でき、環境にもやさしいというメリットがある一方、抵抗性に打ち勝つ病原菌が出現するおそれもあります。

　このようにいずれの防除法も有効性、効率性、経済性などの点で一長一短があるのが現状ですが、耕種的防除と化学的防除はそのデメリットを差し引いてもメリットが大きいことから広く利用されています。耕種的防除は前述の通り植物が有する抵抗性という特性を活かすわけですから、自然の摂理にかなうある意味で合理的なやり方と言えるのではないでしょうか。植物の病害抵抗性を活かすやり方は実は化学的防除でも利用されています。殺菌剤は病原菌を文字どおり殺すことで防除効果を示す薬ですが、病原菌を直接殺さずに植物が本来持つ抵抗性を高めてやることで結果的に病害を防ぐ薬もあるのです。これも植物の抵抗性の利用と言えます。では、植物の病害抵抗性はどのようなもので、どのようなしくみになっているのでしょうか？　次の項で説明していきたいと思います。

2.　植物の病害抵抗性

（1）　抵抗性遺伝子とは

　自然界には多くの病原体が存在しますが、植物に感染して発病させる種類はとても少ないのです。このことは、植物は大方の病原体の感染から病気を免れていることを意味します。病気を免れるこのような性質を抵抗性といいます。言うなれば、植物は病原体に対する抵抗性を本来備えているのです。病害抵抗性には、

116 第 1 部　植物の知恵を解き明かす

植物がもともと有する細胞壁の硬さや抗菌性物質などにより発揮される抵抗性から、感染後に新たに誘導される抵抗性などさまざまな形態があります。本項では後者（誘導される抵抗性）について詳しく述べていきたいと思います。

　病原体が感染できる植物を宿主植物と言います。同じ種の宿主植物でも同じ病原体の感染に対して病気になる場合とならない場合があります。この違いはどこから生じているのでしょうか。植物細胞に侵入した病原体はそこで生き延び子孫を増やそうとしますが、病原体の侵入を検知する機構が植物に備わり、増殖や蔓延を防ぐ防御反応が動きだす場合は病気になりません。特定の病原体を検知する植物側の遺伝子を抵抗性遺伝子と言います。抵抗性遺伝子の有無によって防御反応が動きだすかどうかが決まります。言い換えると、ある特定の病原体を認識するような抵抗性遺伝子を植物が持つ場合は病気になりませんが、持たない場合は病気になるということです。同じ種であるにもかかわらず抵抗性遺伝子を持つ植物と持たない植物があるのはどうしてか？　理由としては、自然的あるいは人工的な交配によって遺伝子がゲノムから脱落したとか、遺伝子自体は持っているけれども塩基配列に突然変異が起きて本来の機能が失われたとか、さまざま考えられます。抵抗性遺伝子を持つ植物が病原体の侵入を感知すると、感染した細胞が病原体もろとも自殺することで増殖を阻止し、全身への蔓延を食い止めます。死滅した細胞は褐色の斑点（壊死斑と言います）として肉眼で観察できます。抵抗性遺伝子を持つ植物で起きる細胞死を伴うこのような反応を過敏感反応と言います。

（2）　過敏感反応とは

　タバコモザイクウイルスに感染したタバコで見られる壊死斑は過敏感反応の典型例としてよく引き合いに出されます。タバコモザイクウイルスは生物学の歴史上最初に発見されたウイルスで、これまでに詳細に調べられたウイルスの一つでもあります。このウイルスを用いた研究の中にはノーベル賞受賞に繋がった研究もあるなど、生物学の発展に大きく貢献してきました。図 3-20 の写真はタバコモザイクウイルスに対するタバコ品種の応答の違いを示したものです。タバコモザイクウイルスに対する抵抗性遺伝子を持たないタバコ品種では過敏感反応が起きず、ウイルスが増殖し、全身に移行してそこでまた増殖するということを繰

り返し、結果として縮れやモザイクなどの病徴が現れます。

　これに対し、抵抗性遺伝子を持つタバコ品種では、ウイルスに感染した細胞が過敏感反応を起こし壊死斑内にウイルスを封じ込め、増殖と蔓延を防ぎます。過敏感反応に伴って起きる細胞死は植物全体を生かすための言わば能動的な細胞死であり、病原菌が産生する毒素で植物細胞が死ぬ受動的な細胞死とは意味合いが異なります。感染した細胞で過敏感反応がひとたび起きると、その細胞の周辺部では高分子性のフェノール化合物の蓄積を指すリグニン化やコルク性物質の蓄積を指すスベリン化などで細胞壁が物理的に強化されるとともに、抗菌性物質や防御タンパク質が生産されます。物理的な防壁は病原体の封じ込めに、抗菌性物質などの化学的な槍は病原体を直接殺すのに貢献していると考えられています。

図3-20　タバコモザイクウイルスに対するタバコの応答の違い
A：健全なタバコ
B：抵抗性遺伝子を持たないタバコ品種で見られる縮れやモザイク症状
C：抵抗性遺伝子を持つタバコ品種で見られる壊死斑

118 第1部 植物の知恵を解き明かす

（3） 全身獲得抵抗性とは

　過敏感反応は感染細胞やその周辺で起きる局所的な現象ですが、興味深いこと
に、過敏感反応が起きた同じ植物体の未感染の遠隔部位で一連の防御反応が新た
に誘導されることが知られています。この過敏感反応に伴い植物体全体で発揮さ
れる抵抗性のことを全身獲得抵抗性と言います。全身獲得抵抗性が成立した植物
は、同じ病原体が再び感染したときに1回目よりもさらに強い抵抗反応を示すと
ともに、他種の病原体に対しても強い抵抗性を発揮するようになります。このよ
うに全身獲得抵抗性は植物の獲得免疫と呼べる防御応答ですが、動物の獲得免疫
とは大きく異なる点があります。それは、動物の場合は病原体の攻撃に対して特
定の細胞（リンパ球）が迎え撃つのに対して、植物の場合はそのような迎撃専門
の細胞はなく、基本的に個々の細胞が防御にあたっている点です。

（4） シグナル物質 ― 植物ホルモンや植物ホルモン様物質について

　病原体の検知は、ある特定の病原体とそれに対応する抵抗性遺伝子を持つ植
物の間で起きる特異性の高い反応です。病原体と植物の組み合わせの数だけ病原
体検知も起きることを意味します。一方、病原体検知後に起きる過敏感反応やさ
らにその後に誘導される全身獲得抵抗性は植物種や病原体の種類にほぼ関係なく
観察される現象です。病原体検知という多様な現象が過敏感反応や全身獲得抵抗
性という限られた現象パターンに収束するのは面白いと言えます。このことはま
た、病原体を検知したというシグナルが細胞内外を伝わり、過敏感反応や全身獲
得抵抗性を誘導するというシグナル伝達が植物内で起きること、そのシグナル伝
達の機構は植物種間で共通もしくは類似していることを示唆します。では、どの
ような物質がシグナル伝達に関わっているのでしょうか。これまでの研究から植
物ホルモンや植物ホルモン様物質がシグナル伝達因子として重要な役割を果たす
ことが分かってきました。

（5） サリチル酸の役割

　過敏感反応や全身獲得抵抗性のシグナル伝達に関わるそのような物質のひと
つが植物ホルモン様物質サリチル酸です。抵抗性遺伝子を持つ植物に病原体が感
染すると、サリチル酸の生合成が活性化され、感染細胞および周辺細胞内のサリ

チル酸量が増加します[1]。蓄積したサリチル酸は PR タンパク質と呼ばれる一連の抗菌性タンパク質や防御タンパク質の生産を高めます。PR タンパク質の PRとは pathogenesis-related の略であり、日本語では「感染特異的」と言います。文字どおり、病原体の感染に伴って生産されるタンパク質という意味です。サリチル酸の蓄積と PR タンパク質の生産は未感染の遠隔部位でも起き、全身獲得抵抗性に寄与します。PR タンパク質はその一次構造や特性に基づき 10 を超えるグループに分類されます。すべての PR タンパク質がサリチル酸に応答して生産されるわけではなく、植物種によりグループごとの応答性の違いは若干ありますが、基本的に特定のグループに限られます。サリチル酸は、病害抵抗性反応に関わる以外にも、ブードゥー・リリーと呼ばれるサトイモ科の植物が開花するときの発熱[2]や塩害ストレスに対する応答にも関わることが知られています。サリチル酸はわたしたち人間にもなじみ深い物質です。サリチル酸のアセチル体であるアセチルサリチル酸は解熱鎮痛剤アスピリンの本体ですし、同様の効能を持つサリチル酸メチルは湿布薬に含まれています。最近、サリチル酸の受容体[3]が見つかったことを受け、サリチル酸の作用機構に関する研究が世界中で精力的に進められており、新しい知見が生まれることが期待されます。

（6）ジャスモン酸の役割

　ジャスモン酸はもともと植物の成長を抑制する物質として見つけられた物質ですが、その後の研究により成長や分化、傷害応答などさまざまな生理反応に関わる植物ホルモンとして認められるようになりました。サリチル酸同様、過敏感反応に伴ってジャスモン酸の内生量が増加することが知られています。蓄積したジャスモン酸は、サリチル酸応答性 PR タンパク質とは異なる PR タンパク質の生産に働きかけます。これまでの研究から、サリチル酸はジャスモン酸の生合成やジャスモン酸応答性 PR タンパク質生産を抑制すること、逆に、ジャスモン酸は同様の抑制効果をサリチル酸に対して示すことが分かってきました。つまり、ジャスモン酸とサリチル酸の間には拮抗的阻害関係があるのです。お互いが相手の働きを抑えることに何か生理学的意味はあるのでしょうか？　タバコモザイクウイルス抵抗性に関する筆者らの研究結果から考えてみたいと思います。ジャスモン酸は抵抗性を弱める作用がありますが、ジャスモン酸の生産が低下した

120 第1部 植物の知恵を解き明かす

タバコではサリチル酸量が増え、抵抗性が強くなることが分かりました[4, 5]。逆に、低サリチル酸生産タバコではウイルス抵抗性が弱くなることが分かりました。ジャスモン酸とサリチル酸の量的バランスがタバコモザイクウイルス抵抗性の強弱の決定に重要であることを示します。

また、ジャスモン酸やサリチル酸は葉緑体やミトコンドリアの機能調整、細胞内の酸化還元制御などさまざまな生体内反応の制御に直接的・間接的に関与しますので、どちらか一方の機能に極端な高低差が生じてしまうとこれらの反応が撹乱され、細胞が正常に機能しなくなるおそれがあります。これらのことから、ジャスモン酸とサリチル酸は互いに深く関わりあうことで、細胞機能の適正化を図っているのではないかと推察されます。植物が傷つけられると大量のジャスモン酸が生産され、蓄積したジャスモン酸が傷の治癒に関わる遺伝子の働きを高めることから、ジャスモン酸は植物の痛み物質と言われています。ジャスモン酸の構造は動物の痛みや炎症に関係するプロスタグランジンと似ています。プロスタグランジンの産生を阻害して炎症を抑える物質がアスピリン（アセチルサリチル酸）です。このように、植物と動物の‘痛み’に構造のよく似た物質が関係し、その作用機構にも類似性があるという事実は、植物と動物の進化を考える上で興味深いものがあります。

（7）エチレンの役割

エチレンは最初にみつかった植物ホルモンで、植物の発生や成長、老化，果実の成熟などさまざまな生理現象に関与しています。サリチル酸やジャスモン酸と同様、病害抵抗性においてエチレンも PR タンパク質の生産を高めるシグナル物質として機能します。最近の研究から、エチレンが生成されるときに生じるシアンが病害抵抗性で重要な役割を持つことが分かってきました。エチレンの生合成はよく研究されており、出発物質であるメチオニンから S-アデノシルメチオニンがつくられ、1-アミノシクロプロパン-1-カルボン酸合成酵素の働きにより1-アミノシクロプロパン-1-カルボン酸に変換され、さらにこの中間体から特定の酸化酵素によりエチレンが生成することが解明されています。1-アミノシクロプロパン-1-カルボン酸からエチレンが生成される際に、エチレンと等モルのシアン化水素（シアン）が生成します。シアンはミトコンドリアに存在するシ

トクロム酸化酵素と結合することによって呼吸を阻害する猛毒の化合物です。イネの重要病害であるいもち病の研究を行っている過程において、筆者らはエチレン生成時に生じるシアンがいもち病菌の増殖を抑えることを見いだし、エチレン自身よりむしろシアンがイネいもち病抵抗性に重要であることを突き止めました[6]。シアンはエチレン生成の過程で生じる単なる副産物として捉えられ、その生理学的役割は見過ごされてきた感がありますが、少なくともイネといもち病菌の組み合わせで起きる抵抗性では重要な物質として働いています。他の植物と病原体の組み合わせでも同じ役割を担っているのか興味があるところです。

(8) 農薬への利用の可能性

サリチル酸、ジャスモン酸、エチレンは病害抵抗性に重要であることをここまで述べてきました。図3-21にこれら植物ホルモンや植物ホルモン様物質の働きをまとめました。では、これらの物質を病害防除用の農薬として使えないかという発想が頭をよぎります。これらの物質そのものではありませんが、実際に農薬として使われているものがあります。いもち病などに対して防除効果を示すオリゼメートがそれで、植物の病害抵抗性を誘導することによって病気を防ぎます。オリゼメートの有効成分であるプロベナゾールを用いた研究から、サリチル酸

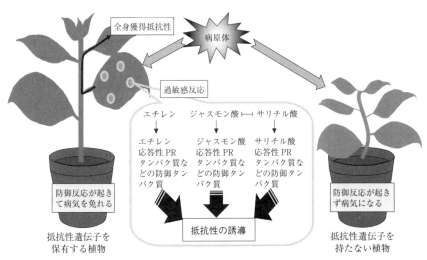

図3-21　病原体の感染に対する植物の抵抗性反応の概略を示した模式図

122 第1部　植物の知恵を解き明かす

の機能を高める作用があることが分かっています[7]。一方、ジャスモン酸やエチレンの働きを高めて病害を防除する農薬は現在のところ市販されておりません。ジャスモン酸やエチレンは植物の成長に対する抑制効果が強く、老化促進作用もあることから、これらの物質を素材として農薬を開発する上では農業上好ましくない形質を引き起こす生理作用を如何に抑えるかが重要となってくるでしょう。

3. おわりに

　本節でこれまで述べてきた植物の病害抵抗性は、自ら動くことができない植物が進化の過程で獲得してきたしくみであり、知恵です。その知恵が活かされて病気から免れたお米や野菜がわたしたちの口に入っています。わたしたちは植物の知恵の恩恵にあずかっているといっても過言ではないでしょう。今後、植物の知恵を深く理解することでわたしたちの生活がより豊かになることが期待されます。

引用文献

1)　Malamy, J., Carr, J. P., Klessig, D. F. and Raskin, I. Salicylic Acid: a likely endogenous signal in the resistance response of tobacco to viral infection. Science 250: 1002-1004（1990）

2)　Raskin, I., Ehmann, A., Melander, W. R. and Meeuse, B. J. Salicylic Acid: a natural inducer of heat production in arum lilies. Science 237: 1601-1602（1987）

3)　Fu, Z. Q., Yan, S., Saleh, A., Wang, W., Ruble, J., Oka, N., Mohan, R., Spoel, S. H., Tada, Y., Zheng, N. and Dong, X. NPR3 and NPR4 are receptors for the immune signal salicylic acid in plants. Nature 486: 228-232（2012）

4)　小林光智衣・光原一朗・瀬尾茂美「タバコモザイクウイルス抵抗性の果たす MAP キナーゼの予期せぬ役割 ─ 正と負の制御に関わる二面性を持っていた！ ─」『化学と生物』49、2011、pp. 226-228

5)　Oka, K., Kobayashi, M., Mitsuhara, I., and Seo, S. Jasmonic acid negatively regulates resistance to Tobacco mosaic virus in tobacco. Plant and Cell Physiology 54: 1999-2010（2013）

6)　瀬尾茂美・光原一朗・大橋裕子（2011）「シアンこそがいもち病菌の増殖を抑えるイネの重要な防御物質である ─ 抵抗性遺伝子導入系統の解析からフラボノイドと協調した呼吸の阻害が判明 ─」『化学と生物』49、2011、pp.734-736

7)　Nakashita, H., Yoshioka, K., Yasuda, M., Nitta, T., Arai, Y., Yamaguchi, I. and Yoshida, S. Probenazole induces systemic acquired resistance in tobacco through salicylic acid accumulation. Physiological and Molecular Plant Pathology 61: 197-203（2002）

第3章 植物の防衛機能　123

第3節　植物との戦い

1. はじめに（アレロパシーとは）

　生物は他の種・個体と競争したり協力したりしてさまざまな関わりを持って生活しています。このような生物間コミュニケーションの場において化学物質が重要な情報伝達の手段として機能しています。生物の中でも植物はいったん地中に根を張ると一生移動ができないため、その場の環境に適応して防衛的、攻撃的、あるいは友好的メカニズムを備えて身を守り、種の繁栄を図っています。これらのメカニズムは植物が長い進化の過程で獲得したものであり、ここでも化学物質が重要な役割を担っています。

　植物から分泌・放出される化学物質が、周りの植物や微生物に何らかの影響を与える生物間コミュニケーションをアレロパシー（allelopathy）と呼んでいます[1,2]。これは「allelo：相互の」および「pathy：感じる」に由来する造語です。比較的新しい概念で、1930年代にオーストリアの植物学者、H. Molisch により提唱されました。日本語では「他感作用」と訳され、これも千葉大学の沼田真教授によって提唱された造語です。またアレロパシー現象を引き起こす化学物質をアレロケミカル（allelochemicals）と呼び、日本語では「他感物質」と総称されています。その後、アレロパシーの定義は縮小されたり、逆に拡大解釈されたりしましたが、現在では「植物、微生物、動物等の生物が同一個体外に放出する化学物質が、同種の生物を含む他の生物個体における生育に何らかの影響を引き起こす現象」と理解されています[3]。似たようなニュアンスの言葉として、フィトンチッドというものが知られていますが、これはロシアの研究者（B. P. Tokin）によって提唱された概念で、アレロパシーとほぼ同義と考えられています。ただしこの場合、主に植物から放出される揮発性物質が微生物に及ぼす影響を指します。このフィトンチッドは人間や生態系に影響することも知られ、日本ではいわゆる森林浴ブームの際に盛んに用いられたキーワードです。

　アレロケミカルが植物から環境中へ放出される経路には、成熟した樹木の場合では主なものとして、①根からの滲出・分泌、残渣（朽ち木、落ち葉等）の分

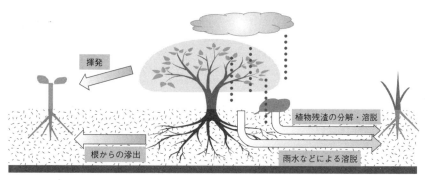

図 3-22　アレロケミカルズの作用経路
中央の樹木がアレロパシー作用を示す植物

解、②地上部（樹幹および枝葉等を指します）や残渣からの雨、霧、露による浸出、③地上部からの揮散（揮発性成分）等が挙げられます（図 3-22）。一方、種子（発芽初期）あるいは幼植物（芽生え）の根から分泌される例も知られています。自然界においてアレロパシーこそが植物を中心として交わされるコミュニケーションの象徴的な形態であると解釈されていますが、人間や動物のコミュニケーションの形態とはかなり異なります。その作用はプラスとマイナスの両面が知られていますが、有害なものの事例の方が多いです。しかし、植物の場合も人間のコミュニケーションと同様、相手から自身を守るだけでなく、相手と友好関係を築く戦略（利他行動）があっても不思議ではありません。事実、阻害的作用に比べると報告例は少ないですが、促進的作用のアレロパシー（促進的アレロパシーと定義します）も知られています。

　国内外では古くからアレロパシー現象が経験的に知られていました。ここからは阻害的、促進的アレロパシーの順で特徴的な事例を中心に紹介します。

2. 阻害的アレロパシー

　阻害的アレロパシー現象は古くから観察されており、古代ギリシア時代の書物にも記録が残されています[3]。例えば西洋ではクログルミの樹の下には植物が育たないことが経験的に知られていました。この現象はその後の解析技術の進歩により、クルミの樹皮や果実に含まれる 1, 4, 5-trihydroxynaphthalene という物

質が、酸化作用によってユグロン（ジュグロン）という物質に変化し[4]、これが周りの植物の成長を抑えたためだと考えられています（図3-23）。この物質の成長抑制効果は根の呼吸阻害によることがトウモロコシ芽生えを用いた実験で明らかになっています。日本では江戸時代の儒学者である熊沢蕃山が「アカマツの露は樹下に生える植物に有害である」と記しています。マツのアレロケミカルとしてはテルペン化合物の関与が指摘されています。また、同時代に宮崎安貞は「ソバはあくが強く雑草の根はこれと接触して枯れる」と記しています。一方、作物ではオオムギやライムギ畑に雑草が少ないことが有名で、これらの現象にはいくつかのフェノール性化合物が関係しているようです。

次に、身近な植物や人間の暮らしに役立つ植物に関するアレロパシーの事例を紹介します[3]。ヒガンバナは日本では野ネズミやモグラ等を避けるために畦や土手に植えられるようになったと考えられていますが、株の周辺には草が生えないことが知られています[3]。これもヒガンバナがリコリンと呼ばれる阻害物質を出して他種の生育を抑えているためと考えられています（図3-23）。なお、鱗茎にはリコリン等の毒性物質が含まれていますが、適切に用いれば薬や飢饉の際の代

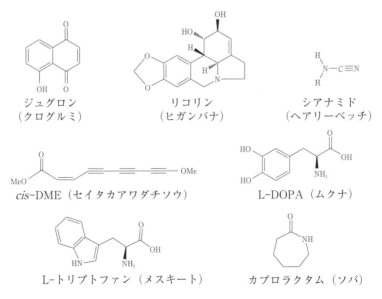

図3-23　代表的なアレロケミカルズ（阻害活性）

用食物にもなります。

セイタカアワダチソウは北米原産の帰化植物で、在来種のススキ等と競合します（図3-24）。根からは周囲の植物の成長を抑制するcis-DMEという化学物質を出し[3]、このアレロケミカルがススキ等の植物を駆逐してきました（図3-23）。外来生物法により要注意外来生物に指定されており、侵略的外来種の一つとして警戒されている種でもあります。しかし、現在では以前のような爆発的なスピードでの繁殖は収まりつつあります。これは他の植物が衰退してしまったことで自らがアレロケミカルの影響を強く受けてしまった等の理由により、セイタカアワダチソウ自身の成長も抑制されたためだと考えられています。作物でいうところの忌地（連作障害）と呼ばれる現象が関係しています。

図3-24　ススキ（左）とセイタカアワダチソウ（右）の混在した群落

前述のとおり、ソバが雑草との競合に強いことは経験的に知られていました。この作用は成長速度が早く葉を広げて雑草を日陰にする効果と、養分吸収力の強さによるところが大きいのですが、この植物からはさまざまなアルカロイドやフェノール性化合物の存在も報告されています。中でも大量に含まれているルチンが圃場レベルでの全活性法による試験結果から、活性本体であると考えられています[3]。また、ソバ発芽種子分泌液からはナイロンの前駆物質であるカプロラ

クタムが他の植物の成長を阻害する物質として単離・構造決定されています（図3-23）。

　イネは元来、アレロパシー活性が特別強い植物ではありませんが、除草剤が不要のイネの作出を見据えた研究プロジェクトの一環として、農林水産省管轄およびアメリカ農務省管轄の研究所で雑草の生育を抑制するイネの品種の探索が世界中の膨大な品種群で行われました[3), 5)]。この中で、赤米系統等、古代米系に属するジャワニカと呼ばれる品種群の中に雑草の生育を強く抑制するものが報告されています。実際に水田を使っての抑草効果も確認されていることから、育種や遺伝子組換え技術によって除草剤不要のイネが作出される日も近いかもしれません。

　さて、ここからは農業への応用がなされている事例を紹介します。マメ科植物のムクナは別名、ハッショウマメ（八升豆）とも呼ばれ、ブラジルの圃場で雑草の生育抑制をすることが実証されています[3)]。その作用の原因物質としてL-DOPAが発見されました（図3-23）。この物質の含有量は葉や根の生重量のおよそ1%にもなります。L-DOPAはキク科やナデシコ科の雑草の生育をわずか数ppmという低濃度でも阻害できますが、トウモロコシやソルガム等のイネ科作物と混植した場合には雑草は抑制しますが作物には影響を及ぼさないことから、収量を上げる混植農法で利用されています。このL-DOPAには雑草を完全に枯らすほどの活性はありませんが、土壌中では不安定で速やかに分解されて後作に影響を残しません。ちなみに、L-DOPAはヒトの脳内の神経伝達物質であるドーパミンの前駆体でもあります。

　ヘアリーベッチはマメ科ソラマメ属の植物で、牧草として欧米で利用されています。越冬が可能な越年生の草本であるため、ヘアリーベッチは秋まきで春先の雑草を完全に抑制することができます。また、野菜栽培におけるマルチとしても利用可能で、さらに緑肥としても有用でありことから、水田における不耕起無農薬栽培にも利用が広がっています[3)]。また最近では果樹園の下草管理での利用が普及しています。ヘアリーベッチのアレロケミカルとしてはシアナミドが同定されています（図3-23）。

　メスキートはマメ科の亜高木で成長が早く耐塩性や耐乾性があるため、アジアや中東地域の防風林として多くの地域に導入されてきました。しかし残念なこと

128 第1部　植物の知恵を解き明かす

に、メスキートを導入した多くの地域でこの植物が原因の在来種の成長阻害、あるいは生態系への悪影響が報告されています。この植物の葉、根、果実には他の植物の成長を阻害する物質が含まれており、原因物質として、L−トリプトファン、シリンジン等が報告されています（図3-23）。これらの物質の中でL−トリプトファンがメスキートのアレロパシー現象への貢献度が最も高いと考えられています[6]。

3. 促進的アレロパシー

植物は病原性微生物の侵入、あるいは多様な植食者による摂食といった危険に常にさらされているため、周囲に防御物質（抗菌物質や忌避物質）を配置することで未然に侵入を防ぐ巧妙な生存戦略をとっています。これら防御物質の多くは同時に他種の植物の侵入を防ぐアレロケミカルズとして機能していることもアレロパシーに阻害的なイメージが強い要因となっています。しかし、これまであまり注目されてきてはいませんが、植物がアレロパシーを周囲の植物との共存・共栄のための手段に利用している可能性がいくつも指摘されています。ここからはさまざまな植物の生活環における促進的アレロパシーの事例を紹介します。その事例の多くは農業従事者、あるいはガーデニング業界で経験的に伝承されてきたものです。

ソラマメとトウモロコシ、エンドウとエンバク（オーツ麦）、ソバとルーピン（マメ科ルピナス属）等を同じ畑で栽培する方法はコンパニオンプランティングと呼ばれ、それぞれの作物を畑で単独で栽培する場合よりも一緒に植えた場合（混植）の方が双方あるいは一方の生育が促進され、結果的に収量が増加することが知られています[7]。また、これらの組み合わせは共栄作物（コンパニオンプランツ）と呼ばれています。一方、こちらは作物ではありませんがヘアリーベッチの根の分泌液がオオムギやエンバクの光合成とリンの吸収を促進し、それぞれの生育を促進することも報告されています。さらに、ネギを栽培した跡地で陸稲栽培を行うと、コメの収穫量が増加することも報告されています。これらの現象の一部には未同定ですが促進的アレロケミカルが寄与する可能性が示唆されています[8]。

第3章　植物の防衛機能　*129*

　また、水稲栽培で強害雑草の一つとして知られているコナギも促進的アレロパシーを巧みに利用しています。コナギは特に無農薬栽培で著しく発生するといわれています。この植物はミズアオイ科、単子葉の広葉一年生雑草で全国各地の水田でみられますが、コナギが強害雑草となる要因の一つに稲の根から出される物質がコナギの種子発芽を促進することが挙げられます[8]。また、もみ殻からも発芽を促す物質が分泌されることも明らかにされていますが、化合物の同定までには残念ながら至っていません。コナギが有するこの生物機能は水田で生息するにあたり非常に有利な性質であるといえます。

　別の例として、寄生植物と総称される一群のうち、根寄生雑草のストライガ属あるいはオロバンキ属に関するものがあります。これらの根寄生雑草は日本国内では警戒されていませんが、アフリカ地域等では主要作物への甚大な被害が報告されており、現地の農業従事者から非常に恐れられています。アフリカの主食であるモロコシやトウモロコシ等イネ科の作物に寄生して生育を妨げることにより穀物の収量に大きな影響を与えるため、農業上の深刻な問題の一つに数えられ、その防除法が強く望まれています。ストライガは主にイネ科植物、オロバンキはナス科植物やキク科植物を宿主として寄生します。これらの寄生雑草は一個体でおよそ数十万個もの種子を作り、しかもその種子は土壌中で何年も休眠することができるため、いったん農地に侵入を許してしまうと農作物は壊滅的な打撃を受けてしまいます。この種子の発芽メカニズムには促進的アレロパシーが関与することが知られています[8]。この雑草種子は単に吸水した状態ではまったく発芽しませんが、宿主植物の根から分泌される物質（ストリゴラクトン）を感受することで発芽が促進され、宿主植物の根に寄生します（植物がストリゴラクトンを分泌する理由は後述します）（図3-25）。

　一方、この寄生雑草の駆除にも促進的アレロパシー作用が活用されています。現在検討されている有効な駆除手段の一つに自殺発芽というものがあります。これは寄生雑草の種子発芽が促進的アレロケミカルにより制御されていることを逆手に取っています。つまり、作物種子を播種する前に非天然型のストリゴラクトン（GR24等）を農地に散布することで、土壌中に侵入した寄生雑草種子を強制的に発芽させることができます（図3-25）[9]。発芽した寄生雑草は絶対寄生性であるため、やがて枯死してしまいます。

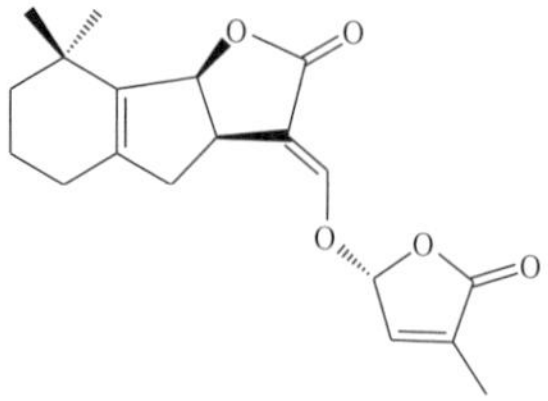

130 第1部 植物の知恵を解き明かす

5-デオキシストリゴール
（代表的なストリゴラクトン）

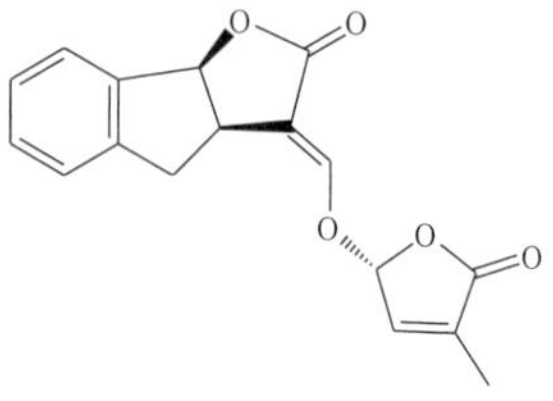

GR24（非天然型ストリゴラクトン）

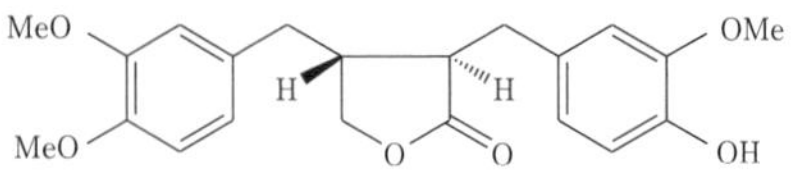

アークチゲニン（ゴボウ）

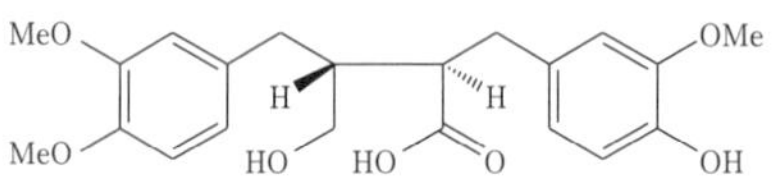

アークチゲニン酸（ゴボウ）

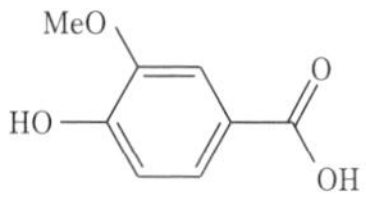

バニリン酸（スイカ）

図3-25 代表的なアレロケミカルズ（促進活性）

　次に、筆者の研究も交えた事例を紹介します。ここで紹介する成果はおよそ20
年にわたり実施された産官学連携の複数の研究プロジェクトによってもたらされ
たものです。アレロパシーは自然環境下で見られる現象ですが、実験室内でも促
進的アレロパシーを観察することができます。これは小さなペトリシャーレにア
ブラナ科のクレスを含む数種類の植物種子をさまざまな組み合わせで2種類ずつ
入れ、数日間培養してそれぞれの植物の成長を調べるという実にシンプルな混植
試験です[10]。この実験結果から、クレス種子がその発芽過程で一緒に混植した植
物の成長を促進（ケイトウに対する効果が顕著）する物質を放出している可能性
が示唆されました（新技術事業団・水谷植物情報物質プロジェクト）。

　その後、大量のクレス発芽種子分泌液からさまざまなクロマトグラフィーを駆
使して活性成分としてラムノースとデオキシウロン酸からなる新規の二糖類化合
物が単離・構造決定され、クレスの学名（*Lepidium sativum* L.）にちなみレピ
ジモイド（lepidimoide）と命名されました（図3-26）[11]。その後、糖の標準命名
法に従い 2-*O*-[(1S, 2R, 3S)-4-deoxy-enopyranosyluronic acid sodium salt]-L
-rhamnopyranose と改定されました[10]。さらに、合成レピジモイドと天然レピ

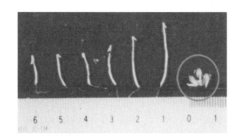

図 3-26 クレス発芽時に見られる促進的アレロパシー
A：クレス種子（丸印）から分泌されるアレロケミカル（ケイトウ種子はクレス種子から 1 cm 間隔に播種）
B：レピジモイドの化学構造

ジモイドの ^{1}H NMR および IR スペクトルが完全に一致し、$[\alpha]^D$ もほぼ一致したことから、レピジモイドの絶対配置も決定されました。レピジモイドおよびその類縁体、またレピジモイドの構成糖であるガラクツロン酸、ラムノース等について構造活性相関を調べたところ、レピジモイドの活性発現に寄与する化学構造として α-グリコシド結合を介してラムノースとウロン酸が結合した二糖類であること、ウロン酸部分の C-4,5 位が不飽和であること等が明らかとなりました[12]。

さらに、レピジモイドの植物界における分布を 25 種類の植物について検討したところ、すべての種子分泌液において存在が確認されました[13]。つまり、レピジモイドを発芽時に放出する現象は普遍的なものと予想されました。また、レピジモイドは種子の種皮部分に含まれているものが吸水と同時に放出されるだけでなく、新たに生合成される可能性も示唆されました[10]。レピジモイドは細胞壁中のラムノガラクツロナン等の多糖類が加水分解を受けて生成すると

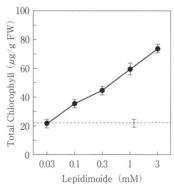

図 3-27 総クロロフィル量に及ぼすレピジモイドの効果（ヒマワリ）

（Yamada et al., (1998) より改変）

図3-28 シロイヌナズナ (Columbiaエコタイプ) に対するレピジモイドの成長促進効果
上：対照区、下：レピジモイド処理区 (100 ppm)
(写真提供：後藤伸治　宮城教育大学名誉教授)

考えられていますが、詳細は明らかにされていません。糸状菌をオクラ粘性多糖と一緒に培養すると、レピジモイドが低収率ながらも得られたという研究報告もあります[10]。

レピジモイドの生物活性として、胚軸の伸長促進の他に芽生えの緑化促進（グリーニング）も知られています[8]。この作用はレピジモイドによるクロロフィル生成量の促進によって説明されています（図3-27）[14]。

また、シロイヌナズナの葉面積の増大、植物体の草丈、生重量および乾燥重量の増加、花芽形成までの期間の短縮、種子の増加等の多面的な効果が知られています（図3-28）[13]。さらに、アベナ本葉の老化防止作用、インゲン豆の器官脱離阻害（老化防止）、アマランサス芽生えにおける炭水化物代謝の制御活性も報告されています[10]。

レピジモイドの全合成は慶應義塾大学（山村庄亮教授の研究グループ）との共同研究により、D-グルコースとL-ラムノースを原料として成功しましたが[6]、工程が複雑なこともあり、より簡便で低コストの合成法の開発が求められていました。その後、民間企業（神戸天然物化学株式会社）との共同研究で、レピジモイドが植物細胞構成成分の一部であるラムノガラクツロナンに由来することをヒントに、オクラの粘性多糖から二糖である D-Gal$p$UA-(1→2)-L-Rha$p$ を切り出して二重結合を導入する新たな合成法が開発されました[15]。さらに改良が加えられ、多糖類の糖鎖の開烈と同時に直接二重結合の導入が可能となり、収率も大幅に向上しました[16]。なお、レピジモイドの研究は現在も国内だけでなく、多糖類の研究で著名な S. C. Fry 教授（英国・Edinburgh 大学）のグループによってもさまざまな角度から精力的に進められています[17]。

レピジモイドの発見がきっかけとなり、その後レピジモイドと同程度あるいはそれ以上の成長促進活性を示す物質（アークチゲニンおよびアークチゲニン酸）がゴボウの種子分泌液から単離・構造決定されました（図3-25）。さらにスイカ

の種子分泌液からは種特異的に芽生えの伸長を促進する物質（バニリン酸）が発見されました（図3-25）。これらの報告は植物種子が発芽時に抗菌物質だけでなく、レピジモイド様物質を普遍的に分泌している可能性を示唆しています[8]。なお、この分泌メカニズムが発芽時特異的なものなのか、あるいは生物学的意味についての議論は今後の研究成果を待たなければなりません。

4. アレロパシーの生物学的意義（アレロパシー仮説と Novel weapon 仮説）

　ここまで、実にさまざまなアレロパシー現象が自然界で起きていることを紹介してきました。次に、いったいこの現象が植物にとってどのような役割を担っているのかについて、2つの説を紹介します。

　植物が産生するさまざまな低分子有機化合物は、私たちの暮らしの中で香辛料、色素、香料、医薬品等として欠くことのできないものとなっています。これらの化合物は植物の生存に直接は必要のない、いわゆる二次代謝産物と呼ばれるものですが、植物はさまざまな二次代謝産物を体内に蓄積しており、それらの化学構造や含有量等は種間だけでなく生育ステージ、部位等によって多岐にわたります。植物の二次代謝はその生合成系、あるいは化合物の特性からイソプレノイド系（テルペノイド）、アルカロイド系、フェニルプロパノイド系に分類されており、その数およそ数万種の存在が明らかになっています。これら二次代謝産物の生理的役割については不明な点が多いのですが、最近の研究から植物の老廃物というよりもむしろ植物のさまざまな環境応答に役立っていることが分かってきました。

　東京農工大学の藤井義晴教授は、植物が進化の過程で二次代謝物質を偶然に生成し、それが他の昆虫・微生物・植物等から自らの身を守る防御物質として機能したり、何らかの化学交信や情報伝達を行う手段として有利に働いた場合に、その植物が淘汰されずに生き延びることができたとする「アレロパシー仮説」を提唱し、進化上のアレロパシーの意義を説いています[3]。つまり、アレロパシーは皆殺し的な現象ではなく、一属一種的な古い植物、成長が遅い植物あるいは弱い植物が生き残ってきた要因の一つであり、むしろ生物多様性を高める要因となっ

たと説明しています。この仮説はヒマラヤシーダーやセコイア等の古代から生き残っている植物にアレロパシー活性が強いことからも支持されています。

近年、外来の動物あるいは昆虫等による生態系への影響が問題となっています。植物の場合も外来種のいくつかは侵略的であり、爆発的に繁殖する要因の一つにアレロパシーの関与が疑われています。これは、米国・Montana 大学の R. M. Callaway 教授らの研究グループが今世紀初頭に行った生態化学的な研究成果が基になっています[18]。ヨーロッパ・コーカサス地方原産のヤグルマギクの仲間は原産地域では優先種となっていないのに対し、侵略先の北アメリカ・ロッキー山脈周辺ではしばしば優先種となっているという興味深い事象について、彼らはヤグルマギクの出すアレロケミカルであるカテキンに対する随伴雑草（周辺に生息している植物）の感受性の違いで説明しています（図 3-29）。

つまり、コーカサス地方におけるヤグルマギクの随伴雑草はカテキンに対して長い年月を経て耐性を獲得しているためにあまり生育阻害を受けませんが、新天地であるロッキー山脈地方にヤグルマギクが侵入した際、このアレロケミカルに「初めて」触れる植物には耐性がないために著しく生育が阻害された結果、ヤグルマギクが優先種となっている可能性を示唆し、これを「Novel weapon hypothesis：新兵器仮説」と呼びました[19]。この仮説は外来植物のリスクの一つとしてアレロパシーの重要性を再認識させるきっかけとなり、外来植物のアレ

図 3-29 Novel weapon（新兵器）仮説の根拠となった植物群落の地域差
A：ヨーロッパ・コーカサス地方（ヤグルマギクの原産地）
B：北アメリカ・ロッキー山脈周辺（ヤグルマギクの侵入先）
写真 A（下半分）ではヤグルマギクはほとんど見られず、イネ科植物が優占種となっていますが、写真 B（下半分）ではヤグルマギク（ピンク色）が優占種となっています。
（原図：Callaway and Ridenour（2004））

第3章　植物の防衛機能　*135*

ロパシーに関する研究が世界中で盛んになりました。しかし、その後ヤグルマギクの根から放出されるカテキン量では植物の成長抑制活性を十分に説明できないこと、さらにカテキンではなく別のアレロケミカルの存在を示唆する論文が報告されており、今後の議論が待たれています。

5. 植物以外の生物との相互作用（植物体外放出因子）

　アレロパシーの定義は先にも述べましたが、植物から外界に放出されたアレロケミカルズが周りの「生物」に及ぼす影響を指します。ここからは周りの植物の成長だけでなく、さまざまな生物機能に及ぼす事例をいくつか紹介します。

　本節ではあまり触れませんでしたが、アレロパシーには揮発性の物質が関与している場合も知られています。身近なものではジャガイモをリンゴと一緒に保存するとジャガイモの芽が出てこないこともアレロパシーの作用です。特殊な例としては、アメリカネナシカズラという寄生植物は宿主となる植物から放出される揮発性物質を頼りに、そのターゲットとなる植物が生えている方向へ成長することが実験的に証明されています。この実験ではトマトから放出される 2- カレン、β-フェランドレン等の揮発性物質がアメリカネナシカズラを誘引する強い活性が見られました[20]。

　タチナタマメのアレロケミカルとして知られている L- カナバニンは、土壌細菌（*Sinorhizobium meliloti*）のクオラムセンシング（quorum sensing）のミミック（模倣）化合物として機能していることが報告されました[8]。クオラムセンシングとは微生物における化学物質を介した細胞間コミュニケーションのことで、同種菌が生産・放出するシグナル物質（オートインデューサー）の菌体外濃度に応じてさまざまな生理反応を誘導します。このシグナル物質はクオラムセンシングに関与することからクオルモン（quormone）と呼ばれることもあります。L- カナバニンの化学構造は L- アルギニンと酷似しているため、細菌がカナバニンを誤ってアルギニンの代わりにタンパク質合成に利用し、その結果生理機能が障害を受けると考えられています。

　さらに、植物の根から分泌される化合物が植物共生菌との共生シグナルとして機能している例も報告されています。詳しいメカニズム等の説明は成書に譲り

ますが、マメ科植物に共生する根粒菌は植物側から分泌されるフラボノイド化合物（アルファルファではルテオリン、エンドウではナリンゲニン）を感受し、その結果産生されたNodファクター（リポキチンオリゴ糖）を植物側に送り込むことで共生関係を樹立させます。つまり、共生関係の樹立にはお互いから分泌されるシグナル物質が非常に重要な働きをしているのです。

先述のとおり、ストライガやオロバンキ属の寄生雑草は宿主植物から分泌されるストリゴラクトンによって発芽が誘導されます。植物がなぜ、自身を危険にさらすリスクのあるストリゴラクトンを根から分泌しているのか長年謎でしたが、近年、植物共生細菌であるAM菌（Arbuscular mycorrhizal fungi：アーバスキュラー菌根菌）の菌系分岐因子（ブランチングファクター）、つまり誘引物質として機能していることが明らかとなりました（図3-30）[21]。AM菌はリン肥沃度の低い土壌において、そこに生育する植物のリン吸収を助けることでも知られており、元来はAM菌誘引物質として植物が分泌していたストリゴラクトンを、寄生植物は進化の過程で自身の種子発芽刺激物質として利用するようになったのかもしれません。

また近年、イネ科植物の主要なアレロケミカルとして知られているベンゾキサジノイド化合物（Bx化合物：DIMBOA）が、植物の成長に有益な土壌細菌（括

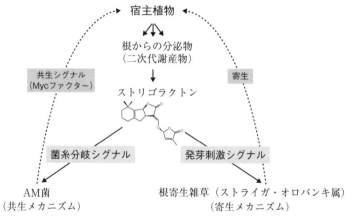

図3-30　植物、共生菌、寄生植物の三者間で繰り広げられる化学物質を介したコミュニケーション（土壌中）

抗菌)のケモアトラクタント(走化性物質・化学誘導物質)として機能していることが明らかとなりました[21]。植物の根圏土壌に生息して植物の成長を促進したり、植物病原微生物の感染を阻害(これをバイオコントロールと呼びます)する拮抗菌の一種であるシュードモナス(*Pseudomonas*)属の *P. putida* は、植物の根圏でコロニーを形成しています。報告によりますと、トウモロコシ芽生えの根から分泌される DIMBOA が *P. putida* の根への定着に重要である可能性が示唆されました。野生株とベンゾキサジノイド化合物欠損(*bx1*)トウモロコシ芽生えにおける *P. putida* のコロニー形成能を調べたところ、欠損株においてコロニー形成が顕著に減少していました。このことはアレロケミカルの新たな生物機能の可能性を示唆しています(図3-31)。なお、ベンゾキサジノイド化合物はイネ科植物の防御応答に関わるファイトアレキシンとしても有名な化合物であり、さらにはトウモロコシ幼葉鞘の光屈性反応にも関与していることが報告されています(第2章「植物の運動」を参照)[21]。

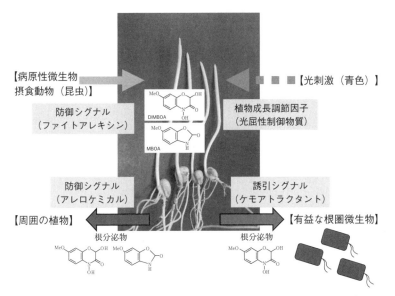

図3-31 ベンゾキサジノイド化合物(DIMBOA および MBOA)の多面的生物活性(トウモロコシ芽生え)
(山田小須弥(2015)より改変)

138 第1部 植物の知恵を解き明かす

6. おわりに

　現在、地球上では人口の爆発的な増加、それに伴う水・食料・資源エネルギーの不足、さらには地球温暖化等、さまざまな問題が起きています。こうした状況に対応するためには、既存技術の向上を目指すことはもちろんのこと、研究分野の垣根を越えた英知の結集が求められています。特に食糧問題に関しては発展途上国では危急に解決すべき問題であり、わが国でも環境保全型農業の推奨により環境低負荷型農業のニーズが近年、高まっています。例えば、太陽光を遮り、優占種として生育することができる被覆植物（カバープランツ）を用いて除草剤の使用を抑えた新たな雑草防除法が注目されています。これらの植物の中には、自身が放出するアレロケミカルが引き起こすアレロパシー作用によって雑草生育阻害効果を発揮する例も知られています。また、土壌微生物を病害虫防除に活用する生物農薬の普及を目指す動きも活発化しています。

　本節で述べたとおり、近年の目覚ましい分析技術の進歩とともに、古くから知られていたアレロパシー現象の詳細が理解されるようになってきました。これらの知見は先述した農業技術の開発にも大いに貢献することが期待されます。また、近年では生産性の向上ならびに有用二次代謝物の効率的生産を目指した多様な遺伝子組換え植物が作出されていますが、遺伝子組換え植物の実用化には、野外栽培時の環境影響評価が不可欠となっています。この環境影響評価にアレロパシー作用や土壌微生物フローラへの影響といった項目があることからも、植物が有するアレロパシーという生物機能の理解は非常に重要な意味を持つといえます。今後もアレロパシー現象を多面的に研究することで、農業生産現場におけるかずかずの問題解決のヒントが得られるものと期待されます。

引用文献

1) Rice, E. L.『アレロパシー』八巻敏雄・藤井義晴・安田環訳、学会出版センター、1991
2) 伊藤一幸『植物の生き残り作戦　自然叢書 31』井上健編、平凡社、1996、pp.238-242
3) 藤井義晴『最新　植物生理化学』長谷川宏司・広瀬克利編、大学教育出版、2011、pp.134-156
4) Davis, E. F. American Journal of Botany 15: 620 (1928)
5) 松尾光弘『農業技術大系　作物編』（社）農山漁村文化協会、第1巻（基＋218）、2014、

pp.20-32

6) 中野洋・広瀬克利・山田小須弥『植物の知恵』山村庄亮・長谷川宏司編著、大学教育出版、2005、pp.1-8

7) Mallik, M. A. B. and Williams, R. D. Allelopathy Journal 16: 175-198（2005）

8) 山田小須弥『月刊ファインケミカル』44、2015、pp.49-56

9) Kgosi, R. L., Zwanenburg, B., Mwakaboko, A. S. and Murdoch, A. J. Weed Research 52: 197-203（2012）

10) 長谷川宏司・山田小須弥・広瀬克利『農業生態系の保全に向けた生物機能の活用　農業環境研究叢書17』（独）農業環境技術研究所、2006、pp.69-87

11) Hasegawa, K., Mizutani, J., Kosemura, S. and Yamamura, S. Plant Physiology 100: 1059-1061（1992）

12) Yamada, K., Anai, T., Kosemura, S., Yamamura, S. and Hasegawa, K. Phytochemistry 41: 671-673（1996）

13) Yamada K., Miyamoto K., Goto N., Kato-Noguchi H., Kosemura S., Yamamura S. and Hasegawa K. ALLELOPATHY（Fujii, Y. and Hiradate, S. eds）, Science Publishers, NH, USA: 123-135（2007）

14) Yamada, K., Matsumoto, H., Ishizuka, K., Miyamoto, K., Kosemura, S., Yamamura, S. and Hasegawa, K. Journal of Plant Growth Regulation 17: 215-219（1998）

15) Hirose, K., Kosuge, Y., Otomatsu, T. Endo, K. and Hasegawa, K. Tetrahedron Letters 44: 2171-2173（2003）

16) Hirose, K. Endo, K. and Hasegawa, K. Carbohydrate Research 339: 9-19（2004）

17) Iqbal, A. and Fry, S. C. Journal of Experimental Botany 63: 2595-604（2012）

18) Callaway, R. M. and Ridenour, W. M. Frontiers in Ecology and the Environment 2: 436-443（2004）

19) 藤井義晴『植物色素フラボノイド』武田幸作・齋藤規夫・岩科司編、文一総合出版、2013、pp.515-521

20) Runyon, J. B., Mescher, M. C. and De Moraes, C. M. Science 313: 1964-1967（2006）

21) 山田小須弥『化学と生物』53、2015、pp.648-650

140 第1部 植物の知恵を解き明かす

第4節 傷害との戦い

1. はじめに

　動物の世界では、傷害を受けた場合に、例えばトカゲの尻尾やヒトデの腕のように簡単に再生することを目にしたことがあるかと思います。とくに、生物学においてはプラナリアの体全体での再生がよく知られています。一方、人においてはES細胞やiPS細胞を用いた再生医療が注目されています。しかしながら、植物は動物と異なり、その生活の場所を自由に移動することができないことから、植物体に大きな損傷（傷害）を受けた時、植物は人や動物のように治療（人の場合は外科的治療、動物の場合は親や仲間による動物本能的治癒）を受けたり、回復に向けた薬剤・栄養補給や生活の環境を変えることなどによる治癒が困難です。したがって、植物の場合は、現実に生活しているその場所から離れずに何とか治癒に努めなければなりません。いつ何時傷害を受けても対処できる"植物の知恵"が備わっているのです。例えば、植物の成長を先導する芽生え先端の重要な器官（頂芽）が損傷を受けた場合に備えて、あらかじめその下部に頂芽と同じ機能を有する芽を待機させているのです。つまり、頂芽が重大な傷害を受けた場合、その下位に位置し、普段は眠っている側芽が目を覚まして成長を開始することで、傷害に対処しているのです。このような現象は"頂芽優勢（apical dominance）"と呼ばれていますが、本節では"植物の傷害に対する知恵"として頂芽優勢を取り上げ解説したいと思います[1-5]。

2. 高校の生物の教科書における"頂芽優勢"の記述について

　それではまず、高等学校の生物の教科書では"頂芽優勢"についてどのように解説されているのか、触れたいと思います。

　「植物は、茎の先端部に頂芽が形成されて成長しているときには、下部にある側芽の成長は抑制されることが多い。このような現象を頂芽優勢という。これは、茎の先端部でつくられて下降したときのオーキシンの濃度では、頂芽の成長

第3章 植物の防衛機能　141

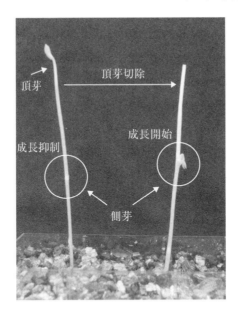

図 3-32　エンドウ（*Pisum sativum L.*）黄化芽生えにおけ
　　　る頂芽優勢
　　　左：未処理の植物体、右：頂芽優勢が解除された植物体

は促進されるが、側芽の成長は抑制されるために起こるものと考えられている」
（図 3-32）と記載されています。

3. 頂芽優勢に関するこれまでの研究の経緯

　まず、この教科書の記述の基となっている歴史的な研究の経緯を見てみましょう。頂芽優勢という現象は、古くから主に植物生理学者によって研究がなされており、チマン（K. V. Thimann）とスクーグ（F. Skoog）（1933）は、ソラマメの頂芽切除によって起こる側芽の成長が、頂芽切除面に投与した植物ホルモンのオーキシンであるインドール酢酸（indole-3-acetic acid、IAA）によって抑制されることを示し（図 3-33）、頂芽から求基的に流れてくるオーキシンが側芽の成長抑制に寄与していると考えました。このことは、オーキシン極性移動阻害物質を頂芽と側芽との間の節間に処理すると側芽の成長が開始することからも証明

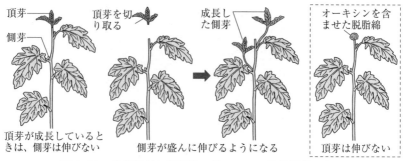

図 3-33　高等学校の教科書に載っている頂芽優勢の説明
（『改訂　生物学 I 』第一学習社より）

されています。これ以降、投与したオーキシンが切除された頂芽の役割を補完する働きは多くの植物で確認されています。一方で、根から供給されるサイトカイニンが側芽の成長を促進させることも知られています。これらの知見から頂芽優勢は、頂芽で生産されたオーキシンが茎を求基的に移動して側芽の成長を抑制し、頂芽切除や傷害にともなうオーキシン量の低下によって根から供給されるサイトカイニンが側芽の成長を促進するというモデルで説明されてきました（図3-34）。

しかしながら、このような仮説に対してさまざまな実験的検証が行われてきましたが、オーキシンとサイトカイニンだけでは頂芽優勢を説明できないとする報告もあります。例えば、頂芽優勢の弱いエンドウ変異体内では野生株以上にオーキシンが含まれることや、頂芽を切除したエンドウ芽生えの側芽に直接オーキシンを投与しても側芽の成長を抑制することができないこと、頂芽優勢から解除された側芽では成長が阻害されている側芽よりも高濃度の

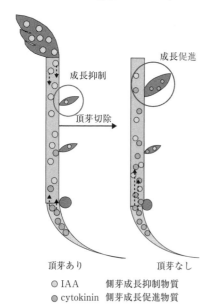

○ IAA　側芽成長抑制物質
● cytokinin　側芽成長促進物質

図 3-34　従来の頂芽優勢の分子モデル

オーキシンを含むことなど、オーキシンが側芽成長抑制を直接制御しているわけではないことを示唆する報告があります。

このようなことから、リバート（E. Libbert）は側芽の成長を阻害する物質がエンドウ抽出物に存在しており、頂芽を切除することでこの物質の内生量が減少することを見いだしました。さらに、頂芽切除部位にオーキシンを投与すると頂芽を有する芽生えと同様にその内生量には変化が見られないことも報告しています。

4. 筆者らの研究グループによる研究

このような報告から、筆者らの研究グループの中島らは、オーキシン活性阻害物質である 6-メトキシ-2-ベンゾオキサゾリノン（MBOA）やラファヌサニン（本書の第2章・第1項を参照）またはオーキシン極性移動物質であるトリヨード安息香酸（TIBA）やナフチルフタラミン酸（NPA）をエンドウ芽生えの頂芽切除面、節間ならびに側芽に投与し、側芽の成長を観察しました。その結果、オーキシンのみによって側芽の成長を抑制しているのではなくそれ以外の物質が側芽の成長抑制に関与している可能性が強く示唆されました[6]。さらに、中島らは頂芽を有するエンドウ芽生え、頂芽を切除したエンドウ芽生えおよび頂芽の切除面に IAA を投与したエンドウ芽生えを用いて、これらの三者において植物体内で変動する物質が存在することを見いだしました。そこで大量のエンドウ芽生えを用いてこの物質を単離し、機器分析等で構造解析を行った結果、インドール-3-アルデヒド（indole-3-aldehyde）であることを発見しました。

また、頂芽切除面に IAA およびインドール-3-アルデヒドを投与した場合は、両化合物とも側芽の成長を抑制しました。一方で側芽に直接投与した場合は IAA では側芽の成長を抑制することはできなかったが、インドール-3-アルデヒドでは抑制されることが見いだされました。以上のことから、インドール-3-アルデヒドが側芽の成長抑制に直接関わっていることが明らかになりました[7]。この側芽成長抑制物質の発見によって推測されたエンドウ芽生えの頂芽優勢のモデルを図 3-35 に示します。この新しいモデルは、頂芽が存在する時、頂芽から基部方向に極性移動するオーキシンが頂芽と側芽との節間を移動中にインドール-3-アルデヒドの産生を誘導し、それが側芽付近に蓄積されることで側芽の成長

144　第1部　植物の知恵を解き明かす

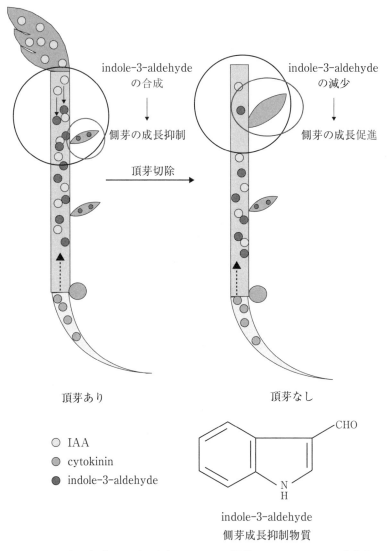

図 3-35　当研究グループの中島らによって提唱された、エンドウ黄化芽生えにおける頂芽優勢の分子モデル（Nakajima et al., 2002）

を抑制している、ということを表しています。

5. 他の研究グループによる研究

　そのような状況の中、近年では頂芽優勢現象と連動していると考えられている植物の枝分かれ現象（頂芽存在下でも側芽や枝の成長が起こる）にも注目されるようになりました。これについて種々の植物における枝分かれに関与する過剰突然変異体を作製してその機能解析が行われた結果、オーキシンやサイトカイニンではなく、新たに植物の枝分かれ抑制に関わる物質の存在が示唆されました。エンドウ、ペチュニア、イネ、シロイヌナズナの側芽の成長が抑制されない変異体を用いてそれらの原因遺伝子を解析した結果、カロテノイド分解酵素をコードする遺伝子が含まれていたことが明らかとなりました。その後、カロテノイドから生合成されたテルペノイドラクトンの一種であるストリゴラクトン（図3-36）という物質が枝分かれ抑制物質として単離・同定されました。さらに、植物ホルモンであるアブシシン酸やフラボノイドなどが側芽成長抑制に関与するという報告、頂芽で生産されたオーキシンが極性移動する間に節間におけるサイトカイニン生合成を抑制していることを示す報告もあります。

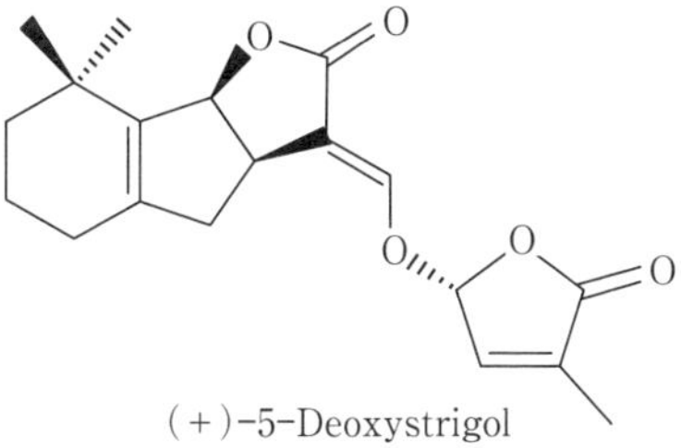

（＋）-5-Deoxystrigol

図3-36　ストリゴラクトンの構造

6. 側芽成長促進機構について

　側芽の成長促進機構については、前述のとおりサイトカイニンが古くから側芽の成長を促進することが知られており、以降さまざまな植物でそれが実証されてきました。また、頂芽切除後に側芽付近の組織においてサイトカイニンの内生量が増加することも報告されるなど、サイトカイニンが側芽の成長促進に関与しているという説明は多くの支持を得てきました。さらに近年、エンドウの節間において、オーキシンによってサイトカイニン合成の律速段階となる酵素の発現量が

146 第 1 部 植物の知恵を解き明かす

抑制される、という報告もなされています[12]。しかしながら、頂芽切除後にサイトカイニンの内生量に変動が見られるのは側芽の成長が観察される時間に比べて遅いことも示されています。また、節間におけるオーキシン内生量の低下がサイトカイニンの合成を促進するという報告もなされていますが、頂芽切除面から20 cm 離れた側芽の成長が頂芽切除後およそ 5 時間で生じるのに対し、オーキシンの極性移動はおよそ 1.0 cm/h でしか生じておらず、オーキシンの節間における内生量の変動と側芽の初期成長は連動していないことを指摘する報告もあります。

　一方で、側芽の成長促進には茎頂部からのオーキシン供給が喪失すれば十分であり、ストリゴラクトンの低下やサイトカイニンの増加は必要ではないことも示唆されています。種々のサイトカイニン生合成遺伝子の変異体を用いた実験により、サイトカイニンはオーキシンによる側芽成長抑制や頂芽優勢の打破の際に作用しているというよりも、オーキシン存在下で頂芽優勢を回避して側芽の成長を促進させる作用があるとも考えられています。このようなことから、サイトカイニン以外に側芽の成長を誘起する物質が存在するのではないかと考えられたため、筆者の研究グループにおいてエンドウ芽生えにおいてある種のフラボノイド化合物が関与していることを見いだしました（未発表データ）。さらに最近、植物中のショ糖のレベルを高めることで側芽の休眠状態を維持する調節転写因子の発現を抑制し、側芽の成長が開始するという報告もされていますが、このような一次代謝産物が直接的な側芽成長促進に関わっているかについては疑問があります。

7. 側芽の成長における休眠期から成長期への移行

　側芽の成長には 2 段階あり、まず休眠期から転換期へ移行し、次いで転換期から成長期へと移行すると考えられています。この転換期ではゆるやかな成長を示しつつ、その後の内的・外的要因によって再度休眠期に入ることもあれば、成長期へと移行することもあるとされています。頂芽切除後の側芽成長促進が観察されるまでの時間とサイトカイニンの内生量に変動が見られる時間にタイムラグがあることから、サイトカイニンが制御している側芽の成長促進は後半の転換期か

ら成長期への移行であり、休眠期から転換期へと移行する初期段階の成長促進には他の物質が関与している可能性が示唆されています。

8. 今後の課題

　生物や植物生理学の教科書では、頂芽優勢は主に頂芽から供給されるオーキシンが極性移動して側芽付近に存在することによって側芽の成長を阻害し、一方で根から供給されるサイトカイニンが、頂芽に吸引され側芽には蓄積されないために側芽の成長が阻害されると記載されています。しかしながら、前述のようにIAAは直接的に側芽の成長を阻害していないことや、根を切除しても頂芽優勢は維持されることから根から供給されるサイトカイニンの関与は考慮すべきではないことなどが実験的に明らかにされています。最近では、オーキシン含量が低下することにより、茎におけるサイトカイニン合成酵素が発現することによってサイトカイニンが合成されることが報告されています。筆者らの研究結果から、頂芽優勢における側芽の成長抑制はオーキシン以外の生理活性物質であるインドール -3- アルデヒドが直接作用している可能性が示唆され、一方では、枝分かれに関する突然変異体の研究から、枝分かれ抑制物質としてストリゴラクトンが見いだされました。頂芽を切除したエンドウやオーキシン極性移動阻害剤であるNPAを節間に塗布してオーキシンの極性移動を抑制したエンドウの側芽に本物質を投与すると側芽の成長が抑制されることが見いだされました[6]。

　しかしながら、頂芽を切除した場合、頂芽切除面にオーキシンを投与した場合や頂芽・節間にNPAを投与した場合におけるストリゴラクトンの内生量の変化については調べられていません。また、ストリゴラクトンの投与量が活性発現に必要な内生量と匹敵する量であるのかは不明です。以上の結果から、頂芽切除後に側芽が成長するのは、休眠期から転換期へと移行する際に側芽成長促進物質が関与し、その後に転換期から成長期へと移行する場合には、オーキシンからのシグナル伝達によってインドール -3- アルデヒドやストリゴラクトンによって抑制されていた側芽の成長が解除され、サイトカイニンによって成長が開始されるものと考えられます（図 3-37）。

　今後、オーキシン以外のインドール -3- アルデヒドやストリゴラクトンのよ

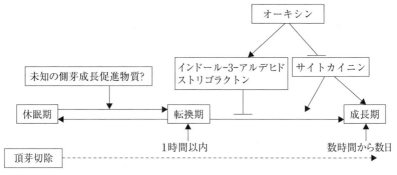

図 3-37　エンドウ芽生えにおける頂芽優勢の機構

うな側芽成長抑制物質ならびにサイトカイニン以外の側芽成長促進物質の作用機序を調べることにより、頂芽優勢の機構が解明されるものと期待されます。

9. 展　　望

　頂芽優勢という言葉は一般にはあまり知られていませんが、身近なところでは盆栽における剪定で枝振りを変化させて観賞価値を高めることなどに利用されています。しかしながら、農園芸業においては、実際に頂芽を摘み取る摘心という作業を用いて作物栽培における生産性や栽培作業の効率化などに利用しています。頂芽優勢は、頂芽が動物に食べられたり傷害等を受けた際に、生存していくために側芽の成長を開始させる必然的な現象であることは前述しましたが、それ以外にも植物が成長点をより高くすることによって、成長に必要な光や二酸化炭素を効率良く得るためだと考えられています。したがって、そのためには側芽の成長を抑制しておくことで栄養を分散させずに頂芽の成長をより促進するような機構が備わったのではないかとも考えられています。

　一方で、頂芽が最も高い位置にないことで成長が停止し、側芽の成長が開始される植物も存在します。ニホンナシでは、枝を傾けることによって伸長成長が停止して側芽の発達が高まり、花芽の数が増加することがよく知られています。実際のナシ栽培の農家ではこのような枝を傾ける作業（誘引処理と呼ばれています）を行うことで着花率を高めています。以上のような分子レベルでの研究

第3章　植物の防衛機能　*149*

によって、植物における頂芽優勢現象に関わる物質やその作用機構が解明されれ
ば、野菜・果樹・花き等の栽培における着花率や収果量の調節による農園芸業へ
の応用が十分に期待されます。

引用文献

1)　『植物の知恵 ― 化学と生物学からのアプローチ ―』山村庄亮・長谷川宏司編著、大学教育
　　出版、2005

2)　『天然物化学 ― 植物編 ―』山村庄亮・長谷川宏司編著、アイピーシー、2007

3)　『博士教えて下さい ― 植物の不思議 ―』長谷川宏司・広瀬克利編著、大学教育出版、2009

4)　繁森英幸「高等植物の生活環に関わる生理活性物質」『有機合成化学協会誌』68、2010、
　　pp.551-562

5)　『最新　植物生理化学』長谷川宏司・広瀬克利編、大学教育出版、2011

6)　Nakajima, E., Yamada, K., Kosemura, S., Yamamura, S., and Hasegawa, K. Effects of
　　the auxin-inhibiting substances raphanusanin and benzoxazolinone on apical dominance
　　of pea seedling. Plant Growth Regulation 35: 11-15（2001）

7)　Nakajima, E., Nakano, H., Yamada, K., Shigemori, H., and Hasegawa, K. Isolation and
　　identification of lateral bud growth inhibitor, indole-3-aldehyde, involved in apical
　　dominance of pea seedlings. Phytochemistry 61: 863-865（2002）

第5節　塩害との戦い

1.　は じ め に

　2011年3月11日、未曽有の大地震が東日本を襲いました。日本で有数の穀倉
地帯に大量の放射性物質の飛散と共に、大量の海水が流入しました。とりわけ、
大量の海水の流入によって、高塩濃度に耐えられない作物は生育できなくなり、
日本の安定した食糧確保が危うくなりました。土壌に海水が過剰に流入すると、
土壌の浸透圧が増加し、根の吸水機能が低下します。一般的な植物では、植物体
外へ水分が流出し水分不足となり、また、細胞内においても高塩濃度により通常
の正常な代謝系が保てなくなり、枯死します。

　ところが、ヤエヤマヒルギ、マヤプシキ、ヒルギダマシといったマングローブ

(mangrove）植物は、耐塩性の機能を有し、海水中でも生育することができます。マングローブ植物とは、熱帯や亜熱帯の汽水域で生育する樹木の総称で、科や種にまたがり、100種類以上あるといわれています[1]。日本では、主に沖縄県で生育しており、沖縄県西表島には7種のマングローブ植物（ヤエヤマヒルギ、オヒルギ、メヒルギ、マヤプシキ、ヒルギダマシ、ヒルギモドキ、ミズガンピ）が生育しています。海水の塩濃度は平均して約3.5%ですが、淡水が流入する河口付近や河岸などでは、塩濃度はそれよりも薄くなることもあります。また、潮の干満により、一日の間でも変化するなど、さまざまな塩濃度となります。マングローブ植物は、種により適応できる塩濃度、土壌構造、水深は異なり、それぞれの種が好む環境に適応しながら、時にゾーネーション（Zonation、帯状構造）となる群落を形成し生育しています[1,2]。例えば、ヒルギダマシは、最も海よりで生育するマングローブで、背丈が低いため、潮が満ちてきた際には、かぶってしまいます。

　植物の持つ耐塩性の機構に関して、近年、シロイヌナズナ、イネなどのモデル植物を材料に、多くの研究がなされています。浸透圧調節物質（適合溶質）の生合成機構や、イオン輸送に基づいた塩処理機構については、分子レベルでの詳細な研究が行われています。これら分子レベルの研究は、すでに応用面での可能性も示されています。一方、多くの教科書には、高塩環境で細胞質のイオン濃度が上昇すると、代謝に悪影響が出て植物が障害を受けると書かれていますが、実際の高塩環境において、細胞質のイオン濃度が上昇すると、なぜ代謝が攪乱されて

ヤエヤマヒルギ
(*Rhizophora stylosa*)

マヤプシキ
(*Sonneratia alba*)

図 3-38　西表島のマングローブ植物

植物に害が生じるのか、その本当の理由は謎のままです。その謎を理解するためには、実際に高い耐塩性や好塩性を持つ植物種について、それらが高塩環境に適応しているメカニズムを知ることが、重要な解決法であると考えました。その一つ、熱帯や亜熱帯の海の潮間帯で森林を構成する耐塩性のマングローブ植物[1,2]は、陸上で生育する植物とは異なった、形態的、生理的特徴があり、防御システムを発達させているものが多くあります。形態的には、ヒルギダマシやマヤプシキのように、呼吸根と言って、地中の根から分岐して地面と平行に横に走る根から地表に垂直に筍のような根を複数発達させるものがあります。生え方が筍に似ていることから、筍根とも呼ばれています。これは、泥質の土壌に生育するため、地下部では酸素が不足しがちとなるために、効率よく酸素を得るためのものです。

　ヤエヤマヒルギは、タコ足のような支柱根と呼ばれる根を発達させ、軟弱な泥状の土壌に根が流されないように支えています。また、ヒルギダマシは葉に塩を出す特殊な塩類腺と呼ばれる器官があり、塩を排出することにより、植物体内の塩濃度を下げるなどの特徴を有しています。オヒルギのように、胎生種子と呼ばれる種子から芽生えた苗木である実生苗をぶらさげるものもあります。

図3-39　呼吸根

　また、マヤプシキやヒルギモドキの葉の構造は、表面と裏面の構造が同じである等面葉であり、太陽からの直射日光と海面からの反射光で効率よく光合成をします[3]。生理的には、マングローブ植物は細胞内に取込まれた塩を細胞外に排出したり、液胞に輸送したり、細胞質に浸透圧調節物質を生合成するために、一般的な植物に比べ多量のエネルギーを必要とします。細胞膜は、半透膜であるため、一般的な植物では、細胞外の海水の塩濃度が高いと、浸透圧のバランスにより、細胞内の水分が細胞外に流出し、細胞は恒常性を保てなくなります。

　一方、マングローブ植物をはじめとする塩性植物の多くは、浸透圧調節物質という物質を細胞内に蓄積します。浸透圧調節物質とは、高濃度に蓄積しても細胞の代謝系に悪影響を及ぼさず、細胞機能を保護する作用を持つ物質であり、細胞内の浸透圧を調整し、タンパク質や生体膜などの生体高分子の構造と機能の安定

図3-40　ヤエヤマヒルギの支柱根　　図3-41　オヒルギの胎生種子

化作用をもつ物質です。浸透圧調節物質には、糖類のマンニトール、アミノ酸のプロリン、第四級アンモニウム化合物のグリシンベタインなど、種により異なる浸透圧調節物質を蓄積します[3)4)5)]。筆者らは、耐塩性マングローブ植物が有する特別な浸透圧調節物質生合成の代謝とエネルギー代謝に着目し、"塩害との戦い"のメカニズムについて研究を行いました。

2. 7種のマングローブ植物とポプラの葉におけるアデノシン代謝の比較[6)]

マングローブ植物は、塩害を回避するために、今まで述べたような形態的、生理的な特徴がありますので、エネルギーとして多量のアデノシン三リン酸（ATP）が必要になると考えられました。マングローブ植物であるヒルギダマシの葉では、塩により呼吸が増加することが報告されており[7)]、これによりATPの生成が高まると考えられました。ATPは、アデニン（塩基）とリボース（糖）からなるアデノシンに3個のリン酸が結合したヌクレオチドですが、ATP、ADP、AMPをはじめとするアデニンヌクレオチドの生合成は、グルタミンと、5－ホスホリボシル－1－ピロリン酸の縮合で開始し、12の酵素反応ステップを経る *de novo* 経路のほかに、核酸やヌクレオチドの分解で生じたアデノシンやアデニンを再利用してアデニンヌクレオチドを合成する効率のよいサルベージ

経路があります。サルベージ経路は、ATPやS-アデノシル-L-メチオニン（SAM）の異化の際に得られるアデノシンを再利用する経路で、1分子のアデニンヌクレオチドの生成に関して、エネルギー的には$de\ novo$経路の場合の10%以下のコストですみます。サルベージ経路は、増殖の早い細胞や発芽種子などでも働くことが知られています。そこで、一般の植物に比べ余分なエネルギーが必要となると考えられるマングローブ植物では、サルベージ経路の役割が大きいのではないかという仮説をたて、研究を行いました。

　沖縄県西表島に生育する7種のマングローブ植物（ヤエヤマヒルギ、オヒルギ、メヒルギ、マヤプシキ、ヒルギダマシ、ヒルギモドキ、ミズガンピ）の葉を切片状にし、放射性同位体でラベルをした［^{14}C］アデノシンを投与し、塩の有無の条件下でその代謝を調べ、非耐塩性樹木であるポプラの葉と比較しました。オヒルギ、メヒルギ、ヤエヤマヒルギ、マヤプシキなど高木となるマングローブでは、アデノシンのサルベージ活性は、非耐塩性植物に比べ高く、塩によりさらに活性化されました。これにより、塩の排除や成長のためのATPを高いレベルに保持していることが示唆されました。一方、最も海側で生育する低木のヒルギダマシでは、サルベージ活性は他の高木となるマングローブよりは低かったのですが、多量のアデノシンがアデニンへ分解され、分解の活性が大変高いことが分かりました。これにより、浸透圧調節物質であるグリシンベタインの合成と関連している可能性が示唆されました。

3. マングローブ植物ヒルギダマシにおけるエタノールアミンとコリンの代謝[8]

　次に、特徴的な代謝を示したヒルギダマシに焦点を当てて研究を行うことにしました。これまでの研究で、マングローブ植物であるヒルギダマシでは、多量のアデノシンがアデニンに分解されることが示されました。また、ヒルギダマシは、グリシンベタイン、アスパラギン、スタキオースを多量に蓄積しており[9]、これらが浸透圧調節を行う適合溶質になると考えられました。特に、グリシンベタインは、アカザ科、ナス科、イネ科などの高等植物や微生物においても、適合溶質として機能していることが広く知られています。グリシンベタインを多く蓄

積する植物には、耐塩性の特徴を持つ植物が多く存在しています。そこで、ヒルギダマシの葉を切片状にし、18時間塩処理した結果、グリシンベタインの量が2倍に増加したため、適合溶質となることが考えられましたので、その代謝について詳細に調べていくことにしました。

グリシンベタインの前駆体であるコリン、コリンの前駆物質であるエタノールアミンを放射性同位体 ^{14}C で標識し、それらの代謝が塩によりどのような影響を受けるか調べました。[メチル-^{14}C]コリンと[1,2-^{14}C]エタノールアミンからのグリシンベタインの合成が、塩ストレス（250 mM NaCl, 500 mM NaCl）により増加しました（ここで用いた500 mM NaClとは、海水とほぼ同じ濃度）。また、グリシンベタインの前駆物質コリンは、さまざまな生成経路が考えられましたが、ヒルギダマシでは、ホスホエタノールアミンを経る経路により合成されることが明らかとなりました。

図3-42　ヒルギダマシ
（*Avicennia marina*）

また、ホスホエタノールアミンからホスホコリンに至る経路では、反応に3分子のSAMが用いられますが、[メチル-^{14}C]SAMからグリシンベタインへの取り込みも塩により増加しましたので、エタノールアミンからコリンを経てグリシンベタインが生成される経路全体が塩により活性化されることが示されました。従来のホウレンソウなどにおけるグリシンベタインに関する研究では、コリンからグリシンベタインへの経路のみが注目されてきましたが、筆者らの研究により、コリンを生成するステップ全体の重要性も初めて示唆されました。また、この代謝系では、SAMがメチル基を転移する反応に用いられ、その結果、S-アデノシル-L-ホモシステイン（SAH）が生成されます。グリシンベタインの合成を高めるためにSAHが除去される必要があります。SAHはヒドロラーゼの反応でアデノシンとホモシステインになりますが、この反応を進行させるためには、アデノシンのアデニンへの分解が必要であることが明らかになりました。

さらに、塩ストレス下では、グリシンベタインの合成に加えて、[メチル-^{14}C]コリンを用いた代謝実験では二酸化炭素への分解が塩により増加し、投与した放

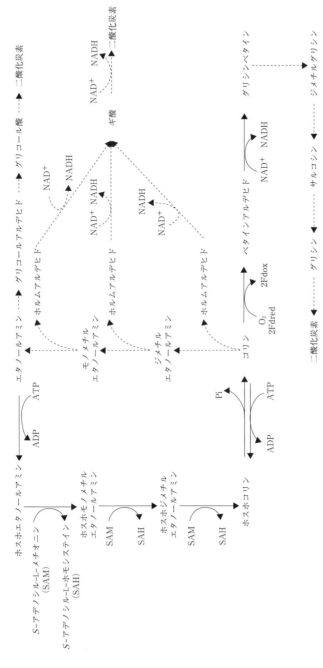

図3-43 ヒルギダマシの葉におけるエタノールアミンとコリンの代謝経路
実線：確立された経路，点線：推定される経路

156　第1部　植物の知恵を解き明かす

射能の半分がCO_2に分解されました。コリンの分解経路はほとんど知られておりません が、コリンのメチル基がCO_2へ分解される新規のコリンの分解経路が存在することが推定されました。コリンのメチル基がアルデヒドを経由して分解すると仮定すると、多量のNADHの生産とリンクする可能性があります。そして、もし、NADHがミトコンドリアの電子伝達系で使われればATP生産にかかわり、塩ストレスの回避に関連する可能性が示唆されました。

4.　マングローブ植物ロッカクヒルギ培養細胞における解糖系の調節 [10]

　マングローブの葉には、タンニン、多糖類、酸化物質など生化学実験の障害となるものが多く研究が難航しました。そこでヒルギ科のマングローブ植物であるロッカクヒルギ（*Bruguiera sexangula*）の液体培養細胞を用いて詳細な研究をすることとしました。ロッカクヒルギの液体培養細胞は、神戸大学の三村教授らにより、胎生種子の芽生えの葉から誘導された培養細胞系であり、耐塩性を保持していることが示されています [11]。液体培養細胞は、マングローブの葉や根では困難であった実験上の障害（酵素の活性測定、中間産物の定量など）を除けること、塩による直接的な影響を見ることができるために本研究に適しています。このロッカクヒルギ培養細胞では、細胞質からの塩の排除や、浸透圧調節物質の生成のために、一般の細胞より多量のATPを使うと考えられましたので、エネルギー代謝で重要であると考えられる解糖系に焦点を当てて研究を行いました。また、耐塩性ではないニチニチソウ（*Catharanthus roseus*）培養細胞との比較も行いました。ロッカクヒルギ培養細胞では、塩により呼吸の増加が確認されましたので、呼吸基質を供給する解糖系の塩による活性化の機構について、短期、長期の塩ストレスを与えた細胞で調べました。

　まず、長期（3週間）の塩ストレス（100 mM NaCl）に対する、解糖系の主要な酵素の変化を調べました。植物では、解糖系に、いくつかのバイパス経路が存在することが報告されています [4]。

　ここで選んだ酵素は、ホスホフルクトキナーゼ（PFK, EC 2.7.1.11）、ピルビン酸キナーゼ（PK, EC 2.7.1.40）、そのバイパス経路であるピロリン酸：フルク

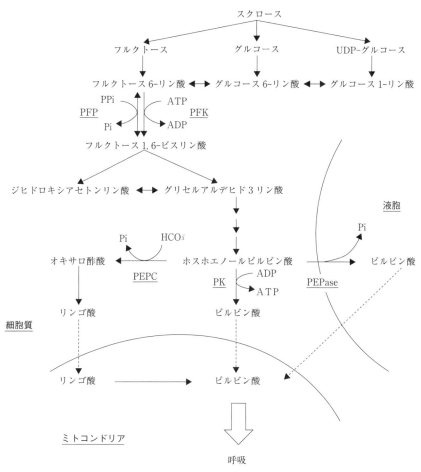

図3-44 植物の解糖系

トース-6リン酸1-ホスホトランスフェラーゼ（PFP, EC 2.7.1.90）、ホスホエノールピルビン酸カルボキシラーゼ（PEPC, EC 4.1.1.49）、ホスホエノールピルビン酸ホスファターゼ（PEPase, EC 3.1.3.60）です。植物の解糖系には、動物とは異なり、PFKのステップとPKのステップにバイパス経路があります。PFPは比較的最近発見された酵素で、1979年、パイナップル葉にリン酸供与体としてピロリン酸を使うホスホフルクトキナーゼの存在が報告されました。しかし、当時、他の一般的な植物で調べられましたが、この酵素の活性はほとんど認められ

158 第1部 植物の知恵を解き明かす

ませんでした。その後、動物の肝臓のPFKの活性化剤として発見されたフルクトース 2,6−ビスリン酸（F2,6BP）が、植物のPFPの活性化剤となることが示され、以後、すべての植物でPFP活性が認められました。動物の場合F2,6BPはPFKを活性化しますが、植物の場合はPFPを活性化し、PFKは影響を受けません[4] [12]。

　培養10日後、コントロールと比較し、塩により、PFK、PK、PEPCで増加が確認されました。一方、PFP、PEPaseでは、塩による差はほとんどありませんでした。

　短期塩ストレスでは、150 mM NaClにより、24時間で酸素吸収が1.4倍増加しました。これは、他のマングローブ植物でも同様の報告がされています。また、呼吸の増加と並行し、解糖系の中間産物の顕著な変化がみられました。グルコース、グルコース6−リン酸（G6P）、フルクトース6−リン酸（F6P）の減少が検出され、フルクトース 1,6−ビスリン酸（F1,6BP）以降の解糖系の中間産物が増加しました。

　調節点を調べるのに有効な方法であるクロスオーバーダイアグラム[13] [14]を用いて調べたところ、塩により、F6PからF1,6BPに至る経路の活性化が示されました。この反応には、ATP依存のPFKとピロリン酸依存のPFPが関与しています。部分的に精製したPFKとPFP *in vitro*の活性は塩により活性化されました。PFKとPFPのカイネティクスを調べた結果、塩がATP依存のPFKの活性を直接的に促進していることや、ATPが高濃度となると阻害が起こりますが、このフィードバック阻害が塩により解除していることが明らかとなり、これが塩による解糖系増加の原因であると結論されました。

5. マングローブ植物ロッカクヒルギ培養細胞におけるプリン、ピリミジン、ピリジンヌクレオチド代謝の制御機構[15]

　プリンヌクレオチド、ピリミジンヌクレオチド、ピリジンヌクレオチドは、核酸合成、エネルギー源、酸化還元反応の補酵素、一次代謝、二次代謝に関わる物質合成の前駆体の基本骨格となる重要な物質です。ここでは、ロッカクヒルギ培養細胞を用いて、エネルギー代謝、酸化・還元代謝、浸透圧調節物質の合成に

関与すると思われるプリンヌクレオチド、ピリミジンヌクレオチド、ピリジンヌクレオチドの代謝と塩ストレスの影響について調べ、それぞれの代謝経路を明らかにしました。

ヌクレオチドの生合成には、すでに述べたように、多くの酵素反応ステップを経る de novo 経路のほかに、核酸やヌクレオチドの分解により生じたヌクレオシドや塩基を再利用してアデニンヌクレオチドを合成する効率のよいサルベージ経路があります。3 週間培養したマングローブ植物であるロッカクヒルギ培養細胞を、100 mM NaCl を含む培地と塩を含まない培地に植え継ぎ、de novo 経路とサルベージ経路に関与する放射性同位体 ^{14}C でラベルした 11 の物質をそれぞれ投与し、3 時間後の代謝を調べました。プリンヌクレオチド、ピリミジンヌクレオチド、ピリジンヌクレオチドすべてにおいて、de novo 経路の中間物質より、サルベージ経路に関する物質の方が、細胞へ早く取り込まれました。これによって、この細胞において、de novo 経路よりサルベージ経路が優先的に働いていることが示唆されました。

また、ピリミジンヌクレオチド代謝について、de novo 経路は、塩による影響を受けませんでした。サルベージ経路に関しては、[2-^{14}C] ウリジン、[2-^{14}C] ウラシルから 20 ～ 30%、[2-^{14}C] シチジンの 50% が、ピリミジンヌクレオチドに再合成されました。また、分解経路に関しては、β－ウレイドプロピオン酸を経て二酸化炭素、アンモニア、β－アラニンに分解されますが、β-ウレイドプロピオン酸の分解経路が塩により活性化されました。ピリミジンの分解経路の活性化は、他の塩性植物で報告されているように、β－アラニンベタインなど浸透圧調節物質の生合成に関与していることが考えられました。

プリンヌクレオチド代謝については、de novo 経路およびサルベージ経路からのヌクレオチド合成は塩の影響を受けませんでしたが、分解経路については、塩により活性化されました。プリンの分解経路は、塩ストレスにより生じる活性酸素を除去することに関係していることが示唆されました。

ピリジンヌクレオチドについて、de novo 経路について、[^3H] キノリン酸のブルギエラ培養細胞への吸収は非常にゆっくりでしたが、いったん取り込まれるとピリジンヌクレオチドに生合成されました。サルベージ経路に関しては、ニコチンアミド、ニコチン酸からのピリジンヌクレオチドのサルベージ経路が塩によ

り著しく活性化されました。トリゴネリンは、ピリジンヌクレオチドからニコチン酸を経て、合成されますが、このピリジンからのトリゴネリンの合成も塩により増加したことから、トリゴネリンも適合溶質として働く可能性が高いと考えられました。

ニチニチソウなど非耐塩性植物細胞では、ヌクレオチド代謝は塩により一様に阻害されますが、ロッカクヒルギ培養細胞では、阻害がほとんど見られませんでした。それは、この細胞では、液胞が塩により巨大化することが認められている[16]ことから、細胞質の塩濃度はそれほど高くならず、この細胞のヌクレオチド代謝が塩により深刻なダメージを受けなかったものと考えられました。

ここまで筆者の専門分野である代謝生物学の観点から、"マングローブの耐塩性のメカニズム"について解説してきました。現時点で筆者が考えられ得るメカニズムの仮説の概略を図3-45に示しました。しかしながら、この図に示されたものが、メカニズムの主要なものなのか、マイナーなものであるのかは、さらに研究を進めていく必要があると考えています。

図3-45　マングローブの耐塩性メカニズム仮説の概略

6. おわりに

　世界の人口は急速に増加しています。国連の「世界人口展望」によると、2050年までに90億人を突破、21世紀末までに100億人を突破するだろうと予測されています。また、気候変動に伴う、干ばつ、海水面上昇による耕作地の減少が懸念されています。さらに、過放牧、森林伐採、乾燥地での不適切な灌漑農業による塩害など、人為的に引き起こされる問題もあり、人口の増加に追いつくための食糧の確保が危ぶまれています。また、世界には、すでに、食糧が不足している国も多くあります。日本においても、気候変動に伴う温暖化により、多くの農作物の耕作地が徐々に北上する可能性があります。

　将来的に、耕作地が不足した場合に、現在、農作地としてはあまり利用されていない地域、例えば、沿岸や海水下で作物を育てる必要が生じる可能性もあります。こうした中で、バイオマスとなるポプラに耐塩性の形質を組み込もうという構想がありますが、耐塩性の基礎的なメカニズムについて、まだ十分に解明されてはおりません。筆者らの研究は、耐塩性のメカニズムを解明するために、実際に耐塩性の形質を有するマングローブ植物を用い、現象に近いとこから着実に押さえていくという手法をとり、マングローブ植物が持つ生化学的、代謝的特徴を総括的につかむということに重点がおかれてきました。

　このような研究が、将来的に農作物にマングローブが有する耐塩性の形質を付与するなどにより応用され、海水環境下で生育できる作物や環境保全に役立つ植物の開発により、人類が抱える食糧危機などの課題克服に役立つことを期待したいと考えています。

引用文献

1)　『海と生きる森 ― マングローブ林 ―』馬場繁幸編、国際マングローブ生態系協会、2001

2)　中村武久・中須賀常雄『マングローブ入門　海に生える緑の森』めこん、1998

3)　川名祥史・笹本浜子・芦原坦「マングローブの耐塩性」Bulletin of the society of sea water science, Japan 62: 207-214（2008）

4)　芦原坦・加藤美砂子『代謝と生合成30講』朝倉書店、2011

5)　『植物における環境と生物ストレスに対する応答』島本功・篠崎一雄・白須賢・篠崎和子編、共立出版、2007

162 第1部 植物の知恵を解き明かす

6) Ashihara, H., Wakahara, S., Suzuki, M., Kato, A., Sasamoto, H. and Baba, S. Comparison of adenosine metabolism in leaves of several mangrove plants and a poplar species. Plant Physiology and Biochemistry 41: 133–139 (2003)

7) Fukushima, Y., Sasamoto, H., Baba, S. and Ashihara, H. The effect of salt stress on the catabolism of sugars in leaves and roots of a mangrove plant, *Avicennia marina*. Zeitschrift für Naturforschung 52c: 187–192 (1997)

8) Suzuki, M., Yasumoto, E., Baba, S. and Ashihara, S. Effect of salt stress on the metabolism of ethanolamine and choline in leaves of the betaine-producing mangrove species *Avicennia marina*. Phytochemistry 64: 941–948 (2003)

9) Ashihara, H., Adachi, K., Otawa, M., Yasumoto, E., Fukushima, Y., Kato, M., Sano, H., Sasamoto, H. and Baba, S. Compatible solutes and inorganic ions in the mangrove plant *Avicennia marina* and their effects on the activities of enzymes. Zeitschrift für Naturforschung 52c: 433–440 (1997)

10) Suzuki, M., Hashioka, A., Mimura, T. and Ashihara, H. Salt stress and glycolytic regulation in suspension-cultured cells of the mangrove tree, *Bruguiera sexangula*. Physiologia Plantarum 123: 246–253 (2005)

11) Kura-Hotta, M., Mimura, M., Tsujimura, T., Washitani-Nemoto, S. and Mimura, T. High salt-treatment-induced Na$^+$ extrusion and low salt-treatment-induced Na$^+$ accumulation in suspension-cultured cells of the mangrove plant, *Bruguiera sexangula* Plant, Cell and Environment 24: 1105–1112 (2001)

12) 太田次郎 他『基礎生物学講座 5 植物の生理』朝倉書店、1995

13) Kubota, K., Li, X-N. and Ashihara, H. The short-term effects of inorganic phosphate on the levels of metabolites in suspension-cultured *Catharanthus roseus* cells. Zeitschrift für Naturforschung 44c: 802–806 (1989)

14) 宮地重遠 他『現代植物生理学2』朝倉書店、1992

15) Suzuki-Yamamoto, M., Mimura, T. and Ashihara, H. Effect of short-term salt stress on the metabolic profiles of pyrimidine, purine and pyridine nucleotides in cultured cells of the mangrove tree, *Bruguiera sexangula*. Physiologia Plantarum 128: 405–414 (2006)

16) Mimura, T., Ohnishi, M., Miura, M., Mimura, M., Kura-Hotta, M., Tsujimura, T., Washitani-Nemoto, S., Okazaki, Y. and Maeshima, M. Rapid increase of vacuolar volume in response to salt stress. Planta 216: 397–402 (2003)

第 4 章

植物の老化・開花・休眠とは

第 1 節　老化のしくみ

1. 植物の寿命と老化

　ヒトをはじめとして動物には寿命があり、やがては死を迎えます。では植物はどうでしょうか。やはり動物と同様に植物にも寿命があり、最後は死に至ります。わたしたちは動物の寿命や死は感覚的に比較的容易に理解できますが、植物ではそれらは極めて難しい問題かもしれません。落葉樹の大木は、例えば何百年を生き抜いてきた場合は、その時間的な経緯から判断してその大木自身は老化していると捉えられますが、毎年その大木の枝の先端から出てくる葉は、それが経過した時間と大木自身が経過してきた時間とを比較して考えますと、その葉は老化しているとは言い難いかもしれません。しかしながら、春になれば新葉を出し、夏にはその青々とした葉がいっぱいに広がって成長を続け、晩秋となれば、黄色くあるいは赤く色づき、冬には枯れて落葉します。これは毎年繰り返される葉自身の老化です。つまり植物では、植物全体の老化、すなわち加齢とその各構成要素（組織や器官）の老化とは分けて考えられなければなりません。いわゆる一年草では、加齢と老化が時間的に一致していると思われますが、上記の落葉樹の大木では、樹の各構成要素の発生とその老化を繰り返しながら加齢を重ね、植物体全体の老化が進行していくことになるのでしょう。

　植物には動物にみられる排泄の現象はありません。植物では、老廃物は細胞の液胞などに蓄えられ、蓄積していきます。植物の老化の最終段階におこる落葉や

落果は、それまでに蓄積したこのような老廃物を排泄すると言った側面もあります。また、植物にとって大切な栄養素である窒素などが土壌中に欠乏し、植物がそれ以上これらの栄養素を土壌から吸収できなくなると、植物は自身の古い葉などの組織や器官からそれらを積極的に若い組織に移動させます。そしてこれらが欠乏した古い葉などの組織や器官を老化、脱落させて植物体全体を維持する戦略を持っています。脱落した葉などは土壌中で分解され、新たな栄養素として植物に利用されることになります。このように植物の老化現象は、植物と植物を取り巻く環境との間におけるエネルギー循環にとってもたいへん重要であると言えるでしょう。

2. 黄変と紅葉

最も分かりやすい植物の老化現象は、秋になると見られる落葉樹の葉の黄変や紅葉です。落葉樹のいくつかの葉は、春の気温の上昇に伴って伸びてきた新芽の中にすでに準備されていて次々と大きく広がり、緑になっていきます。やがて秋に向かい、日が短くなり、気温も下がってきますと、葉はその色を緑から黄色や赤に変化させます（図4-1、図4-2）。この色の変化が葉の老化と考えることができます。わたしたちの目に葉が緑に見えるのは、葉が光のエネルギーを利用して光合成をおこなう時にそのエネルギーをとらえるためのクロロフィル（葉緑素）がたくさん葉の中に含まれているからです。このクロロフィルが、老化が進むに従って分解されると葉の色が黄色や赤に変化することになります。つまり、植物の老化は、クロロフィルの分解に伴って生

図 4-1　晩秋における街路樹のナンキンハゼの健全葉（左側）と老化葉（右側）

健全葉側には街灯（水銀灯）が設置されていますので夜間も明るい状態が続きます。したがって健全葉側は短日状態ではなく、長日状態となっているため、葉の老化が遅れています。

図4-2 ナンキンハゼの緑葉(左側・健全葉)と黄変葉(中・老化葉)、紅葉(右側・老化葉)

じる黄変などが代表的なことと理解すれば良いでしょう。イチョウのような植物の葉は黄変し、落葉しますが、カエデやナンキンハゼのような植物の葉は、黄変するだけではなく、さらに進んで紅葉となり落葉します(図4-3)。葉の黄変はクロロフィルが分解された結果、葉(の細胞)に残ったクロロフィル以外の色素の影響で黄色に見えるのですが、紅葉はクロロフィルの分解と

図4-3 イチョウの黄変葉(左側)とカエデの紅葉(右側)

ともに、光合成の結果できた糖分が葉に蓄積され、紫外線や青色の光の影響でアントシアンという色素がつくられることに起因します。また、植物の種類によっては、赤色の光によってもアントシアンが作られます。人為的に葉の一部に太陽光があたらないようにすると、その部分は黄色から薄い橙色となり、赤くはなりません。また、図4-2に示しましたナンキンハゼの黄変は、紅葉する前に落葉してしまったため、葉の色は黄色のままとなっています。カエデなどとは異なり、イチョウのような植物の葉はアントシアンを合成することができないので、紅葉することなく黄変したまま落葉することになります(図4-2、図4-3)。

　植物は秋、すなわち短日や低温条件になってから老化するものばかりではありません。稲刈りが終わったあとの田んぼに麦が播かれると、麦は幼植物で冬を越し、春に成長、開花、結実し、初夏にいっせいに黄色く色づき、いわゆる麦秋を

166 第1部 植物の知恵を解き明かす

迎えます。したがって植物の老化現象は、環境の変化だけではなく、その植物に固有な遺伝情報（遺伝子）に基づいてコントロールされていることになります。また、残念ながらわたしたちの目には直接見えませんが、植物が老化に向かいますと、一時的に呼吸（酸素の吸収や二酸化炭素の排出）が盛んになり、その後死に向かって徐々に低下していきます。葉の色の変化（クロロフィルの分解）に伴って、植物の細胞の中のさまざまな物質、例えばタンパク質や糖分、あるいは窒素などの量が減っていきます。そして老化の最後、つまり死の前には、多くの場合落葉や落果がおこります。

　植物には秋になってもすべての葉を落とさない常緑樹と葉を落とす落葉樹があります。一見、ツバキやキンモクセイなどの常緑樹の葉は老化せず、いつまでも枝についているように思われますが、実はこれらの葉にも老化が見られます。ただ、樹全体の葉がイチョウやカエデなどの落葉樹に見られるように時を同じくしていっせいに老化するのではなく、それぞれの葉によって老化の時期が異なりますので、樹全体として見れば常に葉が存在していることになります。ユズリハのような植物では、その言葉どおり、ひとかたまりの新しい葉が生まれてこれが一人前になる頃に古い葉がまとまって老化します。落葉樹は冬の寒さに耐えるために秋になると葉をいっせいに老化させて、これらを樹や枝より切り離し、寒さから自分の身（樹全体）を守ろうとしています。

　通常は多くの落葉樹は春に新芽を出し、葉は秋が深まるに従って老化が進み、最後には落葉を迎えます。しかしながら、植物が生育している環境が、例えば予期せぬ急激な干ばつなどがやってきて急速、また急激に変化すると、一人前になる前の葉や果実などは緑のまま落葉、落果してしまうこともあります。あるいはカシの仲間やメタセコイアなどで見られるように、その年に発達した葉が晩秋から冬に完全に枯れてしまっても、なお植物体より脱離せず、そのまま越冬し翌春新芽が出る頃になって、ようやく枯葉が一枚一枚と落葉する植物もあります（図4-4）。アコウなどの植物では、常緑樹と同じように、青々とした元気な葉を樹につけたまま冬を越しますが、翌年の早春の頃（3月〜4月）に、せっかく越冬させたすべての緑の葉をいっせいに落としてしまいます。その直後に、今度は急いで新芽を出し、また、緑の葉を茂らせます。このような春におこる落葉現象は春期落葉と呼ばれています。

第4章 植物の老化・開花・休眠とは　167

図4-4　カシの仲間（左）やメタセコイア（右）の晩秋から冬の状態
褐色に変化した枯葉が落ちることなくそのまま樹についています。あたかも樹が枯れたような様相を示しています。春になり、新芽が動き始めると枯葉は落葉します。

　金魚や熱帯魚を水槽で飼育する場合、クロモをはじめとする水草を同じ水槽で育てて、一緒に観賞されることも多いでしょう。この場合、水槽に入れた水草も老化し、最後は枯れてしまいます。老化した水草の葉や茎などは多くの場合黄変や紅葉せずそのまま褐変し、褐変した組織はやがて水中で分解されてしまいます。池や川の水中でよく見かける植物の残骸は、老化が進んで、枯死してしまった植物です。
　一方、旺盛に成長し青々としている健全葉の一部を切り取ってこれをしばらく水に浮かべておくと、黄色く色づきます。つまり老化がおこっていることになります。本来なら秋にならないと色づかない葉も、切り取るという人為的な行為と乾燥しないための水分があれば立派に老化します。さらに、切り取った葉を光がまったくない暗黒状態で水に浮かべておくとその老化が極端に早まります（図4-5）。
　この場合、「切り取られた」という情報（信号）が発信され、それが切り取られた葉を老化させ、さらには死へと導いていると考えられます。それでは、その情報（信号）あるいはその情報（信号）の担い手は何でしょうか。実は、植物に

168　第1部　植物の知恵を解き明かす

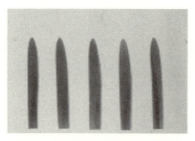 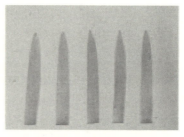

図 4-5　切り取られた直後の健全なオートムギ第一葉片（左）と黄化した老化葉片（右）

オートムギ第一葉の先端から 3cm を切り取り（左）、これを水に浮かべ、暗黒状態で 4 日間培養すると切り取られた葉の切片は緑色から完全に黄化し、老化しました（右）。

もヒトや動物と同じようにホルモンと呼ばれる少量で著しい働きをする物質が含まれています。これらは動物のそれにならって植物ホルモンと呼ばれています。植物ホルモンは、オーキシン、ジベレリン、サイトカイニン、ブラシノステロイド、アブシシン酸、エチレン、ジャスモン酸と呼ばれる一連の物質、あるいは物質群に属する化学物質（化合物）で、いくつかの植物ホルモンが植物の老化にも関係していることが分かっています。サイトカイニンは老化の抑制に効果的であり、アブシシン酸、エチレン、ジャスモン酸は老化を著しく促進します。例えば図 4-5 に示したオートムギ第一葉切片にサイトカイニンを与えておくと、暗黒状態で 4 日間培養してもまったく黄変せず、葉片はほぼ緑色のままであることが示されています。つまりサイトカイニンには葉の寿命を長らえさせる作用があると言えます。

　バナナは緑色の果実を収穫し、倉庫の中で一定期間エチレン（ガス）を処理すると、マーケットでお目にかかる黄色の果実になります。これも果実の老化現象です。つまり、バナナの果実はエチレンの働きで老化が促進されたことになります。

　筆者らは、植物の老化を制御する「鍵化学物質」を探索してきました。その一連の研究の中で、アブサン酒や健胃薬として利用されるニガヨモギに、アブシシン酸やエチレンの老化促進効果に匹敵する、あるいはそれ以上の効果を有する物質が存在することを見いだしました。この物質はジャスミンなどに含まれ、香料の一成分として知られているジャスモン酸メチルでした[1]。この研究がきっかけ

となり、ジャスモン酸メチルやジャスモン酸をはじめとして、その関連化合物が植物ホルモンの仲間入りを果たすことになりました。このような一連の化合物は「老化の鍵化学物質」と呼ばれ、老化に関する一連の生理化学的過程の中で特に重要な位置にあると考えられます。なお、植物の「老化の鍵化学物質」を中心とした研究の詳細については筆者がすでに『最新 植物生理化学』（大学教育出版）にまとめていますのでご参照いただければ幸いです。

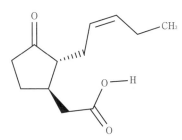

図4-6 筆者らが老化促進物質としてその機能を見いだしたジャスモン酸メチルの化学構造

植物の老化現象に関係した代表的な研究につきましては表4-1をご覧下さい。植物の老化現象は、1900年以前にはほとんど研究されていませんでした。その最初の研究は、1924年のエチレンによるレモン果実の黄化促進の発見や[2]、1928年にモーリッシュ（Molisch, H.）による「植物の寿命」の遅延という立場からのものでした[3]。老化に関する研究が体系的に行われるようになったのは、1967年にイギリスで開催されました「Aspects of the Biology of Aging」に関するシンポジウム以降と言えます[4]。例えば、アメリカのチマン（Thimann,

表4-1 植物の老化に関する主たる研究の歴史

1924	Denny, F.E.	エチレンによるレモン果実の黄化促進[2]
1928	Molisch, H.	『植物の寿命』を著す[3]
1954	Chibnall, A.C.	根から葉に供給される新規植物ホルモンを仮定[7]
1957	Richmond, A.E. and Lang, A.	カイネチンが植物の老化を抑制することを発見し、Chibnallの仮説を支持[8]
1967	Woolhouse, H.W.	「Aspects of the Biology of Aging（生物の加齢現象）」に関するシンポジウム[4]
1970	Shibaoka, H. and Thimann, K.V.	葉の切片を用いた老化の体系的研究[5]
1980	Ueda, J. and Kato, J.	ジャスモン酸メチルが示す強力な老化促進作用の発見[1]
2007	Kusaba, M. ら	イネの葉緑体の分解に関係する遺伝子の研究[6]

K.V.）の研究グループは、アベナ葉切片の老化現象を対象として、その老化過程における細胞構成成分の変化、植物ホルモンの影響、各種化学物質による老化の人為的制御などの幅広い研究を通して、植物の老化現象を解明しようとしました[5]。上記のとおり、植物ホルモンの発見に伴って、植物の老化現象に対する植物ホルモンの影響が活発に研究されるようになりました。最近では老化に関係する遺伝子やその産物であるタンパク質を対象とした研究も大いに進み[6]、植物の老化に関する研究は飛躍的に発展してきています。

3. 落葉や落果と離層形成

葉や果実の老化が進んでくると、最終的に葉や果実が茎から切り離されて地面に落下、すなわち落葉や落果がおこります。このような現象は「器官の脱離」と呼ばれていますが、これは植物のいずれの場所でもおこるのではなく、多くの場合脱離する場所は決まっています。落葉や落果がおこる場合には、それに先だって脱離する器官と植物体に残る器官との接点に特殊な細胞層が発達します。これを離層と言います[9]。離層は、その器官が未だ一人前になっていない、とても若

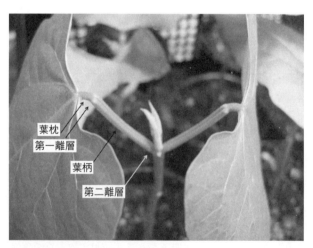

図4-7　インゲン芽生えの第一葉に認められる2か所の離層
葉枕と葉柄との接点に認められる第一離層と、葉柄と茎との接点に認められる第二離層

第4章 植物の老化・開花・休眠とは 171

ジャスモン酸メチル

離層

図 4-8 カランコエの仲間の植物の茎に形成された離層（2次離層形成）
上：ジャスモン酸メチルをラノリン（羊毛蝋や羊毛脂で、羊毛の表面に付着する蝋状物質を精製したもの）に練り込みペースト状にしたものを茎に与えた場合、元来離層が形成されない茎の中ほどに2次的に離層が形成されます。
下：2次的に形成された離層が発達し、離層上部の茎は植物体より脱離しました。

い時期にすでに植物体に認められる場合もあれば（図4-7）、老化が進んでから徐々に認められる場合もあります。さらに、ある薬剤を植物体に与えるなど、特殊な人為的な操作を施した場合には、時として自然状態では決して離層が形成されることのない組織に離層ができることがあります（図4-8）。これを筆者らは2次離層形成と呼んでいます。

　図4-7のインゲン第一葉の写真に見られるとおり、離層の細胞はその周辺の細胞とは違った細胞です。また、図4-9に示すとおり、老化が進むと離層部では薄い細胞壁をもつ特殊な細胞層が分化、発達してきます。このような細胞層を離層と呼び、基本組織系に属する柔細胞から成るため機械的な強度も小さいことが知られています。すなわち、離層が発達しますと、少しの力が加わっただけで、葉や果実が落ちてしまいます。顕微鏡を用いてその部分の組織を観察しますと、離層の形成は葉柄などでは、皮層部には認められますが、葉柄の中心を通っている維管束にはほとんど認められません[9]。

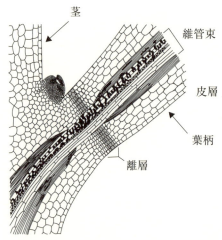

図4-9　植物の茎と葉柄との接点にある離層
茎および葉柄の縦断切片を作製し、顕微鏡で観察したところ
(Addicott, F.T. Abscission, University of California Press, Ltd. (1982)、p.24、一部改変)

4. 葉の黄変や紅葉、落葉や落果のメカニズム

植物が生育している環境が秋のように短日状態や低温状態になると緑葉が老化し、黄変や紅葉することを述べました。そのメカニズムはどのようになっているのでしょうか。一般的に、環境情報は植物自身に感受され、化学信号となって遺伝子に働きかけられます。通常のイネの葉が老化してもなお緑色を保っている葉をもつイネの突然変異体を用いた研究から、その責任遺伝子が明らかになりました。それらは *NYC1*（*Non-Yellow Coloring1*）遺伝子と *NOL*（*Non-Yellow Coloring1-like*）遺伝子と呼ばれますが、これらの遺伝子情報に基づいて作られたタンパク質の NYC1 と NOL は植物の老化時に複合体を作り、クロロフィル（正確にはクロロフィル b）を分解します。タンパク質はタンパク質分解酵素の働きで分解されますが、老化が始まるまではタンパク質分解酵素はクロロフィル b に結合している LHCII と呼ばれるタンパク質を分解することができません。

しかし、LHCII タンパク質はクロロフィル b が分解されることで不安定となり、その結果タンパク質分解酵素によって分解されるようになります。LHCII が分解されることで葉緑体内のチラコイド膜（光合成に関わるチラコイドと呼ばれる構造体を包んでおり、実際に光化学反応がおこる場となります）が分解され、続いて葉緑体全体の分解がおこり、その結果葉が黄変します[6]。このような一連の生理化学的過程には上で述べた植物ホルモン類をはじめとする「老化の鍵化学物質」の動態が密接に関係しています。

落葉や落果には離層の形成、発達が必要であることを述べましたが、離層部の細胞においては、局部的にリボ核酸（RNA）やタンパク質の合成がおこり、細胞壁分解酵素の一つであるセルラーゼの活性が上昇します。離層部細胞の細胞壁や細胞中間層はセルラーゼなどの作用によって分解され、最終的に維管束組織が機械的に破壊され、葉や果実などの器官は植物体より脱離します。植物ホルモンであるアブシシン酸、エチレンあるいはジャスモン酸メチルなどの老化の鍵化学物質は離層部細胞においてセルラーゼ活性を上昇させる働きがあります。脱離する器官側（例えば葉など）に植物ホルモンであるオーキシンが与えられますと、オーキシンによって誘導されるエチレンが生成するものの、セルラーゼの働きは抑えられ、その結果離層形成が阻害されることが知られています[10]。

174 第1部 植物の知恵を解き明かす

　一方、最近の研究から、過酸化水素や脂肪酸の過酸化物も離層形成を促進すること、また、すでに述べましたがエチレンやジャスモン酸メチルは元来離層が形成されない組織に対しても二次的に離層を誘導、発達させて、器官脱離を引きおこすことが明らかになりました。オーキシンはこのような二次的な離層形成に対しても阻害的に働くことが示されています。

　地球上の重力はその中心部に向かって働いていますので、落葉や落果がおこる場合には、その葉や果実は地表、すなわち地面の方向に引っ張られていくことになります。現在までのところ、このような離層の発達がはたして重力の影響を受けている現象なのか否かにつきましては研究例がありません。しかしながら、宇宙空間はほとんど無重力状態といえますので、たとえ離層が発達しても落葉や落果はおこらないかもしれません。地球上では落葉樹として知られている植物も宇宙環境で生育させますと、風をおこすなどの人為的な力が加わらなければ落葉がおこらず、黄色や赤に色づいた葉がいつまでも樹についているかもしれません。

　現在、農産物生産現場では、作業の省力化や効率化が求められています。植物の離層形成に関しては、アメリカなどでの大規模農場でのワタの収穫や、我が国のウンシュウ（温州）ミカン栽培での摘果剤の利用があげられます。ワタの栽培では、特に収穫作業に莫大な時間と労力が必要で、アメリカなどでは昔はそのために大勢の人々を奴隷として働かせていました。今では薬剤（収穫補助剤）で収穫作業に障害となる葉を強制的に落としてしまい、大型機械でいっきに収穫してしまう方法もとられています。実はワタの離層形成に関する研究からアブシシン酸が発見されましたが、これはワタの脱葉剤としては効果的ではありませんでした。

　現在、ワタの脱葉剤としては、Thidiazuron（N-phenyl-N'-1, 2, 3-thidiazol-5-ylurea）12%および Diuron（3-(3, 4-dichlorophenyl)-1, 1-dimethylurea）6%を含有する Ginstar EC などが用いられています。一方、受粉がおこらなくても果実ができる（単為結果性）ウンシュウミカンの栽培では、一本の樹に適当な数の果実を実らせることを目的として、Ethychlozate（ethyl 5-chloro-1H-indazole-3-acetate）20%を含有するフィガロン乳剤が摘果剤として用いられています。

第4章 植物の老化・開花・休眠とは　175

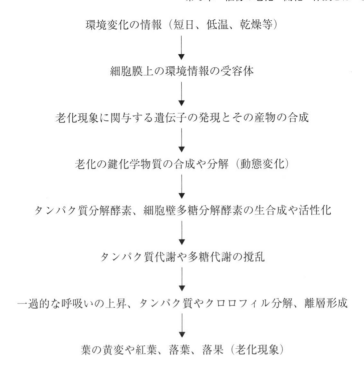

図4-10　植物が老化に至る一連の生理化学的過程（老化のメカニズム）

　植物の老化に関する一連の生理化学的過程は図4-10に示すようにまとめることができます。近い将来さらに研究が進むと、生理化学的な各過程におけるより詳細なメカニズムが明らかになることでしょう。

引用文献
1) Ueda, J. and Kato, J. Isolation and identification of a senescence-promoting substance from wormwood (*Artemisia absinthium* L.). Plant Physiol. 66: 246-249 (1980)
2) Denny, F. E. Effect of ethylene upon respiration of lemons. Bot. Gaz. 77: 322-329 (1924)
3) Molisch, H. Die Lebensdauer der Pflanzen. Eng. Transl. The Longevity of Plants, 1938, The Science Press, Lancaster (1928)
4) Woolhouse, H. W. Aspects of the Biology of Ageing, Symposia of the Society for Experimental Biology No. 21., edited by Woolhouse, H. W., Academic Press (New York) (1967)

176 第1部 植物の知恵を解き明かす

5) Shibaoka, H. and Thimann, K.V. Antagonisms between kinetin and amino acids. Plant Physiol. 46: 212-220 (1970)

6) Kusaba, M., Ito, H., Morita, R., Iida, S., Sato, Y., Fujimoto, M., Kawasaki, S., Tanaka, R., Hirochika, H., Nishimura, M. and Tanaka, A. Rice NON-YELLOW COLORING1 is involved in light-harvesting complex II and grana degradation during leaf senescence. Plant Cell, 19: 1362-1375 (2007)

7) Chibnall, A. C. Protein metabolism in rooted runner bean leaves. New Phytol. 53: 31-37 (1954)

8) Richmond, A. E. and Lang, A. Effect of kinetin on protein content and survival of detached Xanthium leaves. Science 125: 650-651 (1957)

9) Addicott, F. T. Abscission. University of California Press, Ltd. ISBN 0-520-04288-3 (1982)

10) Ueda, J., Miyamoto, K. and Hashimoto, M. Jasmonates promote abscission in bean petiole explants: Its relationship to the metabolism of cell wall polysaccharides and cellulase activity. J. Plant Growth Regul. 15: 189-195 (1996)

参考文献

(1) 『博士教えてください ― 植物の不思議』長谷川宏司・広瀬克利編著、大学教育出版、2008
(2) 『最新 植物生理化学』長谷川宏司・広瀬克利編、大学教育出版、2011
(3) 『植物の知恵 ― 化学と生物学からのアプローチ ―』山村庄亮・長谷川宏司編著、大学教育出版、2005
(4) 『天然物化学 ― 植物編 ―』山村庄亮・長谷川宏司編著、アイピーシー、2007

第2節 開花のしくみ

1. はじめに

　栄養成長をしている植物が生殖成長に切り替わる過程はドラマティックであり、昔から多くの研究者の興味を引いてきました。生殖成長に切り替わる環境要因は、日長の変化、低温、貧栄養などいくつか知られていますが、毎年、厳密に制御される要因という意味では日長の変化が最も重要でしょう。ミハイル・チャイラヒャン（Mikhail Chailakhyan）が1937年の論文[6]で提唱した「日長の変化を葉が感受し、葉で花成ホルモン（フロリゲン florigen）が生成し、それが茎

頂に運ばれ花芽が形成される」というフロリゲン説は、その空間的なダイナミックさと、名称にも魅力があったので研究とは別に、フロリゲンという言葉は有名になりました。これまでの花芽形成研究はフロリゲンを中心に展開してきたと言ってよいでしょう。つまり花成誘導の機構に興味が注がれてきました。フロリゲン探しはずっと続けられてきましたが、最近、*FLOWERING LOCUS T*（*FT*）遺伝子が葉で発現し、その発現タンパクが茎頂に送られることで花成が始まることが報告され[2, 3]、また、その*FT*の作用は広範な種の植物で見られるので*FT*タンパクこそがフロリゲンの正体ということが共通の理解として定着しました（チャイラヒャンが主張していた物質は有機溶媒で抽出できる低分子の物質ですので、*FT*タンパクがフロリゲンと断定することには異論もあります）。また、表4-2に示したように開花にまで至る反応は花成誘導だけではなくいくつかのステップからなる反応です。花成誘導が起きると後は自動的に反応が進むわけではありません。花成誘導と花芽形成は同義ではないということを理解することは大切です。開花と花芽形成も同義ではありませんが、その違いを証明する研究はまだ少ないので本節ではとりあえず同義のように使っています。

　本節では遺伝子解析を中心にした最近の研究を紹介するとともに低分子物質の研究や花成誘導過程以外の重要性についても強調したいと思います。また、花芽形成の農業上の問題点と利用についても述べ、それを踏まえて花芽形成とストレスとの関わりについて、これまではほとんど論じられなかった点をまとめてみたいと思います。

2. フロリゲンをめぐる研究の歴史

　花芽形成についての科学的研究は、ガーナーとアラード（W. W. Garner and H. A. Allard）が多数の植物を調べた結果、ダイズやタバコなどのある植物は昼の長さがある時間以下になったときに限り花を咲かせることを1920年に見いだした[7]ことに始まると言ってよいでしょう。彼らは、乾燥など他の花芽形成に与える影響なども観察した上で、昼の長さが花芽形成のタイミングを決めるのに極めて重要であることを明快に指摘しています。

　次に重要な進展の機会は、ロシアの植物生理学者ミハイル・チャイラヒャンが

178 第1部 植物の知恵を解き明かす

1937年に接木実験に基づいて提唱したフロリゲンの存在の予言です。同様な接木実験はその後、多くの研究者によって確かめられています[1]。多くの実験からフロリゲンは植物体を移動する物質として認識されるようになりました。

　フロリゲンを見つけようとする努力は特に日本ではアオウキクサ（*Lemna paucicostata*）の花成誘導系を用いて行われてきました。アオウキクサは培養などの管理も微生物培養のセンスでできるし、大きな実験スペースも必要ありません。何よりも小さいながらも高等植物に分類され、おしべやめしべを持つ花が分化するという点が評価されました。これまでにサリチル酸（salicylic acid）、安息香酸（benzoic acid）、フェニルグリオキサール（phenylglyoxal）などの芳香族化合物の他、N含有の複素環化合物であるニコチン酸、ピペコリン酸などが見いだされました。

　一方、竹葉（京都市立大学）らはポリペプチドがアオウキクサ151株の花成を誘導することを見いだしました。このペプチドは加水分解しても活性があり、結局、アミノ酸としてのリジンそのものが花成誘導効果を持つことが分かりました。

　脂肪酸の類としては筆者たちが見いだしたKODA（*α*-ketol octadecadienoic acid; 9-hydroxy-10-oxo-12 (*Z*), 15 (*Z*)-octadecadienoic acid)[4]があります。実際にはKODAとノルエピネフリンのアダクト群がアオウキクサ151株の花成を誘導しますが[8]、最近、単独でアオウキクサ151株の花成を誘導するKODA類縁体も見つかりました[9]。

　一方、シロイヌナズナなどのDNA情報が整理され、花芽形成の各種突然変異体を使った分子生物学的研究が1990年代以降、劇的に発展しました。花芽形成は、植物個体の加齢などによる内的要因と日長の変化や低温などの外的な環境要因による複雑な制御を受けますが、それらの要因に関係する遺伝子の多くが明らかにされました。さらに、これらの内的・外的要因からの信号は異なる制御経路を経て、最終的には、"花成経路統合遺伝子"（floral pathway integrator）と呼ばれる少数の遺伝子の転写制御の段階で統合されることが明らかにされてきました。中身については次項以下で解説します。

3. 花芽形成のイベント ― 組織・分子レベルからの解明

花芽形成の各ステップに関わる代表的な遺伝子を表4-2に示しました。実際には花芽形成関連遺伝子の研究の多くはシロイヌナズナを材料にしたものですが、実はシロイヌナズナは花芽形成の研究に特別に向いているわけではありません。まず、シロイヌナズナでは、アサガオのように一回の刺激で花成が誘導されるようなクリティカルな環境はありません。また、シロイヌナズナは花序をつくる植

表4-2　開花に至るまでの各ステージと関与する代表的遺伝子

ステージ （　）内は別名	関与する代表的 遺伝子	内　　容
【Ⅰ】花成誘導 （催花） floral induction	*CONSTANCE (CO), FLOWRING LOCUS T (FT), FD*	花成刺激が生成される過程。葉でフロリゲンが生成する過程と考えて不都合はない
【Ⅱ】花成誘起 （花芽創始） floral evocation, floral initiation	*APETALA1 (AP1), CAULIFLOWER (CAL), LEAFY (LEY)*	栄養成長中の茎頂のドーム型（円錐状）形状が半球状または扁平になる（花芽形成が起こる前触れ）過程。分子生物学的研究で使う花芽分裂組織決定と同義
【Ⅲ】花芽分化 floral differentiation	*AGAMOUS (AG)*	花原基が分化する過程
【Ⅳ】花芽発達と 花芽成熟 floral development and maturation		花芽成熟は開花するために必要な過程として一部の植物で認識されている。花芽成熟に必要な環境要因はほとんどの場合、低温である。休眠打破条件と同じであることが興味深い。花芽成熟は花芽発達の後に起こることが多いが、前に起こることもあるので一緒の過程として扱った
【Ⅴ】開花（開薬） flowering, anthesis		観賞的な観点というよりも生殖器官としての完成

物であることから、シロイヌナズナの場合には花芽分裂組織（floral meristem）ができる前に花序分裂組織（inflorescence meristem）ができます。花序分裂組織は花芽分裂組織を外側に発生させながら、成長点を維持して上方に伸びていくことになります。花芽形成のメカニズムを解析する材料としては少し複雑でありますので表4-2には花序分裂組織の過程を含めませんでした。

　栄養芽の成長点は、未分化な細胞の増殖と周辺の細胞を葉組織やシュート（茎頂と葉からなる、いわゆる枝）などの器官に分化させる状態を、バランスをとりながら成長しています。成長点で未分化な状態を維持するには、シロイヌナズナでは *WUSCHEL*（*WUS*）が重要な役割を担っています。*WUS* は分裂組織中の幹細胞のすぐ下にある細胞群で発現し、幹細胞が分化することを抑えています[3]。*WUS* が分裂組織の未分化状態を維持する働きは栄養成長時だけでなく、胚発生時や茎頂花序分裂組織、花芽分裂組織までも含めたシロイヌナズナの全成長過程に及んでいます。

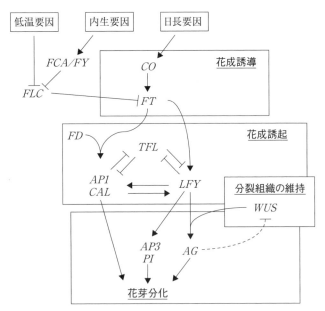

図 4-11　花成誘導から花芽分化に至るまでの代表的な遺伝子の関与
　　　　　遺伝子の名前は本文を参照。
　　　　　（R. Sablowski の総説[3]にある図を改変）

花成誘導から花原基ができるまでに関与する遺伝子発現の関係を図4-11に示しました。日長の変化など花成誘導に十分な刺激を植物が受けると、葉組織の中で CONSTANCE（CO）遺伝子が発現します。COmRNA は、シロイヌナズナでは夜明け12時間後に転写され始め、また、それから翻訳される CO タンパクは光照射下でのみ安定です。したがって、短日条件ではいつも低く抑えられています。長日条件で生成した CO タンパクは FLOWERING LOCUS T（FT）遺伝子の転写を活性化します。葉で誘導・発現された FT タンパクは茎頂に送られてそこで bZIP タンパクである FD タンパクと相互作用し、その後に花芽分裂組

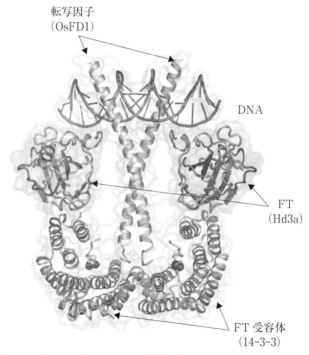

図 4-12　Hd3a、FD と 14-3-3 複合体（フロリゲン活性化複合体）の結晶解析図
Hd3a は FT のイネにおけるホモログです。FT の受容体は FD ではなく 14-3-3 であることに注意。Hd3a、FD、14-3-3 の複合体を著者らはフロリゲン活性化複合体と称しています。
（Taoka らの論文[10]から引用）

織決定遺伝子（後述）である*APETALA1（AP1）/CAULIFLOWER（CAL）*とおそらく*LEAFY（LFY）*をも活性化します[3]。

　このFTとFDの結合様式に関して、最近、イネにおいて詳細に解明されました[2]。高度に精製した組換えタンパク質を用いた *in vitro* による相互作用実験の結果では、FTのイネにおけるホモログであるHd3aはOsFD1（イネにおけるFDのホモログ）と直接的に結合するわけではなく、14-3-3というタンパク質が仲立ちすることが分かりました。タンパク質複合体の立体構造解析では、Hd3a、14-3-3、OsFD1それぞれ2分子ずつからなるW字型のヘテロ六量体を形成していることが分かりました（図4-12）。この複合体を通して、Hd3aとOsFD1がどのように花芽形成遺伝子を活性化するのかについてもイネのプロトプラストを用いて詳細に調べられました[10]。茎頂分裂組織に移動したHd3aは細胞質で14-3-3と結合し、その後、核に移動しOsFD1と複合体を形成し、花芽形成遺伝子を活性化すると考えられます（図4-13）。

　花序分裂組織で*AP1/CAL*と*LFY*を発現させず、花序分裂組織の状態を保っ

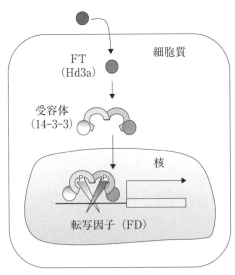

図4-13　フロリゲン活性化複合体ができるまでの推定図
　メリステムに移動したFTは細胞質で14-3-3と結合し、その後、核内に移動しFDと結合しフロリゲン活性化複合体となります。（Taokaらの論文[10]から引用）

ているのは花序分裂組織のすぐ下側で発現している *TERMINAL FLOWER*（*TFL*）です。*TFL* 欠損の突然変異体では花序分裂組織全体は花芽分裂組織に変わってしまいます。*TFL* は *FT* のホモログですが、機能はまったく逆です。

　以上のように栄養芽分裂組織から花芽分裂組織が出現するまでの茎頂分裂組織では、さまざまな遺伝子の発現・抑制がドラスティックに見られます。この時期の細胞組織の場としての変化はどうなのでしょうか。

　それについてはホワイトマスタード（*Sinapis alba* L.）を用いた興味深い研究があります[11]。ホワイトマスタードは一回の長日条件で花芽形成が誘導されますが、長日処理開始後、茎頂で 2 回の細胞分裂増大期があります。1 回目がちょうど長日シグナルが茎頂に到達したときであり、2 回目は花芽分裂組織への分化に直結しています。1 回目と 2 回目の細胞分裂増大期の谷間で原形質連絡（plasmodesmata）の数が一過的に 2 倍以上にも増えるといいます。原形質連絡で繋がった細胞群の形状が最初三角形であったものが、花芽形成に向かうときには丸くなるという空間的違いも生じます[12]。つまり、花成誘導の結果、茎頂に刺激が移動し、花芽分裂組織が発生する少し前に細胞同士の相互作用の場が格段に広がるときがあるということです。

　この原形質連絡の生成は細胞分裂のときにできるのではなく、すでに細胞壁を蓄積しつつある細胞で新たに形成されるようです。ホワイトマスタードでもシロイヌナズナと同様な花成関連遺伝子が関与しているとすれば、この原形質連絡の数が増える時期というのは *FT* が *FD* と相互作用する時期か、その直後ではないかと思われます。植物の細胞というと細胞壁に囲まれた動きに乏しいイメージがありますが、必要なときには思いのほかダイナミックに形態も変えるという例です。このような原形質連絡のダイナミックな変化は休眠芽ができるときにも見られます。いずれにしても花芽創始（花芽分裂組織ができるとき）が始まる少し前は、代謝的にも大変ダイナミックな時期と想像されます。ここに関わる化学物質は明らかになっていません。

　これまで述べたように、花芽分裂組織ができる過程では *AP1/CAL* や *LFY* 遺伝子の発現が必要です（花芽分裂組織のアイデンティティー遺伝子と呼ばれます）。そこから実際の花芽が分化してくる過程を規定する遺伝子はまた別にあります。雄ずいと心皮の決定にはいくつかの遺伝子が関与していますが、最も重要な

184 第1部 植物の知恵を解き明かす

遺伝子は *AGAMOUS*（*AG*）です。*AG* 欠損突然変異体では雄ずいが花弁に変わり、また、心皮はがく片―花弁―がく片の繰り返し構造に置き換わります。このため、*AG* は花器官のアイデンティティー遺伝子と言われます（図4-11）[3]。

　花の器官が分化するためには花芽分裂組織がその役割を終了させることが必要です。分裂組織（meristem）を維持しているのは *WUS* ですので、*WUS* を抑制することが必要ですが、*AG* がその役割を担っているのではないかと推察されています[3]。逆に *WUS* は *AG* を活性化させます。さらに、その転写は *LFY* タンパクが同時に存在することが必要です。つまり、*WUS* はいつでも *AG* を活性化できるわけでなく、*LFY* が活性化しているとき、つまり、花芽分裂組織が発生しているときに限り、*AG* を活性化させ、次のステージ（花器官の分化）に向かうことを保証しているのです。

4. 花芽形成のイベント ― 化学物質からの解明

　化学物質の花成に関わる研究は遺伝子の研究に比べ歴史的には先に始まったとは言え、解明された部分は多くありません。しかし、農業上などへの応用を考えるとこの分野の研究は非常に大事です。ここでは比較的研究が進んでいるジベレリンと KODA にスポットを当てます。

（1）ジベレリン

　ジベレリンが特に長日植物の花成に促進的に働くことはすでに 1960 年代から良く知られていました。シロイヌナズナの花成もジベレリンで誘導され、日長、低温、自立的要因と並んでジベレリン経路も確立されています。

　ジベレリンは、長日に反応するシス制御領域とは異なる領域を介して、*LFY*（*LEAFY*）遺伝子のプロモーターを活性化します。その点に関して、Gocal ら[13] はシロイヌナズナにある *GAMYB* 様の転写因子遺伝子を調べました。短日条件のとき、ジベレリンで花成を誘導したときの茎頂での *AtMYB* の発現を組織化学的に調べたところ、*LFY* の発現直前に発現することが分かりました。さらに *LFY* プロモーター配列に *AtMYB* タンパクが直接、特異的に結合することも示され、ジベレリンが *FT* を介しないで直接 *LFY* の発現を誘導する機構が解明されました。

一方、久松とキング（T. Hisamatsu と R. W. King）[14] は *FT* とジベレリンに的を絞り、シロイヌナズナ花芽形成におけるそれらの役割を、ジベレリン欠損変異株（*ga1-3*）と *FT* 欠損変異株（*ft-1*）を用いて詳しく調査しました。その結果、シロイヌナズナではジベレリンは、*FT* の上流に位置して、*FT* を通じて花芽形成を誘導する経路が主流であることが確かめられましたが、ジベレリン独自の経路も存在することが分かりました。*FT* を介さないでジベレリンが直接、花成を誘導する系があることの証明は花成現象での低分子の役割の重要性を再認識させます。シロイヌナズナでは *FT* に比べてジベレリン独自の役割は小さいのですが、植物によってはその経路が重要である場合も十分あり得ます。同じ長日植物である *L. temulentum* では短日条件でジベレリンを与えると *FT* がわずかしか発現しないときにも顕著な花成誘導効果が見られます[15]。

（2）KODA

KODA はオキシリピンの一種で、アオウキクサの花芽形成物質を探索する中で発見されました[4]。

KODA 自身は多くの植物で花芽形成の促進作用を示しますが、花成関連遺伝子の発現と KODA の花芽形成促進作用との関係ではリンゴ（*Malus domestica* Borkh.）とアサガオ（*Pharbitis nil*）で詳しく調べられました。

リンゴは前年に実がたくさん生るとその年の結実は少なく、またその逆も言えます。リンゴだけでなく多くの果樹はそのような隔年で結果数が増大（または減少）する性質を持ちます。リンゴでそのときの花成抑制遺伝子（*TFL1*）と花成誘導遺伝子（*FT*）の発現を調べると、*FT* の発現に差はなく *TFL1* の発現量で制御されていました[16]。KODA はリンゴの花芽形成も促進しますが、やはり *FT* の発現に差はなく、TFL1 の発現を抑制することが花芽形成促進効果の原因でした[16]。

KODA による TFL1 の抑制はアサガオ（紫）でも確認されました（図 4-14）[17]。しかし、*TFL1* の抑制よりも先に *AP1* 遺伝子が促進されました。*TFL1* は *AP1* の発現により抑制されるので KODA の花芽形成促進作用は *AP1* の発現促進に因っているのかもしれません。いずれにしてもこれらの研究の結論で重要なことは、KODA が作用する場所は芽であるということです。

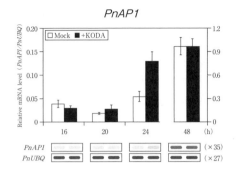

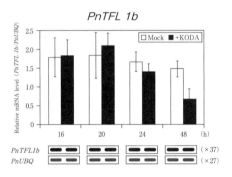

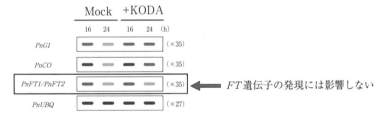

図 4-14　アサガオ（紫）の花芽形成における KODA の作用[17]
アサガオ（紫）を連続光で発芽させ、子葉が展開したときに一度暗処理を行います。暗処理の時間を調整して個体あたり 3 個程度の花芽を誘導させる条件にすると、KODA 噴霧により花芽を平均 4 個に増加させることができます。そのとき、*FT*、*TFL1*、*AP1* 遺伝子の発現を比較しました。KODA 処理によりまず *AP1* 遺伝子の転写が促進され、その後、*TFL1* の転写が抑制されます。

第4章 植物の老化・開花・休眠とは　*187*

　しかし、KODA の作用を詳しく調べると KODA の作用は花芽形成に限らないことが分かってきました。花芽形成の時期に与えると花芽形成を促進します[18]が、シュートが分化する時期に与えるとシュートの発生を促進します[19]。発根が必要なときには発根も促進します[20]。特定の生育場面に限らずストレスからの回復に関係しているのではないかと思われます。花芽形成はストレスにより影響を受けやすい時期にあるので KODA の作用が現れやすいと言えます（後述）。

5. 花芽形成に関わる農業上での問題と利用例

（1）　花芽形成に関わる農業上の問題

　花芽形成の不順が原因で農作物の収穫が低下する被害は枚挙にいとまがありません。

　東北地方太平洋側で時折みられるイネの冷害は「やませ」と呼ぶ冷気によってもたらされます。冷害とはただ単に気温が低いので生育が遅くなるという問題ではなく、「やませ」が吹く夏がイネの花芽形成期にあたるため、低温ストレスによる正常な花芽形成の阻害が起きていることがポイントです。

　冷害はもちろん「やませ」以外でも起こり得ます。1993 年は日本では記録的な冷夏でした。夏の気温は平年よりも平均で 2 ～ 3℃下回り、日本ではコメの大変な不作となりました。このときの冷害はエルニーニョ現象やその 2 年前のフィリピンでの大噴火が影響したとかも指摘されていますが、東北地方は「やませ」とも重なり、作況指数が 0 ～ 30 というひどい作柄でした。花芽形成時の低温はイネの収穫に深刻な影響を及ぼします。

　低温以外には遮光も花芽形成に大きな影響を及ぼします。リンゴは、日当たりのよい枝には容易に花芽が着生しますが、日当たりの悪い枝では途端に花芽着生率は低下します。そのため、なるべく全体に陽が当たるように枝を剪定することが、リンゴ栽培農家がやらなければならない仕事です。日当たりが悪いと花芽形成が阻害されるのは他の植物にも共通です。

　直接的な花芽形成ではありませんが、形成された花芽の休眠打破に関する農業上の問題もあります。低温は冬芽の自発休眠が打破されるために必須の要因ですが昨今の温暖化の影響で休眠打破を誘導するのに必要な低温の蓄積が不足する状

188 第1部 植物の知恵を解き明かす

況が九州を中心に見られるようになりました。その影響はニホンナシの施設園芸で深刻になっています。ニホンナシの施設園芸は1月から施設内を暖め、早く花芽を出すことによりニホンナシの促成栽培を実現しています。しかし、温暖化により1月までに休眠打破に十分な寒さの蓄積が進行していない状況が蔓延化しているのが昨今です。農家は暖房をかける時期を遅くしてしのいでいますが、促成栽培ナシの価値を半減させてしまう対処でもあります。

（2）花芽形成に関わる農業上の利用

　花芽形成を制御する因子で主要なものは日長、低温、ストレスです[5]。その中で温度やストレスは毎年変動することを考えると自然界の最もクリティカルな環境要因は日長であることが分かります。多くの植物は夜の長さがある時間以上に長くなることを感知して花成誘導が起きるタイプ（短日植物）と夜の長さがある時間以下になることを感知して花成誘導が始まるタイプ（長日植物）に分類されます。日長の変化に因らないで花芽形成が誘導されるタイプもあります。身の回りの植物で、夏から秋にかけて花を咲かせるタイプは短日植物で、春から初夏にかけて花をつけるタイプは長日植物になることは日本の日長の変化を考えれば分かると思います。園芸植物では花がつきやすいように日長不感受性に品種改良したものも多くあります。

　日長をコントロールすることにより農業上利用している例は電照菊があります。キクはもともと秋に咲く花であることから分かるように短日植物であり、日が短くなると花芽形成が起こります。キクは周年需要があるので四季を通じて栽培されていますが普通に栽培すると、夏以降に栽培を開始したものは茎が短いうちからどんどん花芽形成が起きてしまうことになります。長さを確保するために、夜間一定時間照明を当てて短日条件を破っています。花芽形成を促進するために日長を制御しているのではなく、花芽形成を抑制するために照明をあてているのですが、これも農業上の利用です。

　また、日長と低温の併用利用としてイチゴの花芽形成があります。イチゴも短日植物ですが、本来の生育は夏以降の短日条件と夜温の低温により花芽形成が起きます。そのまま冬に向かうので休眠して来春に花芽が上がり開花します。冬にイチゴを出荷できるのは温室栽培で休眠させないで育てているからですが、さら

第4章 植物の老化・開花・休眠とは *189*

に高付加価値を狙い、クリスマスシーズンの前からの出荷に照準を合わせて栽培している農家が多いです。そのためには自然の花芽形成では間に合わないので8月から冷蔵処理（冷蔵庫に入れるので同時に短日処理も兼ねています）をしています。12月から出荷しているイチゴはほとんどすべてが冷蔵処理しているのでその低温処理の農業上での利用はかなりの数に上ります。冷蔵処理は花芽形成以外でも、トルコギキョウが夏の栽培でロゼット化するのを防ぐ目的でも利用されています。

　化学物質の利用としては、ジベレリンは長日植物の花成誘導作用があることが知られていますが、シクラメンの花芽形成と花茎の伸長に使われてきました。KODA は多くの植物でストレスによる花芽形成を回復する作用が知られており[4]、企業で実用化の検討が進められています。

6. 開花とストレスとの関わり（まとめとして）

　これまで述べてきたように、農業上の花芽形成トラブルの原因は冷害など、圧倒的に環境の悪化によるストレスが原因です。一方、イチゴのように低温処理などのストレスが花芽形成を誘導します。また、貧栄養ストレスにすると花芽形成が起きやすいことも植物の栽培技術としてよく知られています。少なくとも花芽形成を引き起こす環境要因の一つとしてはストレスが挙げられます[5]。このように、同じ低温ストレスが花芽形成を促進したり阻害したりするのはなぜなのでしょうか。

　これは与える時期に因っています。花成誘導期中やその後の花芽形成過程に低温を与えると花芽形成を阻害します。一方、花成誘導期前（つまり栄養成長期）に低温を与えると花芽形成を促進します（きっかけを与えます）。ストレスがそのような二面性を持つことを図 4-15 に示しました。

　花芽形成をストレスという切り口から考えると KODA の作用は興味深いです。

　KODA は前述したように花成誘導を抑制する *TFL1* 遺伝子の発現を抑制することで花芽分裂組織の決定に寄与していますが、カーネーションでは蕾が形成される前のみならず、蕾の形成後に KODA を噴霧して開花が促進されます[4]。これは噴霧のタイミングから判断すると花芽分裂組織の決定では説明がつきませ

第1部 植物の知恵を解き明かす

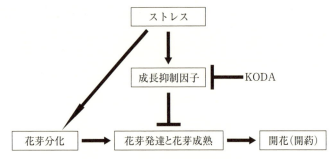

図4-15 KODAの推定作用機作

ストレスを花成誘導期前に与えると花成誘導を促進します。一方、誘導期後の花芽形成期に与えると花芽形成は阻害されます。KODAはそのときの成長抑制機構を抑制（解除）します。

ん。KODAの作用はもっと広いように思われます。

　KODAはもともとアオウキクサでのストレス誘導性因子として見いだされましたが、これまでの多くの観察からストレスからの回復に寄与していると推察されます。どのようにして寄与しているのでしょうか。その特徴を説明する有力な作用は、KODAの作用として知られている休眠の抑制効果です。KODAは休眠に入りにくくする作用[4]と、休眠からの覚醒を促進する作用[21]があります。花芽形成におけるストレスの役割が花成誘導期前に与えたときと誘導後に与えたときでは逆の反応をすると考えると、KODAの花芽形成促進効果は、花成誘導後にストレスを受けて花芽の生長が抑制される（休眠状態に入る？）のを防いでいることがKODA作用の本質ではないかと考えられます（図4-15）。

　花芽形成とストレスとの関わりの今後の研究の進展により、花芽形成の理解に新たなスポットが当たってくると思われます。

引用文献

（書籍、総説）

1) 瀧本敦『花を咲かせるものは何か』中公新書、中央公論社、1998、pp.64-75
2) 辻寛之・田岡健一郎・島本功「花成ホルモン"フロリゲン"の構造と機能」『領域融合レビュー』2、e004、DOI: 10.7875、2013
3) Sablowski, R. Flowering Newsletter Review: Flowering and determinacy in Arabidopsis. J. Exp. Bot. 58: 899-907 （2007）

第4章 植物の老化・開花・休眠とは　*191*

4)　横山峰幸「9位型オキシリピン、9,10-αケトールリノレン酸の植物生長調節における役割」
『植物の生長調節』40、2005、pp.90-100

5)　Thomas, B. Internal and external controls on flowering. In The Molecular Biology of
Flowering. B. R. Jordan ed., pp.1-19, CAB International, Wallingford, UK（1993）

（代表的な引用論文）

6)　Chailakhyan, M. K. Concerning the hormonal nature of plant development processes. C.
R. Acad. Sci. URSS 16: 227-230（1937）

7)　Garner, W. W. and Allard, H. A. Effect of the relative length of day and night and
other factors of the environment on growth and reproduction in plants. Monthly
Weather Review 48: 415-415（1920）

8)　Yamaguchi, S., Yokoyama, M., Iida, T., Okai, M., Tanaka, O. and Takimoto, A.
Identification of a component that induces flowering of Lemna among the reaction
products of α-ketol linolenic acid（FIF）and norepinephrine. Plant Cell Physiol. 42:
1201-1209（2001）

9)　Murata, A., Akaike, R., Kawahashi, T., Tsuchiya, R., Takemoto, H., Ohnishi, T.,
Todoroki, Y., Mase, N., Yokoyama, M., Takagi, K., Winterhalter, P. and Watanabe,
N. Characterization of flower-inducing compound in *Lemna paucicostata* exposed to
drought stress. Tetrahedron 70: 4969-4976（2014）

10)　Taoka, K., Ohki, I., Tsuji, H. et al. 14-3-3 proteins act as intracellular receptors for rice
Hd3a florigen. Nature 476: 332-397（2011）

11)　Bernier, G. Growth changes in the shoot apex of *Sinapis alba* during transition to
flowering. J. Exp. Bot. 48: 1071-1077（1997）

12)　Ormenese, S., Havelange, A., Keltour R. and Bernier, G. The frequency of
plasmodesmata increases early in the whole shoot apical meristem of *Sinapis alba* L.
during floral transition. Planta 211: 370-375（2000）

13)　Gocal, G. F. W., Sheldon, C. C., Gubler, F., Moritz, T., Bagnall, D. J., MacMillan, C. P.,
Li, S. F., Parish, R. W., Dennis, E. S., Weigel, D. and King, R. W. GAMYB-like genes,
flowering, and gibberellin, signaling in *Arabidopsis*. Plant Physiol. 127: 1682-1693（2001）

14)　Hisamatsu, T. and King, R. W. The nature of floral signals in *Arabidopsis*. II. Roles
for FLOWERING LOCUS T（FT）and gibberellin. J. Exp. Bot. Doi: 10. 1093/jxb/
lem232（2008）

15)　King, R. W., Moritz, T., Evans, L. T., Martin, J., Andersen, C. H., Blundell, C.,
Kardailsky, I. and Chandler, P. M. The nature of floral signals in *Arabidopsis*. II. Roles
for FLOWERING LOCUS T（FT）and gibberellin. J. Exp. Bot. doi: 10. 1093/ jxb/em232
（2008）

192 第1部 植物の知恵を解き明かす

16) Kittikorn, M., Okawa, K., Ohara, H., Kotoda, N., Wada, M., Yokoyama, M. Ifuku, O., Yoshida, S. and Kondo, M. Effects of fruit load, shading, and 9, 10-ketol-octadecadienoic acid（KODA）application on MdTFL1 and MdFT1 genes in apple buds. Plant Growth Regul. 64: 75-81（2011）

17) Ono, M., Kataoka, M., Yokoyama, M., Ifuku, O., Ohta, M., Arai, S., Kamada, H. and Sage-Ono, K. Effects of 9, 10-ketol-octadecadienoic acid（KODA）application on single and marginal short-day induction of flowering in *Pharbitis* nil cv. Violet. Plant Biotechnology 30: 17-24（2013）

18) Nakajima, N., Ikoma, Y., Matsumoto, H., Nakamura, Y., Yokoyama, M., Ifuku, O. and Yoshida, S. Effect of 9, 10-a-ketol linolenic acid treatment on flower bearing in Satsuma Mandarin. Hort. Res.（Japan）10: 407-411（2011）

19) Nakajima, N., Ikoma, Y., Matsumoto, H., Sato, K., Nakamura, Y. Yokoyama, M., Ifuku, O. and Yoshida, S. KODA and its Analog Treatment Effects on Flowering and Spring Shoot Occurrence in Satsuma Mandarin. HortScience（in press）（2015）

20) Kawakami, H., Yokoyama, M., Takagi, K., Ogawa, S., Hara, K., Komine, M. and Yamamoto, Y. 9-hydroxy-10-oxo-12（Z）, 15（Z）-octadecadienoic acid（KODA）enhances adventitious root redifferentiation from Swertia japonica callus. In Vitro Cell. Dev.Biol. — Plant. 51: 201-204（2015）

21) Sakamoto, D., Nakamura, Y., Sugiura, H., Sugiura, T., Asakura, T., Yokoyama, M. and Moriguchi, T. Effect of 9-hiydroxy-10-oxo-12（Z）, 15（Z）-octadecadienoic acid（KODA）on endodormancy breaking in flower buds of Japanese pear. HortScience 45: 1470-1474（2010）

第3節　休眠のしくみ

1. 休 眠 と は

　植物は動物と違って移動することができないので、季節の移り変わりととも
に周期的に変化する水分、温度、光などの環境要因を引き金としてこれに敏感に
応答し、自己の生活環を全うする機能情報が遺伝子に組み込まれています。日
本列島の存在する中緯度温帯域には、冬期のような植物の成長にとって不適な季
節があります。この期間、植物は成長を停止または低下させて、この過酷な環境
に耐えて自身の生命を維持します。このように、四季の変化の中で周期的に訪れ
る成長の停止または低下は休眠（dormancy）と呼ばれます。休眠は周期的に変

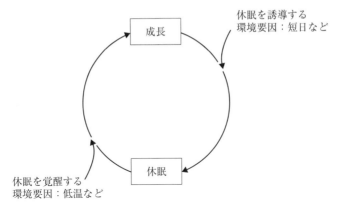

図 4-16　植物の生活環における休眠
(Villiers (1975) を改変、丹野 (2011)[2] から引用)

化する環境要因（温度、水分、光）によって誘導され、そして解除され（図 4-16）[1]、また最近では生活環における休眠と成長（発芽）の循環を休眠サイクル（dormancy cycle）と呼ばれることもあります。このような機能を備えた器官は休眠器官と呼ばれます。

　休眠には広い意味での休眠と厳密な意味での休眠があります。環境条件が単に植物の成長に不適な時に見られる成長の停止も広い意味で休眠と呼ばれることがあり、植物は成長に適した環境に単に戻されることにより成長を回復します（広義の休眠）。厳密な意味での休眠はその原因が休眠器官そのものにあり、休眠を解除し発芽を誘導するための条件（例えば、冬季の低温に曝されること）を厳密に必要とする休眠であり、特に自発休眠（innate dormancy）、真正休眠（true dormancy）、内生休眠（endodormancy）と呼ばれることがあります。また種子では、発芽できる温度より高温に曝されると二次的に休眠にはいることがあり、二次休眠（secondary dormancy）または高温休眠（thermodormancy）と呼ばれます。これに対して本来の休眠は一次休眠（primary dormancy）とも呼ばれます。このように休眠（休眠性）については、休眠性の発達段階やその性質などからいろいろな分類があって複雑ですが、ここでは休眠性（一次休眠）の発達段階から休眠誘導期、休眠（真正休眠）期（休眠維持期）、休眠解除期（図 4-17）の 3 段階に分けて整理します。

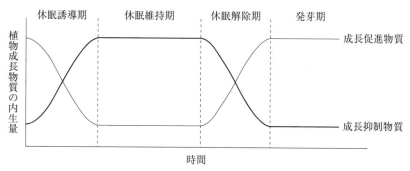

図 4-17　休眠の発達過程における植物成長物質の内生量の変化
（Arteca（1995）を改変、丹野（2011）[2] から引用）

2. 休眠器官の種類と構造

　休眠器官には種子と草本植物の塊茎、根茎、鱗茎やむかご（図 4-18）、木本植物（樹木）の越冬芽（休眠芽とも呼ばれ、葉芽と花芽があります）などがあります。休眠器官は、種子、樹木の越冬芽、むかごなども、基本的には実際に発芽（成長）する部分とその部分に養分を供給して支える部分、さらにそれらを取り囲んで保護する部分からなっています。種子（または果実）では、発芽する部分である胚を、胚乳は栄養的に支え、それらを種皮（果実では果皮が加わります）がとり囲んでいます。種子の発芽は力学的には胚の成長力（発芽する力）が種皮などの外囲構造の抵抗力にうち勝った時におこると考えられます。エンドウなどのマメ科植物の種子では、胚の一部である子葉に栄養分（貯蔵物質）が蓄えられ、胚乳は退化消滅しています（無胚乳種子）が、レタス、シロイヌナズナなどの種子では、子葉は貯蔵物質を蓄えて発達しているものの、胚乳は消滅せずに一層または数層の細胞層からなる胚乳層となって胚を取り囲んでいます。このような種子では、死んだ組織である種皮よりも、生きている組織である胚乳層が、発芽に際して胚の成長力に抵抗する機械的障壁として重要です。
　また、樹木の越冬芽（例えば葉芽）では、葉原基や幼葉を含む茎頂（シュート頂、shoot apex）分裂組織が発芽する部分であり、それを鱗片葉が取り囲んで保護し、栄養分は越冬芽が付随している親植物体から供給されます。樹木、特に中緯度地帯に分布している樹木、例えばトウヒ属、トガサワラ属の越冬芽（葉芽）では、

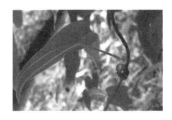

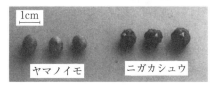

図 4-18　ヤマノイモ属植物のむかご
左上：ヤマノイモ、右上：ニガカシュウ（葉は右下の心臓型上半部）、
下：むかご（ニガカシュウのむかごの芽はピンク色に突出して、発芽の兆
　候が見られます。）
（丹野（2011）[2)]から引用）

夏季の短日条件の深まりとともに芽の外側に鱗片葉が分化し、その内側に翌春展開するべき小型の葉が、それぞれシュート頂分裂組織から分化、発達し、その過程で休眠性を獲得するとともに、乾燥耐性と耐寒性をも獲得します。このような樹木の休眠芽は冬季の低温に曝されてはじめて休眠が解除され翌春発芽します。

　種子では、一般に幼根や胚軸の細胞が伸長成長を再開して種皮から突出する時、休眠解除して発芽と判断されます。休眠の原因は、胚自身にあるものや、種皮や胚乳などの胚以外にあるものなど、その場合外囲構造が機械的に胚の成長を妨げていたり、酸素や水分の透過を妨げていたり、あるいは外囲構造にアブシシン酸（後述）のような発芽抑制物質が含まれているなど生理的場合があり、種によって異なります。レタス種子（厳密には果実）やヤマノイモ属の種子では胚乳が胚の発芽を妨げており、サトウカエデ、トネリコ属や野生種のカラスムギ（*Avena fatua*）などの種子では胚自身が休眠していると考えられています。実際には休眠の原因が胚とそれ以外の部位との両者にある種子が多く見られます。

　一方、樹木の越冬芽、塊茎、根茎、鱗茎やむかごなどでは芽のシュート頂分裂

組織（shoot apical meristem）が細胞分裂によって成長を再開して鱗片葉など
を破って発芽します。したがって休眠（種子では種子休眠（seed dormancy）、
芽では芽の休眠（bud dormancy））は、種子では幼根細胞の伸長成長が停止し
ている、また芽では分裂組織の細胞分裂が停止している生理的状態であると考え
られます。この場合、分裂組織における細胞分裂の開始や器官形成に関与する遺
伝子と、細胞周期での細胞分裂に関与する遺伝子、およびそれらの遺伝子のシグ
ナル伝達系についての分子レベルの研究から、分裂組織における休眠状態と細胞
周期とが共通のシグナル伝達系で調節されていると考えられています。頂芽優勢
による側芽の発芽抑制（これも休眠）を含むほとんどの例で、栄養成長期の芽や
シュート頂の細胞は細胞周期の G1 期で停止した状態で休眠しています。この過
程にサイトカイニン、ブラシノステロイド、ジベレリンのような植物ホルモンと
糖類がいろいろな段階で関与しています。

　植物の休眠全般について述べた邦文の成書[1]は総説[2]を含めても少ないですが、
種子の休眠については優れた成書[3,4]がいくつかありますので参考になります。

3. 休眠の生理的しくみ

　一般には、休眠の誘導・維持から発芽へ至る過程は成長（または発芽）抑制物
質と成長（または発芽）促進物質の量的バランスによって調節されていると考え
られています（図 4-17）。植物の成長を調節する植物ホルモン（植物成長調節物
質、最近ではシグナル分子）のうち、休眠の誘導・維持にはアブシシン酸（アブ
シジン酸、abscisic acid、ABA）が関与するという報告が最も多くありますが、
シュウカイドウやヤマノイモ属植物のむかごと地下器官ではジベレリン（gibber-
ellin、GA）も関与しています[2]。また、休眠の解除（終止）にはジベレリンが
関与するとする報告が多いですが、サイトカイニンの関与も報告されています。

（1）休眠物質 ― アブシシン酸を主として

　休眠の生理的しくみについての研究の歴史は休眠を誘導・維持する休眠物質
（成長抑制物質）としてのアブシシン酸の発見の歴史でもあります。

　表 4-3 に示すように、1949 年スウェーデンのヘンバーグ（Hemberg, T.）[17]

第4章 植物の老化・開花・休眠とは　*197*

表4-3　休眠に関わる成長物質の研究の歴史

年	研究者	植物、器官など	研究内容
1926年	黒沢英一	イネの馬鹿苗病	馬鹿苗病菌（*Gibberella fujikuroi*）の毒素が原因
1935年〜1938年	薮田貞次郎、住木諭介	馬鹿苗病菌の培養液	毒素ジベレリン（gibberellin）の単離
1949年	Hemberg, T.	ジャガイモの塊茎	酸性休眠物質の単離 休眠の抑制物質仮説提案
1953年	Bennet-Clark, T.A., Kefford, N.P.	ソラマメ、ヒマワリ	酸性成長抑制物質 β-inhibitor の記載
1959年	Cross, B.E. et al.		ジベレリン酸（gibberellic acid, GA$_3$）の構造提唱
1959年	Hendershott, C.H., Walker, D.R.	モモの休眠花芽	naringenin の単離同定
1962年	McCapra, F. et al.		ジベレリン酸の構造決定
1963年	Wareing, P.F. ら	カバノキ属樹木の休眠芽 カエデ属植物の休眠芽	休眠物質ドルミン（dormin）単離 ドルミンと β-inhibitor が同一
1963年	Addicott, F.T. ら	ワタの幼果	酸性落下促進物質アブシシンII（abscisinII）の単離、同定
1965年	Thomas, T.H., Wareing, P.F. ら		GA は dormin の拮抗抑制剤
1966年	Cornforth, J.M. ら		アブシシンIIの化学合成 スズカケカエデの dormin がアブシシンIIと同一
1967年	第6回国際成長物質会議		アブシシンII、dormin はアブシシン酸（abscisic acid）に統一
1967年	Corgan, J.N.	モモの休眠花芽	prunin（naringenin の配糖体）の単離同定
1967年	Baskin, J.M. ら	マメ科（*Psoralea subacaulis*）の休眠種子	psoralen の単離同定
1969年	Valio, I.F. ら	ゼニゴケの葉状体	成長抑制物質 lunularic acid の単離同定
1970年	Taylor, H.F., Burden, R.S.	インゲン矮性品種の芽生え	成長抑制物質 xanthoxin の単離同定
1972年	Hashimoto, T., Hasegawa, K. ら	ナガイモの休眠むかご	バタタシン batatasins の単離同定

によるジャガイモの休眠塊茎から単離した酸性の休眠物質（β-inhibitor）と、1960年代、英国のウェアリング（Wareing, P.F.）のグループによって樹木の休眠芽から単離された休眠誘導物質ドルミン（dormin）と、1960年代になって器官脱離の研究の一環でアディコット（Addicott, F.T.）のグループがワタ果実の落下を促進する酸性物質として単離同定したアブシシンⅡ（abscisin Ⅱ）とが、それらの化学構造から同一物質であることが判明しました。1967年の第6回国際植物成長物質会議で、これらの成長抑制物質はアブシシン酸（ABA）として

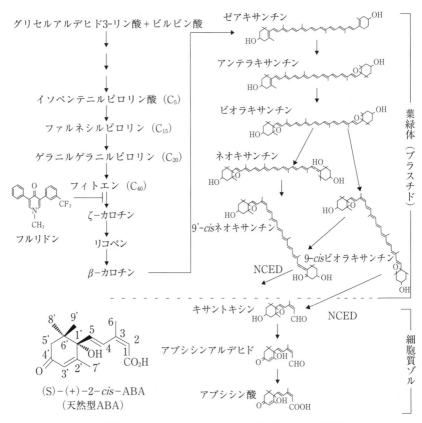

図4-19 高等植物におけるアブシシン（ABA）酸の生合成経路とABA生合成阻害剤フルリドンの作用部位
NCED：9-cis-エポキシカロテノイドジオキシゲナーゼ
（小柴・神谷編著書（2002）を改変、丹野（2011）[2]から引用）

統一されました。ほかにも異なる植物から種々の成長抑制物質が単離同定されていますが（表4-3）、高等植物の休眠物質としてはABAが一般的です。ABAは炭素数15個からなるセスキテルペンで（図4-19）、いろいろな環境ストレスのシグナル分子としても知られています[5]。

今日、モデル植物であるシロイヌナズナ種子などで、ABAは種子形成過程における胚形成とその成熟過程における乾燥耐性と休眠性の獲得に関与していることが明らかにされています。シロイヌナズナのABAを生合成できないABA欠損変異体と野生種の交雑実験から、胚（および胚乳）のABAレベルの増加だけが種子休眠の発達と相関性があることが報告されています。さらに、休眠の誘導と維持にはABAに対する感受性も関与していると考えられています。

ABAの植物体内のレベル（内生レベル、内生量）はABAの生合成と異化（不活性化）のバランスによって維持されます。高等植物においては、ABAは炭素数15個のファルネシル二リン酸から、炭素数40個のカロチノイドを経て生合成されます（図4-19）。一方、ABAの異化経路（不活性化経路）としては、3つの水酸化経路（ABA8'位水酸化経路、ABA7'位水酸化経路とABA9'位水酸化経路）とグルコシル（配糖化）経路があります。水酸化経路（図4-20）で主要なABA8'水酸化経路では、ABAは8'-ヒドロキシアブシシン酸（8'-hydroxyabscisic acid、8'-hydroxyABA）を経てファゼイン酸（phaseic acid,

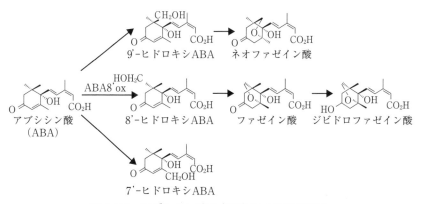

図4-20　アブシシン酸の水酸化による異化経路
ABA8'ox：ABA8'位水酸化酵素
（丹野（2011）[2]から引用）

200 第1部 植物の知恵を解き明かす

PA）からジヒドロファゼイン酸（dihydrophaseic acid, DPA）へ異化され、生理活性を失います。

近年、ABA合成の鍵酵素である9-*cis*-エポキシカロテノイドジオキシゲナーゼ（*9-cis-epoxycaroteinoid dioxygenase: NCED*）遺伝子や、シトクロム P450 モノオキシゲナーゼ（cytochrome P450 monooxygenase: CYP）ファミリーに属する ABA 異化の主要な酵素である *ABA8'* 位水酸化酵素遺伝子（*ABA8' ox: CYP707A*）がシロイヌナズナから単離され、ABA 代謝（生合成と異化）経路について分子遺伝学的レベルでの理解が深まっています（図 4-19、図 4-20 参照）[5]。

近年、ABA 受容体遺伝子である *PYR/PYL/RCA*（*Pyrabactin Resistance 1/PYR-Like / Regulatory Component of ABA Receptor 1*）遺伝子がクローニングされ、ABA シグナル伝達経路が解明されつつあります。ABA は受容体と結合して、ABA シグナルの負の制御因子であるタンパク質脱リン酸化酵素 PP2C（type 2C Protein Phosphatase）の活性を抑制して、タンパク質をリン酸化するリン酸カスケードを経由してストレス応答すると考えられています。このように、ABA のシグナル伝達の分子遺伝学的理解が進んでいます[6]。

（2）発芽促進（休眠解除・発芽誘導）の植物ホルモン ― ジベレリン

休眠を解除（終止）させ発芽を促進（誘導）する植物ホルモンとして主要な物質はジベレリン（gibberellin: GA）ですが、サイトカイニンなどによる発芽促進も知られています。GA 発見の歴史は、表 4-3 に示すように、1926 年日本人研究者黒沢英一によるイネの馬鹿苗病の病原菌、馬鹿苗病菌（*Gibberella fujikuroi*）の毒素の発見から始まります。その毒素は 1935 年、1938 年、薮田貞次郎、住木諭介らによって結晶として単離され、gibberellin と命名されましたが、その化学構造については第二次世界大戦後 1959 年になって英国で、ジベレリン酸（gibberellic acid: GA_3）の構造が決定されました。今日では GA は高等植物に普遍的に存在する植物成長調節物質（植物ホルモン）の一つとして知られています。GA はエント－ジベレラン（*ent*-gibberellane）骨格（図 4-21）を有する炭素数 20 個または 19 個の化合物で、その発見順に GAn（n は整数）と命名されます。GA_3 は早くから、シュートの伸長成長の促進などの生理作用のほ

第4章 植物の老化・開花・休眠とは 201

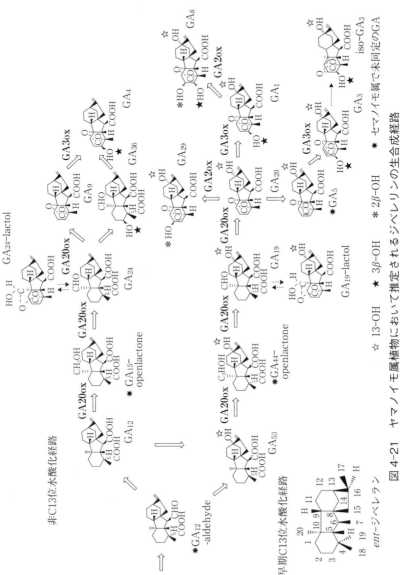

図4-21 ヤマノイモ属植物において推定されるジベレリンの生合成経路
GA20ox：GA20 酸化酵素、GA3ox：GA3 酸化酵素、GA2ox：GA2 酸化酵素
（丹野（2011）[2] を改変）

202 第1部 植物の知恵を解き明かす

かに、カエデの越冬芽における ABA の拮抗抑制物質（antagonist）として（表4-3）、種子や樹木などの芽で休眠覚醒や発芽促進作用が知られています。

高等植物における GA 生合成経路は、前駆過程を経て GA_{12} アルデヒドから早期 C13 位水酸化（13-OH）経路と非 C13 位水酸化（非 C13-OH）経路の2つの経路にわかれます（図4-21）。これらの2つの経路の最終段階は、炭素数 20 個の GA が脱炭酸を経て炭素数 19 個よりなる GA（C19-GA）の3位の炭素に水酸基（OH）が β 結合（3β 水酸化）している GA_1、GA_3、GA_4 の活性型 GA へと変換される過程です。また、GA_{29} や GA_8 に見られるような 2β 水酸化は不活性化の過程です。GA 生合成と異化の主要な酵素遺伝子がシロイヌナズナなどでクローニングされています[5]。最近の知見では、シロイヌナズナ、ポプラ属の雑種ヤマナラシ（hybrid aspen）などで顕著な非 13-OH 経路（活性型は GA_4）から、イネなど多くの植物の茎葉などの栄養器官で顕著に見られる 13-OH 経路（活性型は GA_1、GA_3）が派生したと考えられています。

近年、GA 受容体 *Gid1* 遺伝子や GA の抑制因子である *DELLA* 遺伝子がイネやシロイヌナズナでクローニングされ、GA のシグナル伝達について分子遺伝学的理解が進んでいます[5, 7]。GA が GID1 受容体に結合すると DELLA タンパク質（DELLA ドメインのあるタンパク質）はユビキチン化され 26S プロテアソームによって分解され、結果として GA 応答遺伝子の発現につながります[3]。

（3） 休眠におけるアブシシン酸とジベレリンとの関係 ─ 光発芽種子の暗休眠の分子遺伝学を例として

レタスの一品種グランドラピッズ種子の赤色光／遠赤色光（近赤外光）による光可逆的光発芽が、光形態形成の光受容体フィトクロム（phytochrome）発見の端緒になったことはよく知られています。単一のフィトクロム分子が赤色光を吸収して生理的活性型である遠赤色光吸収型フィトクロム（P_{FR}）になって種子発芽を誘導し、また P_{FR} は遠赤色光を吸収して生理的不活性型である赤色光吸収型フィトクロム（P_R）に可逆的に光変換して発芽を抑制します（図4-22）。数種のフィトクロム遺伝子（*PHY*）のうち *PHYB* が光可逆的光発芽に関与しています。レタス種子のような光発芽種子では、暗所で吸水し発芽できない生理状態は暗休眠（skotodormancy）と呼ばれ、これも休眠の一つと考えられます。暗

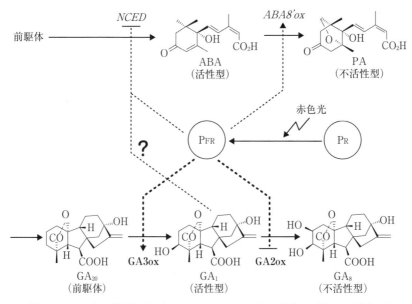

図4-22 レタス種子におけるフィトクロムによる内生アブシシン酸とジベレリンの代謝制御

赤色光（R）は P_{FR}（活性型フィトクロム）を介して ABA 合成酵素遺伝子（*NCED*）の発現を抑制し、逆に ABA 異化酵素遺伝子（*ABA8'ox*）の発現を促進して、ABA の内生レベルを低下させ、発芽を誘導します（しかし、R が直接 ABA 代謝（合成、異化）酵素遺伝子を制御しているのか、または活性型 GA を介して間接的に制御しているのかは定かではありません）。
他方で、R は活性型 GA 合成酵素遺伝子（*GA3ox*）の発現を促進し、逆に GA 異化酵素遺伝子（*GA2ox*）の発現を抑制して、活性型 GA の内生レベルを高め、発芽を誘導します。
シロイヌナズナ種子にも同様のしくみがあります。シロイヌナズナでは、前駆体、活性型および不活性型 GAs はそれぞれ、GA_9、GA_4、GA_{34} です。
　→：促進　⊥：抑制
(Toyomasu ら（1998）、Sawada ら（2008）を改変、丹野（2011）[2] から引用)

休眠状態にあるレタス種子（*PHYB* タンパク質は PP_{FR}）では *NCED* 遺伝子の発現が促進され、*ABA8'ox* 遺伝子の発現が抑制されて、内生 ABA のレベルは高く保たれます。赤色光が照射されると、P_{FR} は不活性型の GA_{20} から活性型の GA_1 への 3β-水酸化を触媒する酵素遺伝子である 3β-水酸化酵素遺伝子（*GA3ox*）の発現を促進し、活性型 GA_1 を不活性型 GA_8 へ異化する酵素遺伝子である 2β

204 第1部 植物の知恵を解き明かす

- 水酸化酵素遺伝子（*GA2ox*）の発現を抑制して GA_1 の内生レベルを高め、一方で *NCED* の発現を抑制し *ABA8′ox* の発現を促進して ABA の内生レベルが低く保たれていることが明らかにされています（図4-22）[8]。同様のことは、シロイヌナズナ種子の光発芽についても明らかになっています（シロイヌナズナでは、3β- 水酸化は GA_9 から活性型 GA_4、2β- 水酸化は GA_4 から不活性型 GA_{34}）。

　シロイヌナズナ種子の光発芽における分子遺伝学的解析から、フィトクロムと光感受性でフィトクロム依存性発芽の負の調節因子である塩基性ヘリックスーループーヘリックス（basic helix-loop-helix: bHLH）転写因子タンパク質である PIL5（PHYTOCHROME-INTERACTING FACTER3-LIKE5）との相互作用、および光シグナル伝達との関係が明らかにされ、PIL5による発芽抑制には転写因子である DELLA や SOM（SOMNUS）などの関与が知られています[9), 10)]。遠赤色光（近赤外光）を照射されて発芽できない種子（PHYB タンパク質は P_R で、暗休眠と同じ状態にある）では、PIL5 は GA の抑制因子である DELLA ドメインをもつタンパク質遺伝子である *GAI*（*GA-Insensitive*）と *RGA*（*Repressor of GA1*）遺伝子の上流プロモーター部位に結合して *GAI*、*RGA* の発現を促進して、発芽を抑制します。さらに、PIL5 は核内在性 CCCH- タイプジンクフィンガー（zinc finger）タンパク質である *SOM* 遺伝子の上流プロモーター部位に直接結合して *SOM* を活性化し直接 ABA 代謝遺伝子と GA 代謝遺伝子を制御して発芽を抑制します。つまり *GA3ox* を抑制し、*GA2ox* を促進して、他方では ABA 合成（*NCED* 発現など）を促進し、ABA 異化（*CYP707A* 発現）を抑制します。

　一方、赤色光を照射された種子では、PIL5 は P_{FR} との相互作用を通して 26S プロテアソームによって分解されます：結果として、赤色光は *GA3ox* を促進し、*GA2ox* を抑制し、ABA 合成を抑制し、ABA 異化を促進して発芽を促進します。

　休眠状態にある樹木の越冬芽やジャガイモ塊茎でも、*NCED* 遺伝子の発現が *ABA8′ox* より勝っており、芽の休眠の深さの程度は芽の ABA の内生量と関連していると考えられます。

　多くの植物の休眠器官において、低温処理（chilling；種子では特に、湿層低温処理、stratification とも呼ばれます）が休眠を解除することはよく知られています。シロイヌナズナ種子では、低温は *GA3ox* の発現を促進させて、発芽を

誘導することが明らかにされています。また他方で低温は ABA の内生レベルを減少させるというよりも ABA に対する感受性を変化させているとも考えられています。

　樹木の越冬芽においても、日長の受容体であるフィトクロム A（PHYA）遺伝子を過剰発現する雑種ヤマナラシの変異体を用いた研究から、GA が発芽を誘導することが示唆されています。しかし、ジャガイモ塊茎では、GA20ox 遺伝子の発現を抑制した変異体の研究から、内生 GA が塊茎の休眠の終止・発芽の開始よりは、発芽後の芽生えの伸長成長に関与して、休眠終止・発芽誘導の植物ホルモンとしては、細胞分裂を促進するホルモンであるサイトカイニン（cytokinins）であるとする可能性が示されています。このことは、ジャガイモの休眠塊茎の芽のシュート頂分裂組織は分裂周期の G1 期にあることと関連していると考えられます。

（4）休眠に関する遺伝子

　近年、ゲノム科学の発展に伴って、休眠に関する遺伝子がクローニングされ、その休眠のおける関与機構の解析が進んでいます。雑種ヤマナラシや、モモ、セイヨウアンズ、ウメ、ヤマナシなどの温帯果樹の休眠芽から花成制御因子 SVP（Short Vegetative Phase）/AGL（Agamous-like）24 タイプの MADS-box 遺伝子である DAM1-6（Dormancy-Associated MADS-box1-6）遺伝子がクローニングされています [11]。コムギでは種子の休眠性を制御する遺伝子として MFT 遺伝子（Mother of Flowering Locus T（FT）および Terminal Flower（TFL）1 遺伝子）がクローニングされ、転写レベルでの制御が示唆されています [12]。シロイヌナズナ種子では DOG1（Delay of Germination 1）遺伝子がクローニングされています [13]。これらの遺伝子の発現は休眠状態で高くなります。上述した SVP/AGL24 タンパク質は花成の制御因子であり、FT ペプチドは花成ホルモン・フロリゲンの本体であることなど、低温で制御される休眠と、低温で誘導されるムギ類などの春化（vernalization）との低温が関与している類似性から休眠と春化には共通の制御機構が指摘されています [14]。

　さらに最近、エピ遺伝学（epigenetics）的な遺伝子制御の観点から、特定のゲノム遺伝子 DNA のメチル化や DNA の転写を調節するヒストン（H3、H4）

206 第1部　植物の知恵を解き明かす

のテイルドメイン（tail domain）の　アセチル化、メチル化と休眠との関連が指摘されています[15]。クリ属の休眠状態の頂芽ではヒストンの修飾に関与する遺伝子 DNA のメチル化が増加し、H4 のアセチル化が低下するとの報告があります。また北米産トウダイグサ属の一種（*Euphorbia esula*、*leafy spurge*）の根茎の休眠芽では、ゲノム DNA の DAM 遺伝子座位がテイルドメインの 4 番目のリジンがトリメチル化とアセチル化したヒストン H3（それぞれ、H3K4me3 と H3ac）によって修飾され、非休眠芽では同じく 27 番目のリジンがトリメチル化した H3（H3K27me3）によって修飾されることが示唆されています。一般に、H3K4me3 や H3ac 修飾は遺伝子の転写を活性化し、H3K27me3 は抑制します。雑種ヤマナラシの芽でも、このようなヒストンによるクロマチン構造の変換が提案されています[16]。しかし、これらの遺伝子と ABA や GA との関係は明らかになっていません。

4. ヤマノイモ属植物の特異な休眠 ― ジベレリン誘導休眠

（1）ヤマノイモ属のむかごと地下器官の休眠

　ここでは筆者らが研究しているヤマノイモ属植物の特異な休眠性について、草本植物のむかごの休眠性を概観しながら、紹介します。

　草本植物には、ナガイモ、ヤマノイモ、シュウカイドウ、ムカゴイラクサなど、葉柄の付け根の腋芽が同化産物を蓄えて肥大したむかご（地上塊茎とも呼ばれます）を形成する植物があります。草本植物の塊茎、根茎、鱗茎やむかごは、形態学的には樹木の越冬芽のような芽とそれを栄養的に支えている貯蔵組織から成り、樹木の越冬芽と似ていて、種子のような有性生殖を経ない栄養繁殖器官ですが、親植物から分離、独立している点では種子と似ています。ナガイモ、ヤマノイモ、シュウカイドウ、ムカゴイラクサなどのむかごは夏季の短日条件によって形成誘導され、秋季の深まりとともに肥大して成熟し、むかごの休眠性が深まります。肥大したむかごの親植物との付着部位に離層が形成され、むかごは親植物から離れて落下します。成熟したむかごは、冬季の低温（実験的には冷蔵庫での低温処理）によって休眠が解除されるので、低温要求段階と呼ばれます。成熟したむかごの芽の内部構造、特に葉の分化の程度は種によって異なり、ムカゴイ

ラクサでは樹木の葉芽と同様に、翌春展開するべき小型の葉が既に分化・発達していますが、ヤマノイモでは、葉原基のみがシュート頂分裂組織から分化し、葉は発達していませんが（図4-27参照）、シュウカイドウでは葉原基さえも分化せずシュート頂分裂組織を鱗片葉がとり囲んでいます。

　これまで述べてきたように、ABAによって誘導され、GAによって発芽が促進される休眠は、種子や樹木の越冬芽など、多くの植物の休眠器官で見られますが、岡上（1967）は草本植物のむかごをムカゴイラクサやウワバミソウのようにGAによって休眠が解除されるむかごと、シュウカイドウやヤマノイモ属植物のようにGAによって休眠が誘導されるむかごとに大別しました[17]。むかごのGAによる休眠誘導（GA誘導休眠、後述）はシュウカイドウで、GA発見の初期1959年、長尾と三井（Nagao and Mitsui）によって初めて報告されて（表4-4）、その後、ナガイモをはじめとするヤマノイモ属植物のむかごや、地下器官で展開され今日まで研究が継続されています。地下器官とは、いわゆる地下の「イモ」のことで、ヤマノイモ属植物の「イモ」には形態学的に根茎と塊茎とがあり、担根体として総称されますが、ここでは地下器官と総称します。地下器官が発達しているのはナガイモ、ヤマノイモなど多年生植物の特徴であり、東アジアのヤマノイモ属植物の地下器官の休眠も冬季の低温によって解除されます。東南アジア原産のダイジョ（D. alata）、アフリカ熱帯域で栽培されているホワイトギニアヤム（D. rotundata）やイエローギニアヤム（D. caryensis）にも数か月程度の休眠期間があります。ダイジョでは、地下器官の休眠は15℃以上の高温に保存することにより自然に解除されます（休眠覚醒には低温は必要なく、低温は生理的障害になります）。このような熱帯産ヤムイモの休眠性は熱帯域の乾季に対する適応と考えられています。GA処理による発芽の抑制や遅延は1959年からいろいろな植物の芽や種子で断片的な報告があり、2013年にもスギ種子で報告されています[18]（表4-4）。このようなGAの発芽に対する相反する2つの反応（促進と抑制）について、岡上（Okagami）らのむかごやヤマノイモ属植物の詳細な研究によると、①ナガイモの未熟なむかごを低O_2濃度（0.3〜5%）の人工空気で培養するとGA処理によって発芽が促進されること、②オニドコロ（トコロ）の種子発芽では、GAによって暗所、赤色光照射下では抑制、青色光、緑色光、遠赤色光下では促進されること、③ヤマノイモの地下器官の発芽が低濃

208 第1部 植物の知恵を解き明かす

表4-4 ジベレリン誘導休眠に関する研究の歴史

年	研究者	植物・器官	研究内容
1959年	Weaver, R.J.	ブドウの越冬芽	萌芽のシュート数が前年秋のGA処理により減少
1959年	Brian, P.W. ら	カエデ属、ヨーロッパブナ、トネリコ属、ナナカマドの越冬芽	GA散布による発芽の遅延
1959年	Nagao, M., Mitsui, E.	シュウカイドウのむかご	GA処理による発芽抑制
1960年	Fujii, T. ら	キリンソウの種子	GA処理による発芽抑制
1964年	Czopek, M.	ウキクサの殖芽（turion）	GA処理による発芽抑制
1966年	Okagami, N., Nagao, M.	シュウカイドウのむかご	CCC（GA生合成阻害剤）処理による発芽促進
1967年	岡上伸雄	ナガイモのむかご	GA処理による発芽抑制
1968年	Perry, T.O.	ウキクサの殖芽（turion）	GA処理による発芽抑制
1968年	Hashimoto, T. ら	ナガイモの休眠むかご	ABAの単離同定
1971年	Okagami, N., Nagao, M.	ナガイモのむかご	GA処理による発芽抑制
1972年	Hashimoto, T., Hasegawa, K. ら	ナガイモの休眠むかご	中性休眠物質バタタシンⅠ、Ⅱ、Ⅲの単離、同定
1974年	Hasegawa, K., Hashimoto, T.	ナガイモのむかご	休眠の深さとバタタシン含量の相関
1977年	Okagami, N., Tanno, N.	ヤマノイモ属のむかご、地下器官	GA誘導休眠
1985年	Ireland, C.R., Passam, H.C.	ダイジョとトゲイモの地下器官	バタタシンⅠ、Ⅳ処理による休眠期間の延長
1992年	Tanno, N. ら	ナガイモの休眠むかご	GAの単離同定
1995年	Tanno, N. ら	ヤマノイモの休眠むかご	GAとABAの単離同定
1996年	Tanno, N. ら	ヤマノイモの休眠むかご	7'-hydroxyABAの単離同定
2002年	Kim, S-K ら	ツクネイモの地下器官、むかご	保存中（4℃）におけるバタタシン（Ⅰ、Ⅲ、Ⅴ）とABAの内生レベルの機器分析による定量
2003年	Kim, S-K ら	ツクネイモの地下器官	地下器官形成おける内生GAレベルの変化
2003年	朴（Park, B.J.）ら	ダイジョの地下器官	休眠覚醒時に内生GA様活性の低下
2004年	Kim, S-K ら	ツクネイモの地下器官	GA処理によるバタタシンⅢの内生レベルの増加
2008年	吉田隆浩ら	ヤマノイモのむかご	GA処理による*ABA8'ox*遺伝子の発現の低下と*NCED*遺伝子の発現の増加
2013年	宮下智弘ら	スギの種子	GA処理による発芽抑制

度のGA処理（0.003-0.3μM）によって発芽が促進されること、④GAによって休眠が覚醒されるムカゴイラクのむかごのGAによる発芽促進が、GA誘導休眠に関係があるとされるラッカーゼ（laccase）タイプのフェノールオキシダーゼ（phenol oxidase）の阻害剤によってよりいっそう促進されることなどから、ヤマノイモ属に限らず植物の種子やむかご、地下器官にはGAよる発芽促進系と発芽抑制系とが普遍的、潜在的に存在し、両者の稼働には強弱の違いがあるので、植物種や器官によってGAによって覚醒される休眠と誘導される休眠とのどちらかが顕在化すると考えられています。ここでは、GAによって誘導されるヤマノイモ属のむかごや地下器官の休眠性について筆者らの研究を中心に紹介します。

ヤマノイモ属およびヤマノイモ科の植物学上の特徴や休眠性などについても岡上らによる論文や詳しい総説[19]があるので参照してください。

（2）ヤマノイモ属のジベレリン誘導休眠

ヤマノイモやナガイモ、ニガカシュウの成熟した休眠状態にあるむかごは低温処理によって休眠から醒めて、やがて発芽します。このようにして休眠から覚醒したむかごはGA処理をすると、発芽が抑制されます（図4-23）。このようなGAによる発芽抑制はヤマノイモ属のダイジョの地下器官やウチワドコロ、オニドコロ、カエデドコロ、および新第三紀（新成紀）[19]の遺存種（新第三紀遺存種、旧称：第三紀遺存種）と考えられている *Dioscorea balcanica*、*D. caucasica*、*D. villosa*、*D. quaternata* や、*Tamus* 属の地下器官にも見られ、ヤマノイモ科のむかごや地下器官に普遍的です（表4-5）。GA処理による発芽抑制は低温処理に

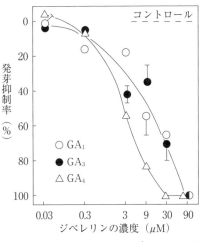

図4-23　ナガイモのむかごにおけるジベレリンの発芽抑制

低温処理によって完全に休眠が解除されたむかごを3種類の活性型GAで培養しました。
(Tannoら（1995）を改変、丹野（2011）[2]から引用)

210 第1部 植物の知恵を解き明かす

表4-5 GA誘導休眠が見られたヤマノイモ科植物

属　種	分布域	器　官
ヤマノイモ属		
ナガイモ*	東アジア	むかご、地下器官
ヤマノイモ	東アジア	むかご、地下器官
キールンヤマノイモ	東アジア	むかご
ダイジョ*	東アジア	地下器官
D. sinuata	中国大陸	むかご
D. decaisneana	中国大陸	むかご
D. divaricata	中国大陸	むかご
D. reticulata	アフリカ	むかご
D. rupicola	アフリカ南部	むかご
ニガカシュウ	東アジア	むかご
ウチワドコロ	東アジア	地下器官
オニドコロ	東アジア	地下器官、種子
ヒメドコロ	東アジア	地下器官、種子
キクバドコロ	東アジア	地下器官
カエデドコロ	東アジア	地下器官
イズドコロ	東アジア	地下器官
D. balcanica**		
Serbian form	コソボ－アルバニア国境	地下器官
Montenegran form	モンテネグロ	地下器官
D. caucasica**	グルジア	地下器官
D. villosa**	北アメリカ	地下器官
D. quaternata**	北アメリカ	地下器官
Tamus属		
T. communis	ヨーロッパ	地下器官

*栽培種、他はすべて野生種。**新第三紀遺存種（旧称：第三紀遺存種）
（丹野（2011）[2]から引用）

よってしか解除されないので、このようなGAによる発芽抑制を筆者らは「ジベ
レリン（GA）誘導休眠（GA-induced dormancy）」と呼んでいます。
　また、ナガイモのむかごはCCC、AMO1618やウニコナゾール（uniconazole）、
プロヘキサジオン（prohexadione）などのGA生合成阻害剤処理によって休眠
から覚醒します（図4-24）[20]。シュウカイドウの休眠むかごの発芽もウニコナ
ゾールによって促進されます。ウニコナゾールは、最近では、シトクロムP450
モノオキシゲナーゼ（cytochrome P450 monooxygenase）ファミリーの阻害剤
と考えられていますが、ヤマノイモでは、GA生合成を阻害していると考えられ

第4章　植物の老化・開花・休眠とは　*211*

図 4-24　ヤマノイモの半休眠むかごにおけるウニコナゾールとフルリド
　　　　ンによる発芽促進
フルリドンはカロチノイド経由の ABA 生合成阻害剤なので、明所培養
にもかかわらず芽生えの色素形成が阻害されています。
（丹野（2011）[2] から引用）

ます。他のヤマノイモ属植物の地下器官でも GA 生合成阻害剤処理よって休眠覚
醒されることから、ヤマノイモ科植物のむかごや地下器官の休眠の誘導・維持に
内生 GA が密接に関与していることが示唆されます。

　一方、低温処理によって休眠から醒めて発芽したむかごでは他の植物と同様
に、茎の伸長は GA 処理によって促進され、GA 生合成阻害剤処理によって阻害
されます。したがって、休眠を成長抑制の一現象と考えますと、ヤマノイモ属で
は GA は成長促進と成長抑制に関与しており、低温によって成長の転換が起こる
ことを示唆しています。

（3）ヤマノイモ属の内生ジベレリン

　これまで、14 種のヤマノイモ属植物のむかご、地下器官、茎葉から 13-
hydroxyGA と非 13-hydroxyGA を含む 15 種類の G A が単離、同定されていま
す（表 4-6）。このことから、ヤマノイモ属では上述の 2 つの GA 生合成経路が
ともに稼働していると考えられます（図 4-21）。GA 誘導休眠を示すシュウカイ
ドウのむかごからも GA_3 と GA_{19}、GA_{24} 様物質（GA_{24}-like compound）が単離、
同定され、GA_4 が免疫検定法によって検出されていることから、シュウカイド

212 第1部 植物の知恵を解き明かす

表4-6 ヤマノイモ属植物から同定された内生ジベレリン

節　種	器　官	GA の種類
エナンチオフィルム節		
ナガイモ	むかご	GA_1, GA_3, isoGA_1, GA_4, GA_1, GA_9, GA_{12}, GA_{19}, GA_{20}, GA_{24}, GA_{36}, GA_{32}
ヤマノイモ	むかご	GA_4, GA_{13}, GA_{19}, GA_{20}, GA_{24}, GA_{53}
ダイジョ	地下器官	isoGA_3, GA_{19}, GA_{24}, GA_{93}
D. oppositifolia	茎葉	GA_{19}, GA_{24}, GA_{24}lactol
オブソフィトン節		
ニガカシュウ	茎葉	GA_{19}, GA_{24}
ラシオフィトン節		
アゲビドコロ	茎葉	GA_{19}, GA_{24}, GA_{24}lactol
ステノフォラ節		
ウチワドコロ	茎葉	GA_{19}, GA_{24}, GA_{93}
キクバドコロ	茎葉	GA_{19}, GA_{24}, GA_{93}
カエデドコロ	茎葉	GA_4, GA_{12}, GA_{19}, GA_{24}, GA_{53}
D. balcanica	茎葉	
Serbian form		GA_{19}, GA_{24}
Montenegran form		GA_{19}
D. caucasica	茎葉	GA_{19}, GA_{19}lactol, GA_{24}, GA_{24} lactol, GA_{19}
D. villosa	茎葉	GA_{19}, GA_{24}, GA_{93}
D. quaternata	茎葉	GA_{19}, GA_{24}

（丹野（2011）[2] から引用）

ウにおいても2つのGA生合成経路が稼働していると考えられます。ナガイモのむかごで測定したGAの内生レベル（内生量）は、GA_{19} が120ng/400g生重量、GA_{20}、GA_1 がそれぞれ3-40、2-5ng/400g生重量、一方 GA_{24}、GA_4 それぞれ80-130ng、15-60ng/400gでした。このことは、ナガイモのむかごでは早期13-OH経路と非13-OH経路の律速段階はそれぞれ GA_{19} から GA_{20} への代謝と GA_{24} から GA_4 への代謝であり、非13-OH経路の稼働が比較的高いことを示唆しています。これはヤマノイモ科植物のGA代謝の特徴です。ナガイモのむかごのGA誘導休眠に対するGAの比活性は GA_1 と GA_3 に比べて GA_4 が約3倍高かったことも（図4-23）GA誘導休眠における非13-OH経路の重要性を示唆しています。2003年、ナガイモの一品種ツクネイモの塊茎形成時において茎葉と塊茎のジベレリンの内生レベルを調べた研究からも、ツクネイモの塊茎形成と塊茎の休眠の発達過程における非13-OH経路の重要性が示唆されています（表4-4）。

（4） むかごのジベレリン誘導休眠とアブシシン酸およびバタタシン類

　GA 誘導休眠を示すむかごの休眠誘導物質の探索はシュウカイドウや、ヤマノイモと非常に近縁な栽培種であるナガイモのむかごで進められ、1968 年、ナガイモのむかごから当時休眠物質として注目されていた ABA が単離・同定されました（表 4-4）。しかし、むかごから抽出、精製された ABA 抽出物はむかごの発芽を完全には抑制しなかったことから、ナガイモのむかごでは ABA は休眠を制御していないと考えられていました。1972 年、橋本（Hashimoto）、長谷川（Hasegawa）らによってナガイモの休眠むかごからの 3 種類の中性成長抑制物質が単離・同定され、ナガイモの旧学名（*D. batatas*）に因んでバタタシン（batatasin I、II、III）と命名され[21]、I と III の化学構造が決定されました。長谷川らのさらなる一連の詳細な研究によって、①バタタシンの内生レベルは、秋季のむかごの肥大化に伴う休眠誘導過程で増加し、低温処理による休眠覚醒過程で減少すること、②GA_3 処理によってバタタシン I の内生レベルが増加することなどが、生理活性を基にした定量法（アベナ幼葉鞘切片の伸長成長の抑制）によって明らかにされました。さらに、むかごから抽出、精製されたバタタシン抽出物は低温処理によって休眠から覚醒されたむかごの発芽を抑制し、その発芽抑制は低温処理によって解除されたことから、バタタシン類はナガイモのむかごの休眠物質の候補物質であることが示唆されました。バタタシン類は、ヤマノイモ科に特徴的なフェノール性のテルペノイドで、現在までに I から V まで 5 種類のバタタシン類（図 4-24）が明らかにされています。アイルランドとパッサム（Ireland and Passam、1985 年）によると、バタタシン I と IV は熱帯産ヤムイモ（ダイジョとトゲイモ、*D. esculenta*）の地下器官の休眠期間を延長するが、GA_3 処理の効果がより大きいとのことです。バタタシン III は GA によるオオムギ種子の α - アミラーゼ合成の誘導系において ABA 様の阻害作用を示すという報告もありますが、最近の研究ではバタタシン類はその化学構造から抗菌物質（antifungal compound）であるファイトアレキシン（phytoalexin）としても注目されています。

　近年入手しやすくなった天然型 ABA（S-(+)-ABA）処理が低温処理によって休眠から覚めたナガイモやヤマノイモのむかごの発芽を抑制することが確認されました（ABA の発芽抑制濃度は GA に比べて高い）。また、ABA の生合

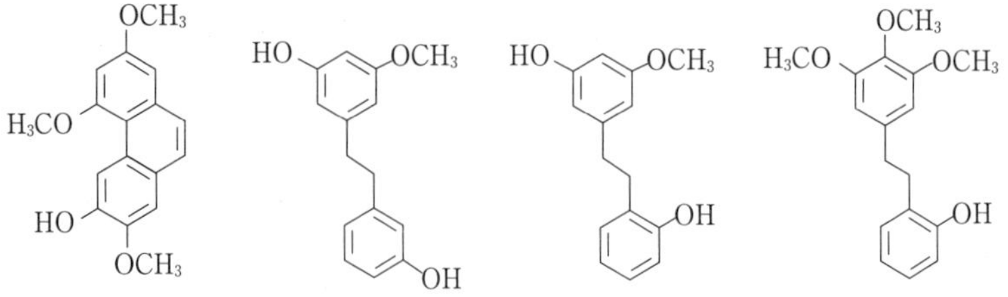

214 第1部　植物の知恵を解き明かす

バタタシン I　　　バタタシン III　　　バタタシン IV　　　バタタシン V

図 4-25　バタタシン類の化学構造

(El-Olemy と Reisch（1979）を改変、丹野（2011）[2] から引用)

成阻害剤であるフルリドン（fluridone、図 4-19 参照）処理によってヤマノイモ
のむかごが休眠覚醒（発芽促進）されたことから（図 4-25）、他の多くの植物の
休眠と同様に、内生 ABA も休眠誘導・維持に関与していることが考えられま
す。シュウカイドウにおいても、むかごから ABA が単離、同定され、フルリド
ンによって休眠むかごの発芽が促進されるので、内生 ABA が GA 誘導休眠に関
与している可能性があります。ヤマノイモ属の一種（*D. floribunda*）の地下器
官においてもバタタシン I と ABA が同定され、ABA の内生レベルは冬季の休
眠時に高くなることが報告されています。2002 年、機器分析技術の進歩にとも
なって、バタタシンのような希少な物質でも、物質として物理化学的定量が可
能になる、ガスクロマトグラフィー・質量分析法（gas chromatography-mass
spectrometry、GC-MS）を用いて、キム（Kim）らによって、ナガイモ（ツク
ネイモ）で ABA とバタタシン類（I、III、V）の内生レベルが調べられました。
彼らによると、地下器官とむかごの ABA とバタタシン類の内生レベルは休眠器
官の保存中にともに減少したが、特にバタタシン III が ABA より遅く減少したこ
とから、ABA よりバタタシン類がナガイモの休眠に関与している可能性が示唆
されました。さらにキムら（2004 年）によって、ツクネイモの地下器官で GA$_3$
処理によるバタタシン III の内生レベルの増加が報告されましたが、GA$_3$ 処理に
よる ABA の内生レベルの変化については記述がありません。

　ヤマノイモの休眠むかごから、ABA と ABA の異化産物である 7'-hydroxyABA
（図 4-20 参照）が単離・同定されています。7'-hydroxyABA は、イネ葉鞘の伸
長成長抑制活性など ABA 様生理活性を有することから、むかごの休眠性とこ

の物質との関連が注目されます。7'-hydroxyABA はヤマノイモに非常に近縁なナガイモのむかごやダイジョの地下器官からも単離、同定されています。ヤマノイモのむかごでの $^2H_6-(+)$-ABA の代謝実験の結果と、ネオファゼイン酸（neoPA）がヤマノイモのむかごでも検出されたことから、ヤマノイモ属のむかごにも ABA の 3 つの水酸化異化経路（ABA8'水酸化経路、ABA7'水酸化経路と ABA9'水酸化経路）が存在していることが確認されましたが、主要経路は ABA8'水酸化経路であると考えられます（図 4-20）。

ここで、むかごの休眠（GA 誘導休眠）における GA と ABA の関係について考えてみます。最近、ヤマノイモのむかごから 2 種類の *NECD* 遺伝子と 3 種類の *ABA8'ox* 遺伝子のオープンリーディングフレーム（open reading frame: ORF）の全長塩基配列がクローニングされ、酵母で発現させた *ABA8'ox* 遺伝子のリコンビナントタンパク質は ABA8'ox 酵素として機能することが確かめられました。さらに、GA_3 で培養されたヤマノイモのむかごでは、*NECD* 遺伝子の発現が促進され、*ABA8'ox* 遺伝子の発現が抑制されることが明らかにされています（図 4-26）[22]。実際、休眠から覚醒したヤマノイモのむかごの内生 ABA レベルは GA 処理によって、無処理のむかごに比べて、高いことが示されています。このように、ヤマノイモのむかごにおいて、GA は ABA の内生レベルを ABA 代謝遺伝子レベルで制御して、むかごの休眠を誘導・維持しているという仮説が

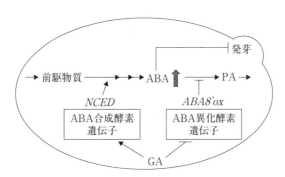

図 4-26　ヤマノイモのむかごにおけるジベレリンによるアブシシン代謝
　　　　遺伝子の発現調節
　→：促進　⊥：抑制
　（吉田ら（2008）[22]、丹野（2011）[2] から引用）

考えられます。

シロイヌナズナの休眠性の深い Cvi 生態型の種子では GA_3 処理が休眠種子の発芽を部分的にしか誘導できず、この種子の ABA の内生レベルが GA_3 処理によって一時的に高まることが報告されています。さらにごく最近、シロイヌナズナの、野生種より種子休眠性が深いオーキシン過剰生産変異体で、オーキシンは ABA のシグナル伝達を介して種子休眠を制御していることが示唆されています[23]。これらのことは、GA 休眠における GA と ABA との関係を考えるうえで興味深い情報です。

ヤマノイモのむかごにおいても、樹木の越冬芽と同様に、シュート頂分裂組織の細胞分裂によって発芽することが示唆されています。低温処理によって休眠から醒めて発芽しつつあるヤマノイモのむかごのシュート頂端分裂組織付近には分裂像が高い頻度で観察されますが（図4-27）、GA や ABA で処理したむかごでは分裂像がほとんど観察されません。ヤマノイモのむかごの休眠はシュート頂端分裂組織が分裂を停止している生理的状態と考えることができます。

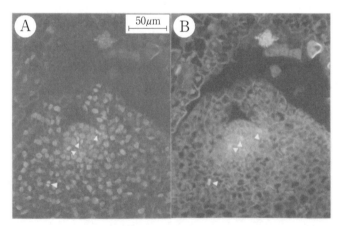

図4-27　ヤマノイモのむかごのシュート頂端分裂組織における分裂像
低温処理によって完全に休眠から解除されて発芽しつつあるむかごの芽の同一縦断切片を DAPI 染色（A）と抗チューブリン抗体を用いた間接蛍光抗体法（B）とによる二重染色して観察しました。図の△は分裂像（細胞分裂中期から後期）を示します。
（菱沼　佑博士のご協力により羽田裕子氏撮影。丹野（2011）[2] から引用）

5. まとめとして

（1） 休眠のメカニズムとその課題

　これまで述べてきたように、種子の休眠と樹木、ジャガイモ塊茎、むかごなどの芽の休眠のメカニズムを概観すると、休眠誘導・維持の鍵植物ホルモンとしてはABAが一般的です。しかし、休眠を解除する鍵になる植物ホルモンとしては、種子ではGAが一般的で、樹木の越冬芽においてもGAが考えられていますが、ジャガイモ塊茎では最近の研究によるとGAよりはサイトカイニンが注目されています。このことは、休眠器官とひと言でいっても、例えば種子と芽、それぞれの器官の発芽のはじめの兆候の違い、すなわち種子では幼根細胞の伸長、また樹木の越冬芽やジャガイモ塊茎の芽、むかごの芽ではシュート頂分裂組織の細胞分裂という違いに関連しているように考えられます。GAでも植物の伸長成長のほかに、細胞分裂も促進することが知られていますが、サイトカイニンの主たる作用が細胞分裂の促進であることと関連しているようです。

　シロイヌナズナ種子をはじめとしてレタス種子、さらには雑種ヤマナラシ、温帯産果樹など樹木の芽などで展開されてきた分子遺伝学的研究によって、ABA合成酵素遺伝子と異化酵素遺伝子の発現およびGA合成酵素遺伝子と異化酵素遺伝子の発現を中心にして、休眠サイクルがこのようなABA合成、異化遺伝子の発現とGA合成、異化遺伝子が独立に発現しているのか、または相互作用して発現しているかなどについて、論じられてきました。また最近、樹木の芽の休眠で*DAM*遺伝子とヒストンの化学修飾による遺伝子発現の調節が明らかにされつつありますが、*DAM*遺伝子の発現とABA代謝やGA代謝との関連について遺伝子レベルでもその解明が課題です。

　ヤマノイモ属植物に特異なGA誘導休眠において、GAのシグナル伝達経路のどのような段階で、ABA代謝（図4-28）やバタタシン代謝へシグナルが変換されるのか、興味ある課題です。GA誘導休眠におけるGAシグナル伝達に関する分子遺伝学の発展に期待します。

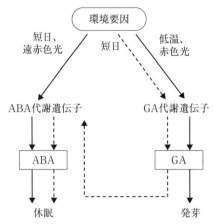

図 4-28　アブシシン酸とジベレリンによる休眠と発芽の制御
樹木の越冬芽の休眠芽などでは短日条件が ABA を介して休眠を誘導し、低温が GA を介して発芽を誘導します。また、レタスやシロイヌナズナの種子では、遠赤色光（または、暗期）と赤色光が休眠と発芽をそれぞれ誘導します。ヤマノイモ属植物のむかごでは GA が ABA を介して休眠を誘導します。
（丹野（2011）[2)] から引用）

（2）ヤマノイモの休眠とわたしたちの生活

　ヤマノイモ属は世界的には英語でヤム（yam）と総称され（日本ではそれらの植物の食用部分の意であるイモ（地下器官）と一緒にして、しばしばヤムイモと呼ばれます）、アフリカ大陸（特に、西アフリカの赤道域はヤムベルトと呼ばれます）、オセアニアなどの太平洋の島嶼国、さらに中南米、カリブ海諸国の汎赤道地帯で自生、または栽培されています。これらの国々ではヤムイモは今日でも主要な食糧になっており、この地域の「食糧危機」を救う可能性を秘めた作物としても昨今話題になっています。

　わが国でも今日一般にはあまり馴染みのないオニドコロ（トコロ）や、ヤマノイモ（ジネンジョ、自然薯）、ナガイモの肥大した地下器官は奈良時代から滋養強壮の食物として記録があります。また、ヤマノイモ属植物の地下器官はディオスゲニン（diosgenin）というステロイドを含んでいることから、かつてはステロイドホルモンの原材料として医薬的にも珍重され、このことはアメリカで避妊薬ピル開発の端緒にもなっています。

第4章 植物の老化・開花・休眠とは　*219*

　植物の休眠のメカニズムを理解することは、植物の成長を人為的に制御する上で重要です。ナガイモやヤマノイモの地下器官に限らずジャガイモの塊茎などの休眠期間を人為的に延長させることはこれらのイモの食物としての品質保持に重要です（休眠が解除されると、イモの貯蔵物質が発芽のための養分として消費され、イモの品質は劣化します）。さらに樹木や草花、野菜の休眠期間を人為的に制御するはこれらの植物の花期や野菜などの栽培時期を制御することに役立つと考えられます。

　わたしたちは、ジャガイモの塊茎を常温で保存している間に徐々に芽が出て長い間には塊茎が萎びてくることをしばしば経験しています。これは、ジャガイモ塊茎の休眠性はあまり厳密でなく（休眠解除に必ずしも低温を必要としない）、また深くもないので、常温でも長い間には休眠から解除されて発芽し、塊茎に含まれる養分が消費されるためです。十数年前になりますが、青森県で名産のニンニク（蘇茎）が休眠から解除されて貯蔵中に発芽するのを防ぐために従来使われていた農薬（マレイン酸ヒドラジドコリン塩製剤）が、その発癌性のために使用が禁止され、生産者が大変困っているとの報道がありました。それを受けてニンニクの発芽抑制（休眠）物質が探索され、シロイヌナズナ種子の発芽抑制を指標に、ヒトの血液凝集抑制物質としてニンニクで既知のZ-アホエン（ajoene）が単離同定され、この物質はニンニクにも発芽抑制効果があるとの報告があります。植物体内に存在し機能している物質にはその物質を分解するシステムも自然界には存在していると考えられるので、このように食物となる植物からの休眠物質（発芽抑制物質）などの天然機能物質（生理活性物質）の探索とその利用は食物の安全性の面から重要な課題です。

引用文献

1) 藤伊正『植物の休眠と発芽』UPバイオロジー・シリーズ4、東京大学出版会、1975
　　休眠と発芽について簡潔にまとめた古典的解説書。
2) 丹野憲昭　第9章「休眠」『最新　植物生理化学』長谷川宏司・広瀬克利編、大学教育出版、2011、pp.226-305
　　本節の元本で、種子、樹木の休眠全般と特に、GA誘導休眠について解説。
　　本節では省略した2008年頃までの文献が充実しているので、参照してください。
3) 鈴木善弘　『種子生物学』東北大学出版会、2003

220 第1部　植物の知恵を解き明かす

種子形成から種子休眠、発芽まで、種子全般の生理学を詳述した好書。

4)　『発芽生物学 — 種子発芽の生理・生態・分子機構』種生物学会編，吉岡俊人・清和研二責任編集、文一総合出版、2009

シロイヌナズナ、レタスなどの種子の休眠と発芽の分子機構について、特に、植物ホルモンの分子遺伝学を中心に第一線で活躍している研究者が簡潔に解説している好書。

5)　『植物ホルモンの分子細胞生物科学』小柴恭一・神谷勇治・勝見行編、講談社サイエンティフィック、2006

植物ホルモン分子遺伝学を第一線で活躍している研究者が簡潔に解説。

6)　宮川拓也・田之倉優「アブシシン酸受容体の構造に基づく植物の乾燥ストレス応答制御の理解」『生化学』86、2014、pp.650-661

7)　池田亮・山室千鶴子・山口淳二 「ジベレリンシグナル伝達因子；DELLA ファミリーを中心として」『植物の生長調節』38、2003、pp.36-47

8)　豊増知伸「光発芽のホルモン制御」『化学と生物』44、2006、pp.596-602

9)　Seo, M. et al. Interaction of light and hormone signals in germinating seeds. Plant Mol. Biol. 69: 463-472（2009）

10)　Lau, O. S. and Deng, X. W. Plant hormone signaling lightens up: integrators of light and hormones. Current Opinion in Plant Biology 13: 571-577（2010）

11)　Yamane, H. Regulation of bud dormancy and bud break in Japanese apricot（*Prunus mume* Siebold & Zucc）and peach（*Prunus persica*（L.）Batsch）: A summary of recent studies. J. Japan. Soc. Hort. Sci. 83: 187-202（2014）

12)　中村信吾「コムギの種子休眠性を制御する遺伝子　*MFT* 遺伝子の発芽制御機能」『化学と生物』51、2013、pp.272-273

13)　Nakabayashi, K. et al. The time required for dormancy release in *Arabidopsis* is determined by delay of germination protein levels in freshly harvested seeds. Plant Cell 24: 2826-2838（2012）

14)　Horvath, D. Common mechanisms regulate flowering and dormancy. Plant Sci. 177: 523-531（2009）

15)　Rios, G. et al. Epigenetic regulation of bud dormancy events in perennial plants. Frontiers in Plant Sci. 5, article 247（1-6）, doi: 10.3389/fpls.2014.00247（2014）

16)　Karlberg, A. et al. Analysis of global changes in gene expression during activity-dormancy cycle in hybrid aspen apex. Plant Biotechnol. 27: 1-16（2010）

17)　岡上伸雄「草本植物の休眠芽の比較生理」『植物の化学調節』2、1967、pp.121-124

18)　宮下智弘・栗田祐子・生方正俊「−20℃で8年間保存したスギ種子の発芽に対するジベレリンの影響」『東北森林科学誌』18、2013、pp.13-17

19)　岡上伸雄「ヤマノイモ科の植物学上の特徴」Dioscorea Research No.1、Research Group of Dioscoreaceae Plants（RGDP）、1998、pp.43-53

"Dioscorea Research No.1" はヤマノイモ科の植物、休眠性の特徴等が、ヤマノイモ研究

者によって種々紹介されている。No.1 以降続刊されていないので、ヤマノイモの会（RGDP：Reserch Group of Dioscoreaceae Plants）のホームページ（www.iwate-pu.ac.jp/~hiratsuka/yamanoimo/）を参照してください。特に新第三紀遺存種（旧称：第三紀遺存種）については、同ホームページに岡上による詳細な解説があります。さらに、Terui, K. and Okagami, N. Amer. J. Bot. 80: 493-499（1993）も参考になります。

20) 丹野憲昭「ジベレリンが誘導する休眠 ― ヤマノイモ属における内生ジベレリンの関与」『植物の化学調節』29、1994、pp.39-54

21) 橋本徹「植物の新休眠物質バタタシン」『理化学研究所ニュース』36、1973、pp.1-2

22) 吉田隆浩・古井丸葉月・Haniyeh Bidadi・清水和弘・豊増知伸・遠藤亮・南原英司・神谷勇治・岡田勝英・岡上伸雄・丹野憲昭「ヤマノイモの GA- 誘導休眠における ABA 代謝酵素遺伝子の発現」『日本植物学会第 72 回大会研究発表記録 』2008、p.234

23) Liu, X., Zhang, H., Zhao, Y. et al. Auxin controls seed dormancy through stimulation of abscisic acid signaling by inducing ARF-mediated ABI3 activation in Arabidopsis., PNAS 110: 15485-15490（2013）

第2部

わたしたちの生活に役立つ植物の知恵

第 5 章

農作物への応用

第1節　有用作物の作成

1. 農耕の始まりと作物の成り立ち

　日本は「飽食の時代」であると言われて久しいのですが、これは、人類史から考えると最近になって初めて経験することになった極めて特殊な状況であり、人類は地球上に出現してから長い間、食料を確保するために絶え間なく努力を続けてきたと言えます。特に、狩猟や採集生活を行っていた原始時代には、獲物を求めて絶

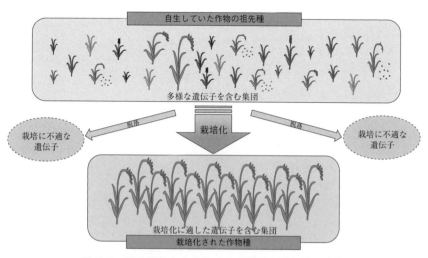

図 5-1　野生植物から作物への栽培化と遺伝子の変化

えず移動しながら日々の食料を確保することこそが主な仕事であり、食料を得るためにほとんどの労力と時間を費やしていたであろうと考えられます。その後、一万年程前からわたしたちの祖先は食料を安定して確保するために、各地に自生していた野生植物を自らの手で栽培する「農耕」を開始したと言われています。

しかしながら、その際に利用された野生植物は自然界での生存に適応してきたものであり、決してわたしたちが栽培し利用するのに適した性質を備えたものではなかったはずです。ところが、これらの野生植物が人間の手によって管理された土地に播種・栽培され、収穫後の種子も室内で大切に保存されるということを繰り返しているうちに、徐々に野生植物とは異なる性質を持つ栽培植物すなわち「作物」へと変化してしまったのです。

それではこのような現象はなぜ起こるのか、具体的な例について考えてみましょう。例えば、野生植物は少しでも自分の子孫が繁栄するように、できるだけ広い範囲に自分の種子を散布させる性質を持っています。このため、野生植物の種子は成熟すると風がふいただけで、すぐに植物体からこぼれ落ちたり、莢がはじける力で遠くまで飛ばされたりすることがあります。また、こうして土に落ちた種子はすぐに発芽せずに、その植物の生育に適した条件が整うまでの間しばらく休眠しています。これらの性質は野生植物が自然の環境に適応するために備えている植物の知恵とも言えるものなのですが、栽培化された作物では消失したり弱まっている場合が多いのです。なぜなら、野生植物のように種子の散布性が強い植物を栽培したとすると、せっかく実った種子がすぐに土の上にこぼれてしまい、少ししか収穫することができません。休眠性についても自然条件では間違ったタイミングで発芽してしまわないために必要な性質なのですが、栽培するときには種を播いてもすぐに発芽しないのでは困ってしまいます。では、どのようにしてわたしたちの祖先は野生植物の性質を改良して、栽培に適した作物を作り上げてきたのでしょうか？　これは人間が栽培することによって、野生植物が一定の方向に進化させられた結果であると言えます。

通常、野生植物の集団は他の集団からの個体の移入やランダムな交配、突然変異などを繰り返しながら、その集団中にさまざまな性質を示す遺伝子の多様性を保持しています。この野生植物に人間の手が加わりいったん栽培化されると、栽培化された集団のうち大部分を占めていた、脱粒性が高い遺伝子を持つ個体に

226 第2部　わたしたちの生活に役立つ植物の知恵

実った種子の大部分は収穫される前に畑に落ちて失われてしまうのです。これに対して、集団中にわずかに存在している脱粒性が低下した遺伝子を持つ個体に実った種子は失われることなく収穫され、世代を重ねるごとに集団中でその割合が増していくことになります。休眠性についても同様で、休眠性が強く発芽が遅れた個体には稔る種子数も少なく、世代を重ねるごとに休眠性の強い遺伝子は集団中から徐々に脱落していき、最終的には休眠性の弱い遺伝子を持つ個体が残ることになります。このように野生植物が栽培化され作物へと変化していく過程を順化と呼びますが、わたしたちの祖先が農耕を始めたことによって、意図せずに野生植物の遺伝子が改良され、栽培に適した作物が出現することになったのです。

2. 品種改良の歴史と遺伝子の話

　わたしたちの祖先によって栽培化されたさまざまな作物は、その後も長い年月をかけて世界各地に広がりながら、その土地の土壌や気候などに適応していきました。この過程でも、先に述べた野生植物の集団に含まれていた多様な遺伝子や、世代を重ねている間に突然変異によって生じた新たな遺伝子が、栽培条件や環境条件などによって徐々に選抜され、作物としての進化をとげて在来品種の原型ができ上がってきたと考えられています。実際、1900年にメンデルの遺伝の法則が再発見されるより以前の作物の進化のほとんどは、わたしたちの祖先が栽培を繰り返している間に意識することなく選抜された結果であると言えます。

　しかしながら、遺伝の理論が明らかにされると、優れた性質を持つ親品種同士を人工交配することによって優れた遺伝子を組み合わせて作物を改良し、より性能の良い品種を得ることが可能になりました。明治維新以降、近代国家を目指していた当時のわが国では、食料の増産が極めて緊急かつ重要な課題であったため、明治36年から国立の農事試験場で農作物の生産力向上をめざして、さまざまな作物の栽培技術の試験とともに、イネをはじめとする主要作物の品種改良が本格的に始まったのです。

　それでは、遺伝子と作物の品種改良の関係についての話に入ってみたいと思います。先にも述べたように、作物の祖先は野生の植物種だったのですが、このように自然界に自生していた野生植物の集団は、長い年月の間に生じたさまざまな

第5章　農作物への応用　*227*

突然変異遺伝子を持つ個体を含んでおり、集団としては遺伝的に均一なものではありませんでした。このうち一部の個体をわたしたちの祖先が栽培し、作物化を進めていく過程で、徐々に栽培化に適した性質に関与する遺伝子を持つ個体以外は淘汰され、作物種として特徴的な遺伝子を持つ集団が完成したのです。

　しかしながら、この作物種集団の中には、まださまざまな性質を持った個体が含まれていました。その後、この作物種が長い時間をかけて、いろいろな地域に伝わっていく間に栽培される地域の栽培環境や風土、利用する人々の嗜好の違いなどによって選抜され、多数の在来品種が生み出されていったのです。わが国でも、明治維新以前は、それぞれの農家が自家採種した種子の一部を毎年保存して、翌年の栽培に使用するという農業を行っていました。このような栽培を長い間続けていると、もともとは由来が同じ種子であっても、毎年突然変異が起きたりして少しずつ元の種子とは違う遺伝子を持つ個体が増えてきます。その結果、同じ在来品種の中にも異なる形質を示す個体が含まれるようになっていたのです。野生の植物の場合には、この様な遺伝子や形質の多様性は、自然環境の急激な変化等が生じた際に、その種が新しい環境に順応し絶滅から逃れるために重要な場合も多いのですが、栽培作物ではむしろ、最も生産性の良い遺伝子を持つ均一な集団が求められます。

　そこで、明治時代に設置された農事試験場でまず初めに行われたのは、各地で栽培されておりその性質にバラツキがあった在来品種の栽培試験をして、その中から性能が良く遺伝的にも安定したものを選び出すというもので、純系分離法と呼ばれる方法です。この方法は、栽培している作物集団の中で主に突然変異によって生じて、蓄積してきたと考えられる遺伝子変異を持つ個体を選抜して利用するもので、遺伝の法則が理解される以前から経験的に行われていた方法でもあります。

　それでは遺伝の法則が理解されるようになって、本格的に導入された交配育種法とはいったいどのようなものなのでしょうか？　この方法では、まず、優れた性質を持つ親品種同士を人工交配し、その子孫から雑種集団を作成します。この際に、両親となる品種の中に含まれる多数の遺伝子の組み合わせがさまざまに変化し、変異が拡大します。皆さんは、遺伝子の本体がDNAという化学物質であるということはご存知だと思いますが、植物の細胞中にある核内にはこの長い

DNAの鎖とタンパク質からできた染色体が複数含まれており、染色体1本あたりに数千個以上もの遺伝子が乗っているのです。また、雑種の子孫が両親から1組ずつ受け取った染色体は基本的には染色体単位で子孫の細胞にも伝えられるのですが、花粉や卵のような生殖細胞を作る減数分裂と呼ばれるステップでは、一部の相同染色体同士が組換えを起こし、両親由来の遺伝子をランダムに交換して、子孫に伝えます。その結果、両親の持っていたパターンとは異なる遺伝子の組み合わせを持つ細胞が生じて、集団の中に多様な性質を示す子孫が出現します。そこで、この雑種集団の中で、両親の優れた性質を示す遺伝子を引き継いでおり、かつ、その他にもできるだけ優れた性質を多く持ち、遺伝的に安定したものを選抜していくのです。実際に新たな品種を開発する際には、交配してから10世代近くの世代を重ねる必要がありますが、最近では、開花や生育を制御して1年間に2～3世代のペースで栽培を行う世代促進法を使うことにより、育種年限の短縮を行う場合が多くなっています。この交配育種法は開発されて約100年を経た現在でも、多くの作物の品種改良で主流となっている重要な技術です。

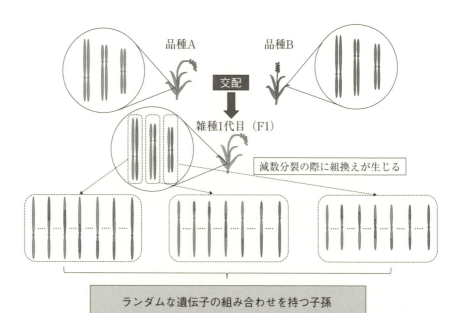

図5-2　交配育種による遺伝的変異の拡大

3. 品種改良技術のいろいろ

　この項では、前項で述べた交配育種法以外のいろいろな品種改良技術を取り上げてみたいと思います。現在でも交配育種法はとても有用な品種改良技術なのですが、この方法で新しい品種を開発するためには、交配に使う優れた遺伝子を持つ両親が必要です。例えば、とても甘くて美味しい実をつけるけれども、病気に弱く育てにくい品種のトマトと実の味は普通だけれども、病気に強く育てやすい品種のトマトを交配して、その子孫から甘くて美味しい実をつけ、かつ病気にも強くて育てやすい品種のトマトを作り出すような場合です。この場合には、交配が可能なトマトという種の中に、甘くて美味しい実をつける遺伝子を持つ品種と病気に強く育てやすい遺伝子を持つ品種が存在したので、この2つの遺伝子を組み合わせた新しい品種が開発できたわけです。

　しかし、もし、トマトという種の中に病気に強い遺伝子を持つ品種が存在していなかったらどうでしょう？　その時は交配によって、目指す品種を作り出すことは難しいことになります。昔から、普通に交配しても雑種の子孫が作れないような植物種同士の組み合わせでも、なんとかして雑種を作ることはできないか、さまざまな工夫が試みられてきました。なかなかどの組み合わせにも使える方法というのはないのですが、染色体を倍化させるとうまくいく場合もあり、コムギとライムギの雑種であるライコムギやハクサイとキャベツの雑種であるハクランはこの原理で人為的に開発された新種の作物です。また、コムギやアブラナ科の野菜の一部のように、もともと異なる植物種同士が自然に交雑し、染色体倍化したことで新しい作物種ができ上がってきた例もあります。しかし、さまざまな種の組み合わせを試してみても、このように成功する例はごく一部のものだけですので、基本的には、交配育種を進めていく上では、同じ種の中に使いたい遺伝子を持つ品種が存在しなければなりません。

　これに対して、親が持っている遺伝子の一部が突然変異によって変化したものを利用し、交配することなく品種改良する方法が開発されました。これが、突然変異育種法とよばれる方法です。遺伝子の突然変異は自然にも発生しており、長い間に生じたその蓄積がさまざまな生物の進化の原動力となり、生物の多様性を作り出してきたのです。しかし、この自然な突然変異の発生頻度は非常に低いた

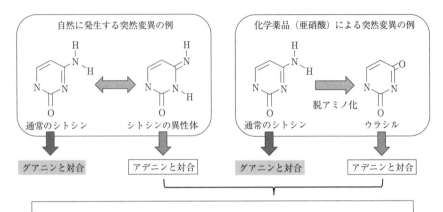

図 5-3 突然変異の発生メカニズム

め、改良したい遺伝子を効率良く変化させることは難しいのです。そこで、改良したい作物に放射線や化学薬品などの変異原を処理して、突然変異の発生頻度を上げてやる必要があります。この処理によって引き起こされる突然変異は、基本的にすべての遺伝子に対してランダムに生じます。また、処理された個体中の細胞ごとに異なる突然変異遺伝子を持っており、種子繁殖する種であれば、さまざまな突然変異遺伝子のうち、生殖細胞を介して種子に取り込まれたものだけが次の世代に伝わっていくことになります。もし、変異原処理をした作物のたくさんの子孫の中から目指す性質を持った個体をうまく探し出すことができれば、この個体を親として交配育種法に利用することも可能になります。また、違う品種同士を交配した場合には、両方の品種に含まれている数万個もの遺伝子がランダムに組み合わさるので、いろいろな性質が一度に変化してしまいますが、突然変異育種体の場合には、親と比べてせいぜい数十個程度の遺伝子に変化が生じているだけなので、多くの性質は親品種のものを引き継いでいると考えられます。

　つまり、親品種の持つさまざまな性質のうちで狙っているもの以外をあまり変化させることなく、ピンポイントの改良が可能となる技術とも言えるのです。しかしながら、突然変異育種法にもいくつかの問題点があります。まず、通常、特定の性質が変化した突然変異体が得られる頻度は、数千から数万個体に一個体程

度のもので、相当な数の個体を探索しなければならないということです。また、どれだけ探しても目的の性質を持つ突然変異体が得られない場合もあります。なぜなら、この方法は、その種にすでに存在している遺伝子の機能を壊したり、性質を変化させることは得意なのですが、まったく存在しない遺伝子を一から作り出すことは、ほぼ不可能なのです。

　このように、その種にはまったく存在しない遺伝子を、交配することができない別の生物種などから導入する方法として開発されたのが、遺伝子組換え育種法です。この技術は、組換えDNA技術とも呼ばれており、試験管内で数種類の酵素を使って、異なる種の生物由来のDNA断片同士を人為的につなぎ替えた新しい人工遺伝子を植物細胞に導入し、この人工遺伝子が染色体DNAに組み込まれた細胞を培養し、再度植物体を再生させるというものです。この際、基本的には、細胞ごとに染色体上の異なる位置に人工遺伝子が組み込まれた細胞からそれぞれの植物体が再生してくることになりますから、でき上がる植物の性質も少しずつ違うものになり、実際に品種にする場合には、できるだけ沢山の個体を栽培して良い性質を持つものを選ぶことになります。また、この方法では狙いをつけた一つの遺伝子だけを改良できるという特徴を持っているのですが、本来その植物種に存在しない遺伝子を導入するだけではなく、その植物種で働いている遺伝子の働きを止めてしまうこともできるのです。また、部品を一つずつ設計して複

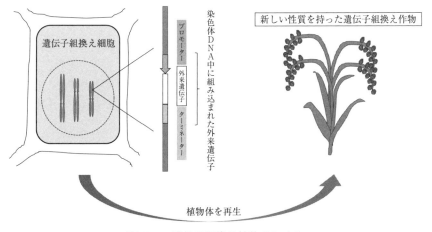

図5-4　遺伝子組換え植物のしくみ

232 第2部 わたしたちの生活に役立つ植物の知恵

雑な機械を作っていくように、個々の遺伝子を設計して作物を改良することもできます。

4. 品種改良の成果

　見渡す限りの田んぼ一面のイネが青々と育っている夏の風景や、黄金色の稲穂がたわわに実っている秋の風景を見た時、皆さんはどのように感じますか？おそらく、多くの人は「自然の中に来ると心が落ち着く」などと感じるのではないでしょうか？　しかし、この認識はある意味で間違いなのです。この時に目に入ってくるイネは、みんなほとんど同じ大きさに育ち、同じタイミングで穂を出し種子をつけます。これは、まさに人の手によって生み出された品種改良の賜物なのです。本来、野生の植物集団はたとえ同じ種であっても、同じ日に一斉に開花したりするものではありません。また、昭和初期頃の稲刈りの様子を撮影した記録写真などを見ると、わたしたちが普段目にしているものより、ずいぶん草丈の高いイネを収穫しているのが分かります。実は、これらはすべて品種改良の成果なのです。

　それでは、このイネの穂の出るタイミングや草丈を決定するメカニズムと、それらの形質を制御する品種改良について考えてみたいと思います。まず、穂の出るタイミングについてですが、植物は発芽してからしばらくの間は、光合成によって得られた養分を使って自らの体を大きくしていくことが知られており、この時期を栄養成長期と呼びます。こうして、自らの体が花を咲かせて種子をつけるのに十分な大きさまで成長した後、外界からの刺激によって花を咲かせるタイミングを判断し、生殖成長と呼ばれる段階に移ることで、体を大きくするのを止めて穂を出し始めます。イネの場合には、この栄養成長から生殖成長への切り変えを制御している主な機構が2つ存在しています。その1つは日長であり、ある一定時間より日長が短くなると生殖成長に切り替わるのですが、この性質を感光性と呼びます。もう1つは気温であり、ある一定の温度よりも気温が高い日が続くと、やはり生殖成長に切り替わるもので、この性質を感温性と呼びます。これら2つの制御機構は、1つの植物中に両方ともが存在するのですが、九州など温暖地で栽培される品種では感光性が強く、北海道のような寒冷地で栽培される品

種では感温性が強いように改良されています。なぜなら、九州のような暖かい地方では田植えの後すぐに気温が上昇してしまうので、イネの感温性が強いと十分に成長する前にすぐに穂を出してしまい、収穫物が少なくなってしまいます。そこで、植物体が十分大きくなってから、秋に向かって短くなっていく日長に反応して穂を出す性質を持つ遺伝子を利用しているのです。これに対して、北海道のような寒冷地では、短い夏の間に素早く穂を出さないと冷害にあってしまいます。そこで、寒さに弱い花粉が作られるのに十分な気温になったら、素早くこれに反応して穂を出させる性質、すなわち感温性の遺伝子を利用しているのです。

　このように植物の開花を制御するメカニズムについては、最近、さまざまな植物で研究が進められていますが、特に日長の変化に反応して開花を制御するメカニズムについては、光受容体のフイトクロームが感受した日長と自分の体内時計とを比較することによって、このタイミングを正確に決定していることが明らかになっています。また、これらに関連する遺伝子の突然変異体では、開花のタイミングが変化することも知られています。

　もう一つの例は草丈の改良についてですが、イネに限らず他の穀物についても一般的に、最近の品種は昔の品種と比べると、草丈が低くコンパクトな草姿に改良されています。実は、これが穀物の収量を増加させるためには非常に効果的なのです。それでは、なぜ、草丈を低くする品種改良が重要なのか、その理由を考えてみましょう。作物が成長し種子を実らせるためには、根から水分や養分を吸収し、葉で光合成を行って、できるだけ沢山のタンパク質やデンプンを生産し、これを効率良く種子の中に蓄積しなければなりません。しかし、草丈が大きくなる植物では、自分の体を大きくし、体を維持するために栄養分の多くを消費してしまうので、種子を作るために使えるものが少なくなってしまいます。また、光合成には太陽の光が必要ですが、草丈の高い植物と低い植物を比較すると草丈の高い植物の方が影も大きくなります。

　つまり、一つひとつの株の間を十分広く植えないと隣の株が日陰になってしまい、十分に光合成を行うことができなくなります。また、草丈が高いほど風雨に弱く倒伏しやすくなってしまい、もし倒伏すれば、隣の植物の上に覆い被さって日光を遮るので、下敷きになった株は光合成ができなくなってしまいます。これに対して、草丈が低く改良された植物では、同じ面積により多くの株を栽培

234　第 2 部　わたしたちの生活に役立つ植物の知恵

することが可能となり、倒伏しにくく、光合成効率も高くなります。加えて、自分の体がコンパクトになるので、生産した栄養分を自分自身の成長ではなく、種子の生産により多く使うことができるのです。このように草丈を短くする性質を（半）矮性と呼び、これらの植物の改良には半矮性遺伝子が利用されています。1960 年代以降、実際に多くの穀物種で半矮性遺伝子を使った品種改良が行われた結果、従来の品種に比べて、倍以上の収穫量が得られるようになり、「緑の革命」と呼ばれています。現在、品種改良に利用されている半矮性遺伝子は植物種によって少しずつ違うのですが、植物の成長ホルモンであるジベレリン[1] やブラシノステロイド[2] の合成や受容に関与している遺伝子であることが知られています。ここで例としてあげたイネの半矮性遺伝子 *sd1* は、活性型ジベレリンの合成に関わる酵素の遺伝子であることが明らかにされており、ガンマ線照射によって作出された半矮性イネでも同じ遺伝子に突然変異が生じていたことも明らかになっています[3]。

5.　夢の作物をめざして

　前述したイネの開花期や草丈などの改良には、もともとイネという植物種の中に存在していた有用遺伝子が利用されていたのですが、交配が可能な種の中に改良したい性質を持つ遺伝子が見つからない場合であっても、まったく異なる生物種が持つ遺伝子を使って品種改良を行う方法が遺伝子組換え法です。この方法で開発された農作物が初めて市場に出てから、すでに 20 年ほどが経っていますが、なかなか消費者に理解してもらえているとは言いがたい状況が続いています。これらの反対意見は、植物の品種改良を専門とする科学者の視点とは異なる部分も多いのですが、それを差し引いて考えても、遺伝子組換え技術は多くのメリットを持っています。とくに、先に述べた異なる種の遺伝子を利用できるという点と標的とする遺伝子のみをピンポイントで改変するという点で、それ以前の方法を完全に凌駕する方法であると言えます。例えば、市場に出回っている遺伝子組換えの代表としてあげられる「除草剤耐性ダイズ」や「害虫抵抗性トウモロコシ」「青いバラ」といった作物は、この技術なしには実現できなかったものです。また、現在もこの技術を用いてさまざまな性質を持つ品種の開発が進められてお

り、「ゴールデンライス」[4]や「スギ花粉症緩和米」[5]などが市場に出回る日も近いと考えられます。

最後に、遺伝子組換え技術に続く新たな作物の品種改良技術をいくつか紹介してみたいと思います。まず、はじめに紹介するのは、突然変異を用いた新しい品種改良技術です。前にも述べたように突然変異を用いた品種改良技術自体は特に新しい技術ではなく、すでに日本でも60年以上の歴史があります。しかしながら、従来の突然変異による品種改良は、膨大な数の突然変異体の中から非常に少数の望ましい性質を持つ植物個体を選び出すため、莫大な時間と労力を必要としていました。ところが、最新の作物ゲノム研究の成果とDNAの変異箇所を特定する方法を組み合わせることで、ごく短期間のうちに目的の遺伝子に突然変異を生じた植物個体を選び出す技術が開発されたのです。この新しい技術の誕生により、これまで遺伝子組換えでなければ難しいと言われていた改良の一部を突然変異によって置き換えることも可能になりました。実際に、筆者らの研究室でもこの新しい技術を使って、さまざまなダイズの突然変異体を新たに作り出すことに成功しています[6)7)]。これらの突然変異体の中には、開花のタイミング[8]や草丈

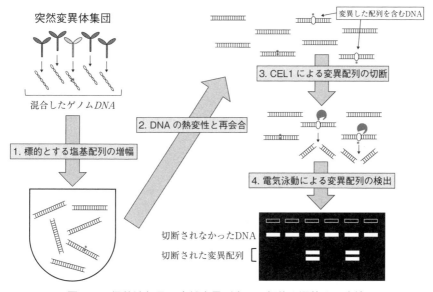

図5-5 標的遺伝子に突然変異が生じた個体を選抜する方法

236 第2部 わたしたちの生活に役立つ植物の知恵

が変化したもの、種子に含まれるタンパク質や油[9]、イソフラボンなどの成分が変化したものなどがあり、品種改良のための貴重な素材となっています。また、この技術を使って、普通のダイズ油には 20%程度しか含まれていないオレイン酸を、オレイン酸がたくさん含まれていることで知られるオリーブオイル並みの80%にまで増加させる改良にも成功しています[10]。

また最近では、これとは別の原理に基づいたゲノム編集と呼ばれる技術も注目されています。この技術は遺伝子組換え技術とよく似ているのですが、遺伝子組換え技術では外来の DNA が改良された植物の染色体中に組み込まれるのに対して、この技術で改良された植物では、もともとその植物が持っていた DNA 配列の一部が変化させられるだけで、外来の DNA は組み込まれないという特徴があります。つまり、違う種の遺伝子が組み込まれることはないのです。

このように、品種改良をする技術も日々進化しており、今後もわたしたちの生活を支える農作物をより良いものに改良する努力は続いていくであろうと考えられます。

引用文献

1) Peng, J., Richards, D.E., Hartley, N.M., Murphy, G.P., Devos, K.M., Flintham, J.E., Beales, J., Fish, L.J., Worland, A.J., Pelica, F., Sudhakar, D., Christou, P., Snape, J.W., Gale, M.D. and Harberd, N.P. 'Green revolution' genes encode mutant gibberellin response modulators. Nature 400: 256-261 (1999)

2) Chono, M., Honda, I., Zeniya, H., Yoneyama, K., Saisho, D., Takeda, K., Takatsuto, S., Hoshino, T. and Watanabe, Y. A semidwarf phenotype of barley uzu results from a nucleotide substitution in the gene encoding a putative brassinosteroid receptor. Plant Physiol. 133: 1209-1219 (2003)

3) Sasaki, A., Ashikari, M., Ueguchi-Tanaka, M., Itoh, H., Nishimura, A., Swapan, D., Ishiyama, K., Saito, T., Kobayashi, M., Khush, G.S., Kitano, H. and Matsuoka, M. Green revolution: A mutant gibberellin-synthesis gene in rice. Nature 416: 701-702 (2002)

4) Paine, J.A., Shipton, C.A., Chaggar, S., Howells, R.M., Kennedy, M.J., Vernon, G., Wright, S.Y., Hinchliffe, E., Adams, J.L., Silverstone, A.L. and Drake, R. Improving the nutritional value of Golden Rice through increased pro-vitamin A content. Nature Biotech. 23: 482-487 (2005)

5) 廣瀬咲子・高木英典・川勝泰二・若佐雄也・土門英司・遠藤雄士・村岡賢一・平井一一男・

渡邊朋也・服部 誠・立石 剣・高岩文雄「スギ花粉症緩和米の安全性確保へ ― 大規模隔離ほ場栽培と生物多様性影響評価 ―」『育種学研究』10、2008、pp.23-30.

6) Anai, T. Mutant-Based Reverse Genetics for Functional Genomics of Non-model Crops, Advances in Plant Breeding Strategies: Breeding, Biotechnology and Molecular Tools, (Al-Khayri, J.M., Jain, S.M. and Johnson, D.V. Edt.) Springer International Publishing AG: 473-487（2015）

7) Tsuda, M., Kaga, A., Anai, T., Shimizu, T., Sayama, T., Takagi, K., Machita, K., Watanabe, S., Nishimura, M., Yamada, N., Mori, S., Sasaki, H., Kanamori, H., Katayose, Y. and Ishimoto, M. Construction of a high-density mutant library in soybean and development of a mutant retrieval method using amplicon sequencing. BMC Genomics 16: 1014（2015）

8) Xia, Z., Watanabe, S., Yamada, T., Tsubokura, Y., Nakashima, H., Zhai, H., Anai, T., Sato, S., Yamazaki, T., Lu, S., Wu, H., Tabata, S. and Harada, K. Positional cloning and characterization reveal the molecular basis for soybean maturity locus *E1*, which regulates photoperiodic flowering. Proc. Natl. Acad. Sci. USA 109: E2155-E2164（2012）

9) Hoshino, T., Watanabe, S., Takagi Y., and Anai T. A novel *GmFAD3-2a* mutant allele developed through TILLING reduces α-linolenic acid content in soybean seed oil. Breed. Sci. 64: 371-377（2014）

10) Hoshino, T., Takagi, Y.and Anai, T. Novel *GmFAD2-1b* mutant alleles created by reverse genetics induce drastic elevation of oleic acid content in soybean seeds in combination with *GmFAD2-1a* mutant alleles. Breed. Sci. 60: 419-425（2010）

参考文献

(1) 鵜飼保雄『植物改良への挑戦 ― メンデルの法則から遺伝子組換えまで ―』 培風館、2005

(2) 『植物育種学 第4版』西尾剛・吉村淳編、文永堂出版、2012

第2節 サスティナブルなコンポストで都会を緑に森林を元気に

1. はじめに

わたしたちが今日、食したり、愛でている植物はほとんどが園芸種で人の手によって創られたものです。その点では、育種家抜きには語れません。

植物と人の関わり合いは、シャニダール遺跡花粉の話が有名ですが園芸植物

238 第2部　わたしたちの生活に役立つ植物の知恵

との関わり合いは数百年と意外と歴史が浅いと思われます。育種家といえばルーサー・バーバンク（1849‐1926）が有名で生涯3千種の育種を行ったとされています。その育種の種類は実に多様で、花卉から野菜まで幅広いです。ジャガイモは百年以上経ったいまでも主な品種のひとつとして栽培されています。

　園芸種は里山のように人が存在して成り立つ植物たちです。自然環境下で自ら生きていくことは困難な種がほとんどです。ましてや、原産地から離れた域内では、さらにその度合は増してしまいます。どのくらい人との関わり合いが深いかというと、ルーサー・バーバンクが紹介している一文があるので下記に原文のままご紹介します。

　　植物が敏感に適応していく実例の中でも彼が、とくに人間の理想や性格にたいしてまで、植物が如何に忠実に適応していったかを、雄弁に物語る一例として示した次の記録は、われわれに深い興味と示唆とをあたえる。

　　英国に富裕な銀行家が二人いた。二人ともスイセン類の栽培に深い趣味を持ち、多数の雑種を養成していた。一人は身体の巨大な粗野な人物で、神経も太く支配的な人柄であった。少々洗練身に欠けるところがあり、心もちの柔らかみにも不足していた。

　　他の一人は、これと反対にきわめて感じやすい、神経質な逡巡型の人物であった。物への細部へのするどい洞察力をもち、また物の価値にたいしても正しい観賞ができた。いわゆる眼光が皮下に徹し、かくれている美を見ることのできる深慮不言型の人柄であった。

　　この二人のアマチュア育種家は、各種のスイセン類の育種栽培上の好敵手であり、アマチュアとしていずれも驚異に値する変種をつくりだしていた。

　　ところが、この二人が相前後して死没した後、彼等が育成したスイセン類の球根が競売にだされた。これらの価値ある変種は、当時英国で著名な球根専門家ピイタア・バア氏の手に落ちたのである。

　　バア氏は、買い入れたスイセン類の球根を、二人の育種家別に分けずに混合してしまい、無差別に自分の実験畑に植え付けた。開花期になると、実験畑をあるいて咲いている水仙類の花を見ただけで、この花は二人の死没したアマチュア育種家の、どちらの家からきたものだかとうことが、彼にはすぐに理解されたのである。

　　バア氏のするどい感覚は、粗野で神経の太い銀行家の育成した花は、巨大できめが荒く、花色は輝くように鮮明で、雄々しい感があり、性質は丈夫であること

をみとめた。神経質で感受性のつよい銀行家の育成した花は、デリケートな魅力に富み、花色はやわらかな含みをもち、性質は幾分弱かったが芸術的な感のあるものだったから、花を観て、この花は両者のどちらからきたものかが、ベア氏にはすぐにわかった。

　いずれの花も観る者に声高く挑戦しているかのように美しく、また自己のことは自己で処理していく、大きな能力をもっていることを暗示するかのように大胆な態度を示していた、とバア氏はその印象を正直に語った。

（「神の如き適応の記録」『植物の育成』ルーサー・バーバンク）

　これはバーバンクが友人ピイタア・バア氏から直接聞いた話の記録です。これほどに園芸植物（花卉、蔬菜、果樹等）は人と関わり合いが深いといえます。

　この園芸植物の原種などはプラントハンターによって世界中から集められました。当初は活着率が低く収集することが困難であったようですが、17世紀ナサニエル・バグショー・ウォードによって発案されたウォードの箱によって飛躍的に植物を世界中から集める確率が高まり園芸植物の素となりました。前述のように現在の園芸植物は温室などの人工環境下で育つ品目が中心であって、戸外で自発的に成長するすることは難しいといえます。園芸植物と光の出会いは電照栽培などです。キクの開花調整に使用されました。その後カトレアの開花調節などにも使われるようにもなりました。この場合の光量はそれほど強度な光を必要としませんでした。育種の進んだ園芸植物と人工光が出合うことでより人と密接な関係をもつことができる次世代園芸植物が植物工場によって始まったといえます。

2. 植物工場

　植物工場とは一定の閉鎖空間下で植物が育成に必要な要件を人工的に満たしコントロールして生産するシステムといえます。植物工場は太陽光を利用するタイプと人工光を用いた完全制御タイプに分けることができ、高辻氏（1984年）によると、太陽光利用型としては1889年にデンマークコペンハーゲンでクリステンセン氏によるクリステンセン農場が最初であるといわれています。カーセという植物をカイワレのように育て、約一週間で収穫した記載があります。一

部にウォータークレソンの栽培もされていたようです。また、オーストリアのルスナー社は、1950年代に立体型移動栽培の太陽光利用型工場をはじめ、完全制御型でトマト、レタスの栽培をされていたようです。1970年代になると、アメリカでもゼネラル・エレクトリック社など数社がレタス、トマト、キュウリなどの栽培をされていた記録があります。国内では、昭和48年に大阪農林技術センターが最初であるといわれています。当時、通産省も立体型省エネルギー型工場概念設計をしています。

　近年では、「農商工連携」による植物工場3倍計画で、植物工場HPによると「政府は、植物工場の普及・拡大のねらいを『施設園芸のさらなる高度化と地域経済の活性化』と位置づけ、平成21年度補正予算によって普及・拡大のための活動を支援する取組みを行っています」とあるので今後の普及が期待されます。

　数年前から園芸の先進国オランダでは施設園芸の役割をゼロエミッションとサスティナブルな生産を可能とする温室栽培をセミナーなどで紹介されています。元来温室は太陽光を利用した閉鎖空間下で温度などを制御することで、育成できる品目類を増やし、育成期間も大幅に拡大できる利点が得られる施設です。一時期温室で栽培されたものは、キュウリ一本、灯油何L分などと揶揄されましたが、本来の温室利用目的はそうではありません。例をいくつか挙げます。オランダでは工業生産から排出される二酸化炭素を数十kmもパイプで引いて温室に利用して生産効率をあげています。閉鎖空間だから可能となる例で植物によって利用され再び炭素貯留されます。一方日本国内でも、半世紀続いている群馬県JA太田市のスイカの無加温栽培があります。スイカは本来夏のものですが、密閉できるパイプハウスの中で2月下旬に収穫を可能としています。被覆層を増やすことで地熱を利用し、加温に用いるエネルギーは一切使用していません。国内でも有数冬期の日照が元となっています。温室は閉ざされた空間を利用することによって、育種家から生み出された園芸種を最大限活用することができるようになる施設です。そのさらなる高効率化と安定生産を目指しているのが植物工場といえます。

　NHKテレビ「クローズアップ現代」（2013年）でオランダのスマートアグリが紹介されていました。太陽光利用型で500以上の項目を複合環境制御していま

した。当然収量も従来以上増になっていました。

　日本では太陽光利用型植物工場の場合、周年生産を前提に考えると夏期の冷房費が大きな要因となり、イニシャル、ランニング共に大きな経費増となる可能性が高いです。密閉型の場合は、特に農薬をほとんど使わないことやノンストレス肥料の施肥で微量成分まで管理できるので残留成分を低く抑えることができ、環境負荷を小さくしたサスティナブルな生産の可能性を高めることができることが大きなメリットといえます。また、環境制御を把握することで、コンピュータによるデータの蓄積、IoT などによって最適化を図ることでエネルギー負荷をさらに少なくした自動化学習栽培プログラムを実現する可能性が高まります。

　また、植物工場の特徴のひとつである農業の土地生産性重視から労働生産性へと支点を変えることをさらに進めることが可能となるので、従来の農業者だけでなく新規参入を促進することにも繋がり、文字どおり省力化された工場生産の可能性が大きくふくらみます。

　現在は食物工場では食品が中心ですが、今後は食するものからオフィス、観るもの癒やされるものまですべての植物を対象とした、より、広義な植物工場へと発展していくことを願っています。

3. 植物工場の課題として

　主要穀物類など多くの光量子を必要とする作物類など土地生産性の大きい作物には現段階では向いていないといえます。エネルギーのほとんどを電力に依存することから現状では製造原価が高くなりますが今後太陽光発電、太陽光蓄熱などの積極的自給活用によってその問題点は解決できる可能性は高いです。元来植物は太陽光を 100％ 必要とはしていません。極端な例ですが、陰性植物の場合は光量子束密度が 50μmol あれば十分です。太陽光発電をしてそれを再び光として利用するのは一見無駄のように思えますが、熱利用など複合的に無駄なく使うことで生産コストを下げることは可能となります。植物を育てていて論ずることはおかしな話ですが、植物工場は農業生産であると明確に位置づけられればさらにコストの低減化を図ることは十分可能となります。

　筆者はイネから陰生植物まで実際に育成試験を実施して百種類以上の品目を

育てた実績はありますが、植物工場そのものの経験はないので、推論となる点はご寛恕ください。

ここで、ご紹介するのは筆者らが開発したコンポストによって従来よりも幅広い植物の室内育成を可能にしたこと、そのコンポストが炭素隔離によって確実に二酸化炭素を削減でき、温暖化防止の一助になる可能性を得たことです。

大規模植物工場は「農商工連携」で今後もますます普及実用化されていくものと思われます。次に、それ以外の中小植物工場を考えてみましょう。

最近の植物工場のひとつとして「店産店消」といわれ、獲れたての植物をレストランやスーパーで直接提供することがあります。それをさらに進めて、「家（庭）産家消」で各家庭で気軽に機能性蔬菜を周年育てることが可能となるかもしれません。文字どおり「家」の中の「ベランダ」や「室内」で育てることが可能となります。現に、アメリカではシティファーマー食料自給革命が具現化しつつあるようです。

家庭や小規模の場合は、多品種少量生産が望まれて多様な品目が育てられることによって周年利用に繋がるものと想定されます。現在の植物工場は水耕栽培が主流で生産されています。言い換えればコンポストを用いない養液などを噴霧や流水している栽培システムといえます。そのせいか、品目は葉菜類が中心のようです。

一方一般市場流通をみると上位のなかには、カンショ、ダイコン、ニンジン、バレイショなどの根菜類も上位に位置しています。また、育生した植物を収穫して利用することが現段階では主ですが、今後植物工場が普及することによって、生産したものを容器ごと（根付状態）キッチン野菜として利用したり、部屋替えなどを前提とした観賞用植物の育成にも広がるものと思われます。その際には、根ごと移動する必要があるのでコンポストは必須となりますが、従来のように数千年堆積したミズゴケやア

図5-6　洋ランオンシジューム系の発根状態
約1年間育生した根の状態

第5章 農作物への応用 243

シなどを利用したコンポストでは、温暖化の一因である二酸化炭素を増やすことになり、サスティナブルなゼロエミッションを実現できなくなる可能性があります。詳細は後述しますが、筆者は繰り返し使えるコンポストを開発しました。現時点で育成確認した植物は百種類を超えています。このコンポストにセラスミックスC構造体と名付けました。この材は、単用で洋ランから野菜の播種など幅広く使える特徴をもっています。生分解することがないので室内でも病害虫の発生は極めて低いといえます。

4. LEDとセラスミックスC構造体を用いて

（1） アブラナ科の室内栽培

　アブラナ科の植物は屋外で育生すると無農薬で行うことは皆無と言って良いほど虫害がひどく、複数回農薬の散布実施は避けられない困難な状況といえます。使用基準を遵守して用いるので食すことに何ら問題はありませんが、無農薬で育てた野菜を希望される消費者に提供するには課題が多いといえます。試験的に屋内で実施すると虫害はほとんど発生しません。ダイコン類は大きくなる品種でも用土量によってその生育サイズを任意に育てることができます。若干多肥気味にしても容器とアンバランスに肥大することはありませんでした。栽培容積によって植物体のサイズが調整できることも利点に繋がるものと思われます。

　5年ほど前にRBのLED下、明期16h、暗期8h、温度約25度でハツカダイコンを播種したところ下胚軸が伸びて製品にならなかったことを経験しました。そのときは、光量不足と勝手に決め込んでいましたが、どうもそうではないらしいと気付きました。太陽光無遮光下の窓ガラス越しでケールを播種したところ、上胚軸は徒長することはありませんでしたが下胚軸が70mm以上伸びてしまいとぐろを巻いている姿となりました。ダイコンも無遮光の窓ガラス越しで試してみました。昼温度は成り行き、夜間温度は18度以上、照度は8～6万ルックスで試しましたが、すべて徒長がみられました。このことがきっかけとなり、インドアでアブラナ科を下胚軸の徒長無しで育ててみようと思いました。その後200μmolの白色LED下で前回と同様の条件で試したところさらに下胚軸が伸びてしまいました。光源の種類を変えて、電球型白色LED、電球色LED、昼光

色および昼白色電球型蛍光灯、天井埋め込み型高輝度 LED、フィルターを用いた RGB 可変型 LED、RGB ワンチップタイプ LED、ブラックライト追加 LED、660nm 赤色 LED などで試してみましたが若干の差異は有るものの、いずれも下胚軸の徒長を抑えることはできませんでした。平行して屋外で春から秋まで播種を複数回試みましたが気温や日長に影響されることはなく、下胚軸長は 5mm から 15mm の間でおさまりました。ただし、発芽時に雨天、曇天が続いたときは下胚軸の伸長が見られました。長いものでは 30mm ほどありました。加えて、温室内で被覆材の違いを見るために PO フィルム下で試したときも若干の徒長はありました。被覆厚 4mm のガラス温室下では使いものにならないほど徒長がみられ自立できない下胚軸でした。

　下胚軸の徒長が光以外にも要因があるかと考え土圧もその一因かと推測しました。播種位置深度を 5、8、13mm と試しましたが、発芽時間に若干の違いがあるだけで差異は見られませんでした。その他の要因として、アブラナ科は暗所発芽種子なので種子に光が射している可能性も考えて覆土を完全に遮蔽したところ光量の強い区で発芽不良を起こす現象はほぼ解決することはできましたが、これも下胚軸の徒長を止めるには至りませんでした。

　しかしながら、インドアプランツを普及したい思いや、キッチンハーブにはアブラナ科植物は必須アイテムであるので諦めきれず悩んでいました。そんなときに、ふとバラの不断照明（暗期をなくす栽培方法で鉢バラの分枝増や生育を高めることができる効果）の効果を思い出して 2014 年末に RGB ワンチップ型 LED で試したところ下胚軸の徒長を止めることができました。初生皮層はく脱現象もきちんと確認することができました。高輝度 40w の LED 下では下胚軸長を 5mm に抑えられることを 3 度確認することでようやく確信を得ることができました。今後の課題としては、太陽光下では暗期があっても晴天下では下胚軸が徒長しないのはなぜかという疑問が残ったままであるのでいつか解決したいと思っています。

　これまで、LED で試験育生した蔬菜類は、ニンジン、ニラ、ネギ類、パセリ類、ミント、バジル類などがあります。コンポストが均一であることと経年劣化をおこさないので、条件が同じなら誰でもその日から育成できることも利点と考えています。また、高温で焼成してある材なので植物体を汚すことも少ないこと

第5章　農作物への応用　245

図5-7　LED光で下胚軸長5mmのダイコン

図5-8　LED光で育生したダイコンの根

図5-9　ダイコン、コンポストを除いた根の状態

図5-10　ダイコン一粒播種で育生した株

で、根だけでなく葉の部分も利用することが可能となります。「根も葉もある野菜」として浅漬けやおひたしにしても大変美味でした。ハダイコンなども容易に育てることができるので幅広い食味の蔬菜を気軽に簡単に育てることができます。

（2）その他の品目
1）イチゴ
　セラスミックスC構造体を用いた閉鎖型植物工場で、数千株単位で周年生産を実施しました。他社の実施例で研究中のこともあり、結果のみのご紹介となりますが好結果を得ることができました。

2）観葉植物

数十種類を試しましたがどれもよく生育し、好結果を得ることができました。シダ類、フィカス類、多肉類などよく育ちます。継続中の品目ではハオルシアが3年間LED光だけで順調に生育しています。光量子束密度は$100\mu\mathrm{mol}\sim 200\mu\mathrm{mol}$です。

図5-11　カポックの発根状態
コンポストを取り除いた根の画像

図5-12　コーヒーの木鉢増し
1か月後の状態
2号鉢から3号鉢へ鉢増しして
コンポストを除いた画像

3）花もの

室内で花を咲かせたいという要望も想定して、ペチュニアとセントポーリアをLEDで育てました。ペチュニアは、4号鉢で一年間切り戻しをしながら咲かせ続けることができています。明るさによって草姿は若干変化しますが、もともと湿度に弱い植物なので乾燥気味の室内では元気に育ちます。$200\mu\mathrm{mol}$以上あると機嫌良く育ち花を咲かせ続けます。肥料要求度は大きく、剪定の都度追肥を実

施しました。これだけ長期に育てることができるのは経年変化しないセラスミックスＣ構造体との組み合わせ効果と考えています。

　セントポーリアは挿し葉からスタートしました。もともと光要求度の低い植物ですが50μmolで18時間明所でよく育つことが分かりました。不断照明でもよく育ちます。肥料はペチュニアの数分の一で十分です。イワタバコの特徴で連続開花はせず、一定期間咲くと次の発雷まで少し期間を要します。普通は遮光された温室内で育生しますが上部から灌水すると葉焼けをおこす可能性が高いです。LEDとセラスミックスＣ構造体の組み合わせでは底面吸水だけでよく育ち根も

図5-13　アジサイ挿し木３か月後
　　　　の発根状態
　　コンポストを取り除いた状態

図5-14　サフィニアブーケ・
　　　　キューティパープル
　　LED光のみで14か月育成開花中

図5-15　LEDで６か月育生した
　　　　盆栽根の画像
　　白い菌糸のようなものが発生する
　　のは生育が良好な証だそうです。

しっかりと張ります。

4) 盆栽

200μmol で 8 か月の間、クロマツ、ゴヨウマツ、アカマツ、クチナシ、ヒノキを育てました。盆栽は門外漢で初めての経験であったので専門家に見ていただきよく育っているとご判断をいただきました。マツがよく育った場合に見られる白い共生菌も確認することができ、クチナシは開花を確認できました。

5) その他

変わったところでは、8 年間約 30μmol の光源下でイネ科植物が育っています。植え替えは一度しか行っていません。灌水は湛水状態で管理していますが、元気に育っています。

図 5-16　パンジー鉢断面画像

図 5-17　バケツイネの出穂状態

図 5-18　パンジー根の拡大画像

図 5-19　1 年間育成したツゲ

第5章 農作物への応用 249

図 5-20　1 年間育生したツゲの
　　　　　コンポストを除去した
　　　　　根の状態

図 5-21　ユリのコンテナ栽培

図 5-22　ユリの発根状態

図 5-23　植え付け 1 年後のフジ
　　　　　ザクラの開花状態
　　　接木苗を植え付けたものです。

　また、戸外の試験ではありますがパンジーがルートバンドをおこさないでしっかりと育っています。根端が傷まず蜘蛛の巣のように根が張ることも確認できました。
　同じく戸外の試験ではありますが、バケツイネもよく育ち、無効分蘗がほとんどない結果が得られました。約 4 か月半の育成期間で、約 3 苗一か所植えと二か

所植えで、最も多い数値で有効分蘖数 95 本、粒数で 9,629 粒を得ることができました。

　その他、ツゲ、ユリ、ナス、ピーマン、ミニトマト、トウガラシ、キャベツ、なども緩効性肥料（ノンストレスタイプ）との組み合わせで順調に育成することができました。洋ランもオンシジウム、ミルタシア、デンファレなど従来のコンポストよりも良い根張りを確認することができました。

　繰り返しになりますが、これからの植物工場で育成されるものは食するものだけでなく、鑑賞する植物、花卉類にも用途は拡大されるものと思われ其の試作を行っています。住環境の変化から都市を中心とした室内に植物が現在十分に普及しているとはいえない一方、室内に植物があることの必要性は、インド環境研究家カマールメトル氏や書籍『エコ・プラント ― 室内の空気をきれいにする植物』にもあるように人間と植物の関係は密接であり身近に置くことでの効果は大きく、その必要性は今後も高まるものと期待できます。

5. 温暖化防止

　COP21 や IPCC で温暖化対応は喫緊なことと報道されていますが、各位実感が得られていないのが現状のようです。筆者もまったくそのとおりですが、植物生産を半世紀近く経験していると近年はこれまでになかった災害に直面していることも事実です。2013 年大島豪雨、2014 年の関東一帯の大雪、日中は起きにくいといわれている夜間突然のダウンバーストなど、その都度筆者や身近な仲間の施設・農作物に甚大な被害が出ました。ニュースなどでは原因のひとつとして温暖化といわれています。その一因が二酸化炭素の増大であることは IPCC、COP21 などで発表されいるので間違いはないように思えます。確実に減らすには国家的な取り組みもさることながら各関係者の身近な取り組みの有機的合成が必須なものと思われますが誤謬を起こしては何もなりません。

　そうなると、小さな取り組みにはなりますが筆者自身の身近で二酸化炭素を確実に削減できることは何かと考えてみました。平成 24 年度国内鉢物流通量は 2 億 4 千 700 万鉢です。現在使われている代表的なコンポストの炭素量をみる

と、ハイドロボール0.05％セラミス0.03％ピート41.8％セラスミックスC構造体64.9％です。代表的なコンポストは、欧州、バルト三国、カナダなどから輸入されているピートがあります。

　ピートは、ミズゴケやアシなどが500年〜1000年以上堆積してできたもので、生分解していないのでその期間しっかりと炭素貯留しているといえます。この折角貯留したものを現在は世界中で主流のコンポストとして使われています。国内にも年間約12万tが輸入されています。これらは生分解して大気中へ二酸化炭素として放出されます。石油や石炭と比較すればわずかなことかもしれませんが現象としては同じことです。身近な課題としてはこれらから排出される二酸化炭素を抑制することにあります。しかしながら、良いことでも今までより使い勝手に制限があるようでは普及は望めません。ただし、単価に関しては別のようです。数年前ドイツに行ったときに、エコマークに準じた表示のあるものとそうでない商品が同じ場所に置いてあり、価格差が倍ほど違いましたが普通に流通していたことは驚きとともに羨ましくも感じました。

6. おわりに

　筆者は東洋電化工業が間伐材を用いて開発した水質浄化材、ハイドロカルチャー素材を小西興発と園芸用に改良して幅広い植物を単用で育てられ、繰り返し使えるコンポストととして開発しました。現時点で育成確認した植物は百種類を超えています。このコンポストにセラスミックスC構造体と名付けました。

　前述のように、このコンポストの特徴は、洋ランから野菜まで幅広い品目を簡易に育てられることにあります。素材は日本固有のスギ、ヒノキです。これらが炭素貯留したものを炭化して用いています。製造エネルギーを加えても1kgあたり二酸化炭素を1.16kg固定することができて使うほどに確実にカーボンマイナスできる唯一のコンポストです。もし、現在主流で使われているピートコンポストの炭素を使わなくともよいことを加味すれば、さらに二酸化炭素増加を大幅に抑制することが可能となります。日本森林の約半分を占める人工林は現在有効活用されているとはいえない状況で木々の呼吸量と炭素貯留量の差が小さいといわれています。これをコンポストに用いることで、植林と利用の循環がきちん

252 第2部 わたしたちの生活に役立つ植物の知恵

と行われて二酸化炭素吸収量が活発な25年までのスギ、ヒノキを植林から繰り返し使うことでサスティナブルなカーボンマイナス循環を作り出すことが可能となります。毎年確実に二酸化炭素を減らすことが可能となる機能性商品といえます。育てた植物は炭素貯留され、さらに二酸化炭素を減らすことができます。

　繰り返しになりますが、このコンポストでほとんどの植物がよく育つことが分かってきています。そして、誰が行っても同じように育てることができるのも大きな特徴といえます。

　大がかりな植物工場から家産家消まで楽しみながらサスティナブルなゼロエミッション社会の実現に寄与できれば幸いです。

参考文献

(1)　ルーサー・バーバンク『植物の育成』岩波書店、1955

(2)　高梨菊次郎『実験園のバーバンク』ナウカ社、1950

(3)　『現代農業』2010年10月号、農文協

(4)　高辻正基『植物工場の基礎知識と実際』情報技術センター、1984

(5)　ジェニファー・コックラル゠キング『シティ・ファーマー：世界の都市で始まる食料自給革命』白水社、2014

(6)　B. C. ヴォルヴァートン『エコ・プラント ― 室内の空気をきれいにする植物』主婦の友社、1998

第 6 章

医療分野への応用

第1節　医薬品の開発

1. はじめに

　近代科学が発達する以前、「くすり」と言えば、動物や植物などの全部あるいは、その一部分が用いられてきました。いわゆる「生薬」と言われるものです。中国に伝わる「神農」という伝説の神は、各地からあらゆる草木を集め、一日に100種類の植物を食べ、そのうち70種類の植物の毒にあたったと言われています。この伝説が示すように、人類は何世紀もの長きにわたり、試行錯誤を繰り返しながら、自らの経験により薬理効果と安全性についての知識を得て、自然の中から薬になるものを発見してきました。さらにその知識は世界の各地で伝承、体系化され、医学の発展に寄与してきました。先の伝説の「神農」の名前が付けられた書物が『神農本草経』と言われるもので、著者は不明ですが、古代中国に伝わる薬物の知識が集録されています。さらに、明の時代に李時珍（1518年 – 1593年）が、種々の本草書を集成・増補して『本草綱目』に纏め上げました。この『本草綱目』は以前の本草書より優れており、中国から日本に輸入され、幕末に至るまで「生薬」の基本文献として尊重されてきました（図6-1）。

　このように長きに渡り、人類の健康に貢献してきた「生薬」ですが、人類がこの「生薬」から、有効成分を純粋な形で取り出し、医薬品として本格的に利用できるようになったのは、天然の材料から有効成分を抽出、単離精製し、その化学構造を解明する「天然物化学」という学問が確立してからになります。特に20

神農　　　　　　　　神農本草経　　　　　　和語本草綱目
（国会図書館蔵）　　（国会図書館蔵）　　　（国会図書館蔵）

図6-1　神農と古代の薬物書

世紀に入ってからは、有効成分を分離精製する技術や、単離した成分を構造決定する技術が進歩し、また構造決定した化合物を合成することに、多くの化学者が精力的に取り組んできたことで、「天然物化学」は目覚ましく発展し、天然由来の多くの医薬品が生み出されてきました。

　天然物のなかでも、植物は動物や昆虫などと異なり、その生活の場所を移動できないため、周りの環境変化を鋭敏に感受し、応答する生理機能（植物の知恵）を具備し、自らの生命維持や種の繁栄を図っていると考えられています。本節では、この植物の知恵を生かしてわたしたちの生活に役立つ医薬品の歴史、研究開発の歴史と現状を、私たちの会社の経験も交えて解説したいと思います。

2. 植物は医薬品の宝庫

　わたしたちの身近にある植物は医薬品の宝庫です（図6-2、表6-1）。17世紀にケシの実の汁から鎮静成分がドイツの薬剤師ゼルチュナーにより発見され、ギリシア神話の「夢の神」のモルフェスの名にちなんで「モルヒネ」と命名されました。この「モルヒネ」の発見が、人類が天然から医薬品の有効成分を純粋に取り出した最初の例になります。「モルヒネ」は、いまでもがん患者の重度の痛みを軽減させるために広く利用されており、この発見を契機に、有用な生理活性物質が続々と発見され、その多くが今も医薬品として用いられています。

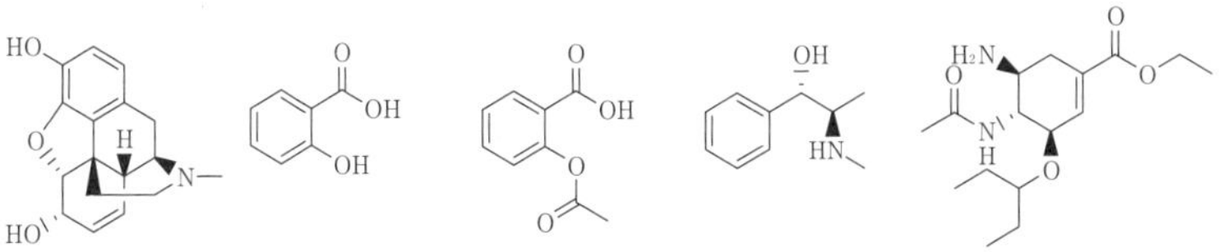

第 6 章　医療分野への応用　*255*

モルヒネ　サリチル酸　アスピリン　エフェドリン　　タミフル

図 6-2　植物由来の医薬品

「柳の樹皮の煎じ汁が痛みにきく」ということはギリシア時代から知られており、紀元前 400 年ごろ「医学の父」と呼ばれるヒポクラテスが、解熱鎮痛の目的でヤナギの樹皮を使用していたという記録があり、柳の学名であるサリュックに因んで「サリシン」と呼ばれていました。その後、「サリシン」の分解により出てくる「サリチル酸」が有効成分であることが分かり、この「サリチル酸」がリウマチの痛みの治療に用いられていましたが、苦味が強く、胃腸障害などの副作用がありました。19 世紀のドイツの化学者のホフマンは、リウマチを患う父親をこの副作用から救うべく研究を重ね、副作用の少ない「アセチルサリチル酸（アスピリン）」の合成に成功しました。ご存じのように「アスピリン」は、いまも解熱鎮痛剤として世界中で使用されており、最近では心筋梗塞や脳梗塞の予防にも用いられています。

　風邪薬の気管支拡張成分として馴染みの深い「エフェドリン」は、日本の薬学の祖と言われる長井長義博士が、1885 年に麻黄（マオウ）という生薬から抽出に成功したもので、これを化学合成することで大量生産が可能になり、多くの喘息患者の苦痛を取り除く福音となりました。また「エフェドリン」は、その興奮

表 6-1　植物由来の医薬品の発見年表

年代	生薬から医薬品	年代	生薬から医薬品
1803 年	ケシの実からモルヒネ	1885 年	麻黄（マオウ）よりエフェドリン
1818 年	ホミカよりストリキニーネ	1918 年	バッカクからエルゴタミン
1819 年	キナ皮からキニーネ	1952 年	インドジャボクからレセルピン
1838 年	サリシンよりサリチル酸	1961 年	ニチニチソウからビンクリスチン
1860 年	コカよりコカイン	1966 年	喜樹よりカンプトテシン
1864 年	カラバル豆よりフィゾスティグミン	1971 年	イチイからタキソール
1875 年	ヤボランジからピロカルピン	1972 年	クソニンジンからアルテミシニン

256　第 2 部　わたしたちの生活に役立つ植物の知恵

作用からスポーツ界ではドーピングの対象となり禁止薬剤にもなっています。

　さらに近年、新型インフルエンザの流行で話題になった抗ウイルス薬「タミフル」は中華料理に使う八角（バッカク）という生薬から抽出される「シキミ酸」という物質を多数の工程を経て、スイスのロシュ社によって化学合成された医薬品です。

　このように人類の歴史のなかで、植物は医薬品の原体、医薬品の種（シーズ）、さらには医薬品の原料として用いられ、とても貴重な天然資源となっています。

3.　一次代謝産物と二次代謝産物

　先にも述べましたが、植物は動物のように自由に動くことができないため、外敵からうまく逃げることができません。そこで植物は微生物、昆虫、動物や人間などの外敵に作用を及ぼす、生理活性の高い物質を生産し、これによって自らの身を守り進化をとげてきました。実はこの生理活性物質が、植物の防御機構を理解する上で重要であるだけでなく、人間にも有用な物質になるのです。つまり、植物は自分自身の生命維持に必須なアミノ酸や脂肪酸などの「一次代謝産物」の他に「二次代謝産物」といわれる生体防御に関わる物質を産生しています。特に植物の「二次代謝産物」は、他の生物に比べて多く、その総数は 100 万種に及ぶと言われています[1]。

　この「二次代謝産物」（図 6-3）は、光合成による各種合成経路を経由して産生され、大きく分類するとアルカロイド、テルペノイド、フェノール性化合物（フェニルプロパノイド、フラボノイド）の 3 つのグループに大別されますが、これらは香辛料や染料、香料、そして医薬品として、わたしたちの生活のまわりにさまざまな形で利用されています。

① 　アルカロイド関連物質：植物が主として生産する窒素を含有する塩基性物質の総称です。少量で顕著な生理活性を示し、種類も非常に多いです。モルヒネは代表的な化合物、中毒物質として知られるニコチン、コカインなどがよく知られています。

② 　テルペノイド関連物質：メバロン酸経路から生産されるイソプレンの重合した物質です。有名なテルペンとしては、カロテノイド、ステロイド、ス

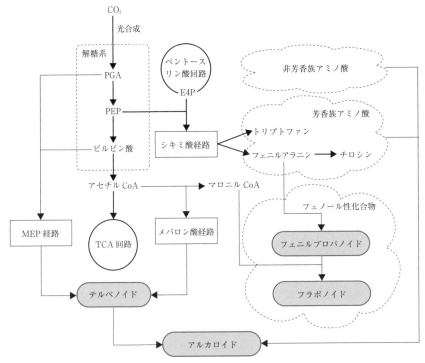

図 6-3　植物の二次代謝産物　産生経路

テロールなどが知られています。
③　フェノール性化合物：植物の木質成分の大半を占めるリグニンなどはフェノール類の重合体です。反応性に乏しく、資化されにくいです。クマリン、タンニン、フラボノイドなどがあります。

4. 二次代謝産物の生産

わたしたちの生活に利用されている「二次代謝産物」は、主として植物により生産されていますが、実は天然から採取した植物の乾燥重量には数%程しか含まれていない場合が多く、さらに植物の生育には数か月〜数年と長期間を要するため、「二次代謝産物」を「大量にかつ迅速」に供給する方法が必要とされてきました。

258 第2部 わたしたちの生活に役立つ植物の知恵

これに対して「有機合成手法」は非常に有効な手法であり、先に述べた「アスピリン」や「エフェドリン」などの構造が単純なものは、工業的な製造プロセスが確立され、化学合成による大量生産が可能になっています。一方、「二次代謝産物」でも構造が複雑なものになると、その立体化学を制御するために、多くの複雑な反応と長い合成工程が必要となり、必ずしも「有機合成手法」が有効とは言えない場合があります。例えば、抗がん作用を有する「タキソール」の生産に関しては、その複雑な化学構造から世界の著名な化学者がその「全合成」に凌ぎを削りましたが、いずれのグループの合成法も工業的に採算が合わず、現在でも植物から比較的大量に生産される成分を原料として、残りのステップを化学合成する「半合成法」が取られています（後出～6. タキソール ― 全合成の時代）。

一方、「二次代謝産物」を大量に生産する製法として、化学合成ではなく植物の生合成過程を酵母や大腸菌に肩代わりさせる「合成生物学的手法」が開発されてきています。マラリア治療の特効薬である「アルテミシニン」は、植物の遺伝子を酵母に組み入れることで、そのほとんどの工程を酵母に生産させることが実現できています。「アルテミシニン」に関しては、この手法を最適化した大量製造法が確立され、工業的生産が可能になっています（後出～8. アルテミシニン ― 微生物による製造）。

このように植物の「二次代謝産物」の生産には、植物から抽出する方法以外に「有機合成手法」と「合成生物学的手法」の両方が使われています。いずれの手法も、それぞれ一長一短があり、特に複雑な構造を有する「二次代謝産物」では、両手法の組み合わせによって物質生産が行われています。

5. 医薬品候補物質の探索

植物由来の医薬品は、天然から得られる有効成分をそのまま利用したもの、あるいは有効成分の一部を化学的に修飾して医薬品としての「最適な性質」へと変換したものがありますが、次にこのような医薬品候補物質の探索方法について述べます（図6-4）。

医薬品候補物質探索のプロセスとしては、有効成分を特定して医薬シーズ（ヒット化合物）を確定することが、最初の作業になります。このためには、ま

第6章 医療分野への応用　259

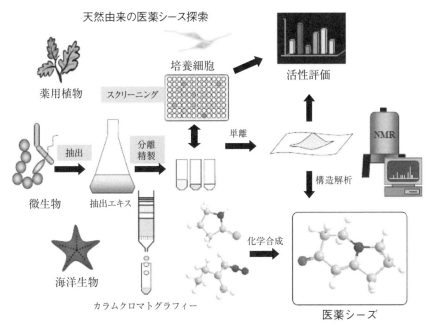

図6-4　医薬シーズの探索方法
（天然物医薬品化学より）

ず有効成分に対する特定の薬効を想定しての検定法（スクリーニング系）を構築する必要があります。さらに医薬品の素になる材料についてはスクリーニングを何度も繰り返して実施するので、十分な資源の確保も重要な課題となります。

　さらにスクリーニングの結果、単一物質が薬効の活性本体と特定できても、その後、体内動態（吸収、分布、代謝、排泄）や毒性試験の試験結果によって、人に投与できるレベルに達しない場合は「ドラックデザイン」という手法で、医薬品のコンセプトに合う化合物へ変換するプロセスである「最適化研究」を実施することになります（図6-5）。

　すでに上市している植物由来の医薬品に関しても、医薬シーズ（ヒット）段階では臨床開発に進めるのに不十分なプロファイルであったために、「最適化研究」を実施して製品化された例が多くあります。日本発の抗がん剤である「イリノテカン」は「二次代謝産物」では医薬品としてのプロファイルを満たせず、誘導体研究である「最適化研究」の結果、製品化が実現しました（後出〜7．イリノテ

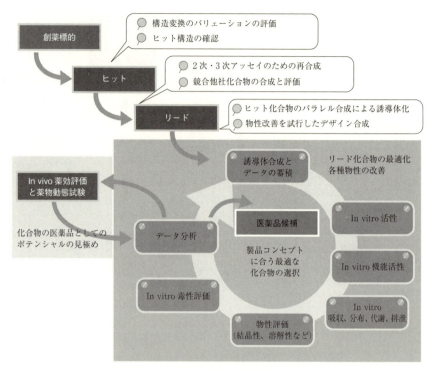

図 6-5　最適化研究
（理化学研究所 HP より）

カン ― 日本発抗がん剤への挑戦）。このように「最適化研究」を終えて臨床評価に入るものを「開発候補品」と呼びますが、「開発候補品」になると、必ず医薬品になるわけではなく、続けて実施される臨床試験で人体での効果や安全性を確認していきます（図6-6）。その後、医薬品としての「規格」に合格したものだけが、医薬品としての「承認」を受けることができます。つまり、臨床試験に進んでも、その後も非常に多くの関門があり、植物起源の医薬品に限った統計はないですが、現在、医薬シーズ（ヒット）が見いだされてから製品になる迄の通過確率は、なんと3万分の1と言われています。さらに医薬品として「承認」されるには、「長い期間」と「莫大な費用」が必要になります。

近年の医薬品探索の分野では、コンビナトリアルケミストリー（CC）、ハイスループットスクリーニング（HTS）、コンピューターによるドラックデザイン

| 概　要 | 新薬開発の過程と期間 |

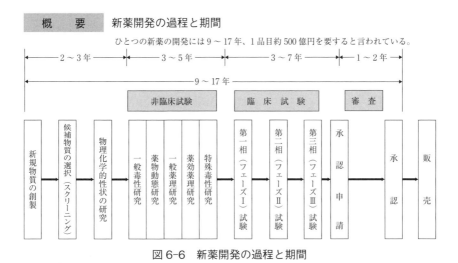

図 6-6　新薬開発の過程と期間
（平成 23 年版　厚生労働白書より）

（CADD）などに代表される技術革新があり、創薬の世界も大きな変化を遂げています。特にさまざまな置換基を持つ化合物のライブラリー合成には、コンビナトリアルケミストリー（CC）が大きな威力を発揮しています。

　医薬シーズ（ヒット）の誘導体を合成して評価する「最適化研究」においても、これらの手法を効果的に応用して、薬理作用の作用発現の核となる「ファーマコフォア（活性を発現する構造枠組）」を特定し、そこからまったく新しいタイプのリード化合物を得ることができれば、「最適化研究」の非常に貴重な情報になります。つまり、単に複雑な化学構造の天然物を合成するのが目的ではなく、その技術を基にして「より優れた機能を持つ化合物」を創製する事ができるわけです。さらにその「ファーマコフォア」を用いて活性本体の標的タンパク質が特定できると「新たな作用メカニズムの発見」に繋ることも考えられます。このように、植物の「二次代謝物」は医薬品になる可能性があるだけでなく、創薬研究に対して多くのヒントを与える「知恵の泉」になるのです。

6. タキソール ― 全合成の時代

1962年、アメリカ植物学者による大規模な抗がん剤探索プロジェクトにより、西洋イチイの樹皮に強い抗がん活性を示す物質があることが判明しました。その後、乾燥樹皮の0.01%にタキソールという物質があることが分かり、1971年には化学構造が決定されました。タキソールは乳がんなどに対して、有望な薬剤でしたが、イチイの木は成長が非常に遅く、樹皮を剥ぐと枯れてしまうので、植物からの抽出に代わる、安定的かつ大量に生産できる製造法が求められました。

一方、タキソールは3つの環構造が連続する「タキサン骨格」と言われる非常にユニークな化学構造を有しており、その複雑な骨格は世界中の化学者にとって格好のターゲットとなり「全合成研究」には、コロンビア大学のダニシェフスキー教授、スタンフォード大学のベンダー教授、東京大学の向山教授、東京工業大学の桑島教授、Scripps研究所のニコラウ教授等、天然物合成では著名な教授が名を連ね、全世界から30以上の研究グループが参加しました。これら熾烈な「全合成レース」が繰り広げる中で、意外な人物が登場してきます。フロリダ州立大学のロバート・ホルトン教授です。ホルトン教授は1980年代初頭からタキサン類の合成に着手し、すでに同じイチイの木から得られる類縁体「タクスシン」の全合成に成功していましたが、その合成法を利用してタキソールまで誘導していくのは困難で、合成研究は「タクスシン」までと思われました（図6-7）。他のグループが全合成に手を焼く中に、「全合成レース」のトップはホルトン教授とニコラウ教授に絞られていきます。ほとんど無名のホルトン教授と、多くの研究者と潤沢な研究費を使い仕事を進めるニコラウ教授、両者の対決は好対照で

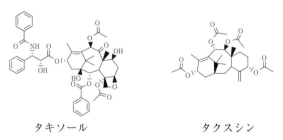

タキソール　　　　　　タクスシン

図6-7　イチイ樹皮由来のタキソール類

第6章 医療分野への応用 263

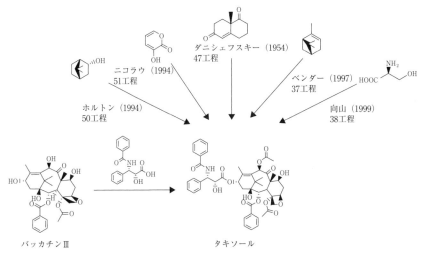

図6-8 タキソールの全合成

あり、世界中が彼らの「全合成レース」に注目しました。

1994年、ホルトン教授のグループはニコラウ教授より、一足先にタキソールの全合成を完成、米国化学会誌に投稿しました。一方、わずかに遅れて全合成を達成したニコラウ教授は、その論文をネーチャー誌に投稿しました。ネーチャー誌は週刊誌でしたので、論文が審査されて掲載されるまでの時間が短く、このため論文の受理はホルトン教授が早く、論文の掲載はニコラウ教授の方が先という異例な結末になりました。結局、タキソールの世界初の全合成の栄冠はホルトン教授に与えられました。

このようにして20世紀後半に世界中の注目を浴びたタキソール全合成のドラマは幕を閉じました。さて、10年以上の長きに渡り繰り広げられたタキソールの「全合成レース」ですが、これらのグループの中で、最も短い工程で合成効率の良いベンダー教授の合成法でも、37工程、全収率0.4%（原料から最終物を得るまでの効率）であり、工業的に対応できない特殊な反応も多く、kg単位でタキソールを化学合成するのは不可能でした（図6-8）。その後の研究から、イチイの葉からバッカチンIIIという化合物が大量に得られることが判明し、臨床研究や医薬品への供給はバッカチンIIIに側鎖を取り付ける「半合成法」によりなされています[2]。

7. イリノテカン ― 日本発抗がん剤開発への挑戦

イリノテカンの母化合物であるカンプトテシン（図6-9）は、1950年代に米国の研究者により、中国原産の植物「喜樹（キジュ）（図6-10）」より抽出され、1966年にウォールらにより化学構造が決定されました。カンプトテシンは、1970年代に米国立がん研究所（NCI）が最初に臨床試験を実施しましたが、水に不溶性であることや、動物実験では予知できなかった副作用が臨床試験で発現したことより、米国では開発が中止されました。

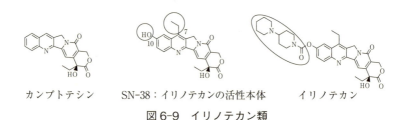

図6-9　イリノテカン類

ヤクルト中央研究所では、NCIでの開発中止の結果を受けて、カンプトテシンの欠点さえ軽減すれば医薬品になる可能性があると考え、カンプトテシン誘導体の合成研究を開始しました。当時は中国との国交もなく原料入手が困難であり、誘導体の合成研究は困難を極めたと思われます。

3年間の誘導体研究の結果、カンプトテシンの7位にエチル基および10位に水酸基を導入することにより、抗腫瘍活性を増強し、さらに副作用を軽減できた7-エチル-10-ヒドロキシ-カンプトテシン（SN-38：イリノテカンの活性本体（図6-9））が見いだされました。さらに水への可溶性を高めて注射剤としての製剤化を可能にするために、10位に水溶性の置換基の修飾を施したイリノテカン（図6-9）の創出に成功しました。イリノテカンはプロドラッグであり、体内でSN-38に代謝されることにより抗腫瘍効果を発揮します。さらに、未解明であったカンプトテシンの作用機序に関しては、1985年にヨウフェイ・シャンらが、カンプトテシンがDNA複製に関与するI型トポイソメラーゼを阻害し、細胞分裂中のDNA二本鎖の一本鎖のみを切断して再結合を妨げるという「従来の抗がん剤とはまったく異なる作用」であることを明らかにしました。その後、イリノ

図6-10　喜樹（キジュ）　　　　図6-11　クサミズキ

テカンは臨床開発が進められ、肺がんおよび婦人科がんを適応として、1994年に医薬品として承認されました。さらに消化器がん（胃がんと大腸がん）、乳がん、有棘細胞がん、悪性リンパ腫についても効能追加が行われ、現在では合計9種のがんについて適応が得られています。

　イリノテカンの生産に関しては、実は原材料の確保も大きな課題でした。カンプトテシンの全合成は国内外の著名な有機化学者が挑戦していましたが、複雑な工程が必要であり、全合成による工業的製法の確立は困難でした。そこでヤクルトでは、同じ成分を含み入手の簡易な別の植物を探し求めました。結果、インド産の「クサミズキ（図6-11）」の葉や木質に「喜樹」の10倍以上のカンプトテシンが含まれるのが分かりました。「クサミズキ」は南国の花で開花時に異臭を放つため栽培には消極的な農家が多かったようですが、石垣島民の協力を得て栽培ができ、大量の原料供給が可能になりました。現在、多くのがんの化学療法剤が研究開発されていますが、イリノテカンは植物成分を利用した日本発抗がん剤の歴史として、いろいろな意味で特筆すべき医薬品になっています。

8. アルテミシニン ― 微生物による製造

　近年のバイオテクノロジーの発展に伴い、遺伝子組み換えによって酵母や大腸菌のDNAを改変し、特定の化合物を大量生産させる技術が大きく進展しています。いわゆる「合成生物学的手法」といわれるものです。この手法を用いると、①希少な化合物の量産が可能、②中間体の精製や保護・脱保護の手間がないので環境に優しい、③光学的に純粋なものが得られる、④最終物の分離が容易、などが利点として挙げられます。これに対し、従来からの「有機合成手法」は、①必

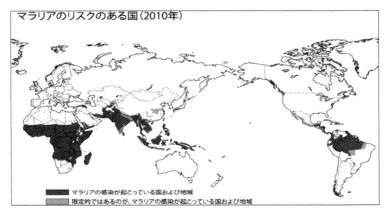

図6-12　WHO International travel and health. 2011

要な化合物を必要な量だけ供給する手法が確立している、②天然物をヒントに構造を変換して、より優れた物質を創り出せる、などが利点として挙げられます。続いて、この「合成生物学的手法」を用いて生産されている代表例として、この分野で「技術革新」を起こしたと言われている「アルテミシニン」について紹介します。

　熱帯・亜熱帯地域に広く分布する感染症であるマラリアは、1年間に約100万人もの死亡者を出す脅威の病として、いまだ世界100か国以上で流行しています（日本ではマラリアは根絶されています）（図6-12）。

　中国軍がベトナム戦争に従軍しましたが、密林でマラリアに感染して病死する兵士が多く、毛沢東の命令で1967年に国家プロジェクトとしてマラリア治療薬の開発が開始されました。この指揮を取ったのが、当時37歳の屠呦呦博士（Tu Youyou）です（屠博士は、大村智博士とウィリアム・キャンベル博士と共に、2015年にノーベル医学・生理学賞を授与されました）。屠博士は中国伝統医学でマラリアなどさまざまな感染症や皮膚病の治療に古くから使用されていたヨモギ属の植物である「クソニンジン（*Artemisia annua*）（図6-13）」の葉に着目し、その薬効成分のアルテミシニンを分離、さらに、アルテミシニンの課題である溶解性を改善したアルテスネイトやアルテメーター等の半合成品の抗マラリア薬としての有効性を確認しました（図6-14）。当時は2,000種類以上の漢方薬が試験されましたが、マラリアに治療効果を示す物質は、これら以外にはありませんで

した。しかし、この結果は中国の医学雑誌に実験結果が報告されるまでの約10年間は、世界的に広く知られることがなく。また、かつて中国人によってマラリアの治療に関する非現実的な報告がなされたこともあり、医学雑誌への報告も、最初は懐疑的な目で見られていました。さらに、アルテミシニンは過酸化構造を有しているので、極めて不安定であり、治療薬としての実用化は極めて困難と考えられていました[3]。

図6-13　クソニンジン

その後、アルテミシニンのマラリアに対する作用解明が進み、マラリア原虫が感染した赤血球中では、マラリア原虫によって赤血球中のヘモグロビンが分解してフリーの鉄が蓄積し、その鉄とアルテミシニンの過酸化構造から発生するフリーラジカルがマラリア原虫を死滅させることが分かってきました。

アルテミシニンの有機合成的手法による全合成研究は、1990年代から多くの化学者により取り組まれています。特に光学活性体を選択的に合成する方法は、アベリーらにより1992年に報告されていますが、「プレゴン」という天然物を原料として10工程を要して合成するもので、このような製造法では医薬品原薬としては費用が掛かりすぎ、アフリカをはじめとするマラリアリスクのある国々にとっては供給できないものでした。これに対して、カリフォルニア大学のジェイ・キースリングらのグループは、酵母にクソニンジン由来の2種類の生合成遺

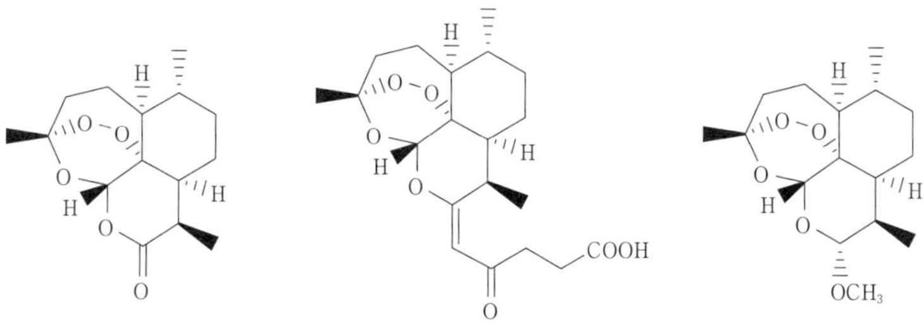

　　　アルテミシニン　　　　　　アルテスネイト　　　　　　アルテメーター

図6-14　アルテミシニン誘導体

268 第2部 わたしたちの生活に役立つ植物の知恵

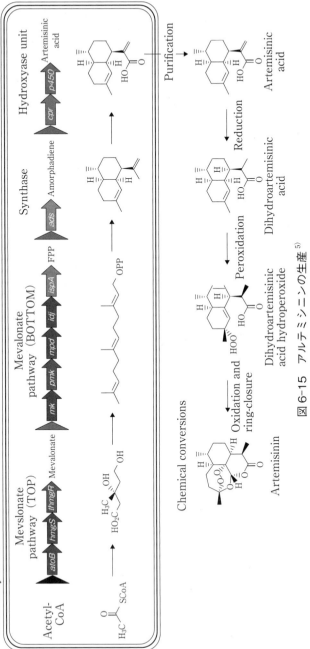

図6-15 アルテミシニンの生産[5]

伝子である、「アモルファジエン・シンターゼ」と「チトクローム P450 モノオ
キシゲナーゼ（CYP71AV1）」を導入する「合成生物学的手法」を用いることに
より、培地中のグルコースからアルテミシニンの前駆体（アルテミシニック酸）
を高効率に生産することに成功しました[4]。最終物のアルテミシニンに到達する
までには、数工程の有機合成手法が必要になりましたが、劇的な生産性の改善が
達成されました（図6-15）。現在では、アルテミシニック酸については、25g/L
以上の生産が可能になり、この手法で 50t ～ 60t の製造が実現し、合成生物学
に「技術革新」を起こしています[5]。

　これら「二次代謝産物」の微生物による生産の成功は「含有量が少ないために
生理活性の明らかではない化合物」や「新規化合物の生理活性の解明」につなが
るものであり、創薬をはじめとしたさまざまな分野に大きく貢献することが可能
です。さらに、これら微生物による医薬品の原料生産は、今後の微生物発酵にお
ける新たな展開をもたらすと考えられます。

9. 筆者たち（神戸天然物化学）の取り組み — 大腸菌を中心に

　大腸菌と聞くと「汚い」とか「恐い」と思う人がいるかもしれませんが、本来、
私たちの腸中にいる大腸菌には病原性はなく、分子生物学の研究に使われている
大腸菌は、長年実験生物として試験管内で培養され、今では人間の腸に住めず、
病原性もありません。むしろ、大腸菌は分子生物学の知見が集積し、遺伝子組換
え技術や材料が最も豊富な微生物であり、分子生物学の歴史を切り開いてきたパ
イオニア的存在と言えます。わたしたちは、この大腸菌を用いてテルペノイド類
の生合成研究を外部研究機関（大学や公的研究機関）と進めてきていますので、
ここにその一部を紹介します。

　大腸菌はメバロン酸経路を持たず、非メバロン酸経路により、イソプロテニ
ルニリン酸（IPP）とジメチルアリルニリン酸（DMAPP）が作られます。大腸
菌の野生株は、ユビキノンやドリコロールを生合成しますが、モノテルペン、ジ
テルペン、セスキテルペン、カロテノイドを生合成しないので、これらを大腸
菌に生合成させるために、ファルネシルニリン酸（FPP）やゲラニルニリン酸
（GPP）からその化合物までの合成を担う一連の生合成遺伝子群を大腸菌に導入

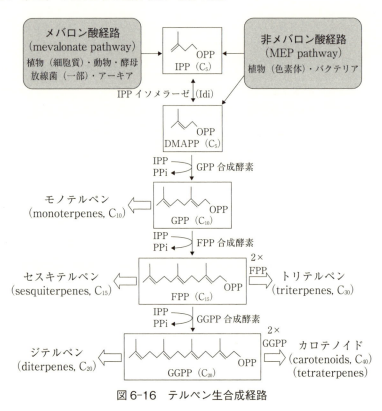

図6-16　テルペン生合成経路

して発現させる必要があります（図6-16）。

　原田ら（現：鳥取大学工学研究科准教授）は、放線菌由来のメバロン酸経路遺伝子群を大腸菌に導入して、培地に添加されたメバロン酸（メバロノラクトン：MVL）またはアセト酢酸塩（LAA）を基質として、効率的にテルペンの共通基質であるFPP（またはGPP）を合成できる系の構築に成功しています[6]（図6-17）。

　さらにテルペン生合成には、P450という水酸化酵素が重要な役割を果たしており、アルテミシンの項でも説明したように、テルペン合成酵素遺伝子に加えてシトクロムP450遺伝子の導入が必要になります。原田らは、すでに開発していたテルペン合成酵素遺伝子の発現系と同じプラットフォームを利用して、テルペン合成酵素に加えシトクロムP450遺伝子を同じ遺伝子上に発現させることで、テルペン合成から水酸化反応も連続的に行わせることを可能にしています[6]（図

第6章 医療分野への応用 271

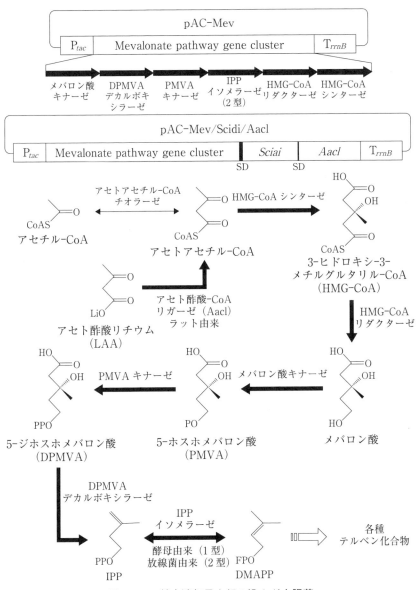

図6-17 外来遺伝子を組み込んだ大腸菌

272　第2部　わたしたちの生活に役立つ植物の知恵

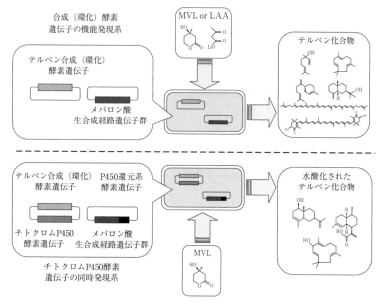

図6-18　テルペン生合成酵素遺伝子の機能解析システム

6-18)。

　また、近年は産業技術研究開発「革新的バイオマテリアル実現のための高機能化ゲノムデザイン技術開発」(平成24年度〜5か年)という経済産業省のプロジェクトに参画しており、プロジェクトにおいて蓄積した大腸菌での組換え技術を生かして、タキソールの前駆体である「タキサジエン」や「タキサジエン-5a-オール」の生産に成功しています[7]（図6-19）。

10. これから

　これまで説明してきたように、植物は「医薬品の源泉」であり、薬作りの歴史において欠かせない役割を果たしてきました。しかし「植物資源から採取したサンプルに活性を見いだして、その活性成分に改良を加えて医薬品にする」という従来の創薬手法にはそろそろ限界が見え始めています。というのも、有望な化合物を求め、大学や製薬企業の科学者たちが世界中の植物資源を探し回った結果、身近で取得できる生理活性物質は「どこかで見たような化学構造」だったり、「す

第6章 医療分野への応用　273

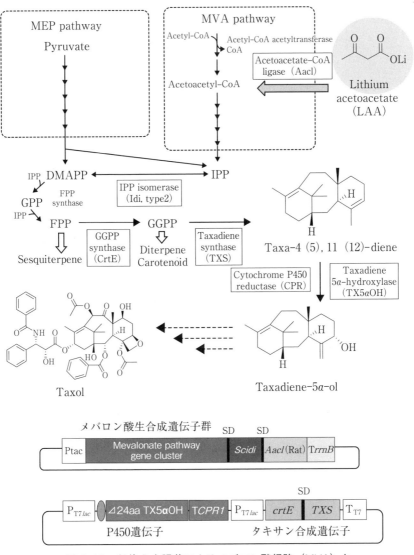

図6-19　組換え大腸菌によるメバロン酸経路（MVA）と
　　　　タキサン類生合成経路の付加

274 第2部　わたしたちの生活に役立つ植物の知恵

でに知られている化合物」である場合が増えてきているからです。これを解決するためには、よほどの僻地に行かない限り、もはや新規性のある斬新な化合物は見つけにくいともいえます。

　このような現状に対して、植物由来成分の「骨格」には未だ大きな魅力があるともされています。最近は天然に頼るばかりではなく、天然物材料を素材として「人工反応をうまく絡ませる」ことによってリード創出を行う方法[8]や、先の述べたように天然物材料を用いて「ファーマコフォア」の特定し「新たな作用メカニズム」を見いだして、それをもとに「創薬」へと展開する手法が開発されています。

　つまり、植物は創薬に対して多くのヒントを与える「知恵の泉」でしたが、その上に科学者の知恵（ヒトの知恵）が加わり、わたしたちをより広い可能性のある「知恵の海」へと導いてくれているのです。

　また植物の二次代謝物の製法に関しては「合成生物学的手法」が「技術革新」を起こしていますが、植物の生合成遺伝子は解明されているのが、未だほんの一部にすぎず、今後、代謝関係分子の網羅的解析やシステムバイオロジー研究の進展とともに、その全容が解明されていくと思われます。

引用文献

1)　Muranaka, T. and Saito, K. Phytochemical Genomics on the Way. Plant Cell Physiol. 54 (5): 645-646 (2013)

2)　山内貴靖「パクリタキセルの創製と全合成」星薬科大学紀要、2011、pp.109-116

3)　井原正隆「抗マラリア薬開発の歴史とこれから」『化学』Vol.70、No12、化学同人、2015、p.29

4)　Keasling, J. D. Synthetic biology for synthetic chemistry. ACS. Chem.Biol. 3: 64 (2008)

5)　Chris, J. Paddon et al. High-level semi-synthetic production of the potent antimalarial artemisinin. Nature. 496: 528-538 (2013)

6)　原田尚志・三沢典彦「大腸菌を用いた植物由来テルペン生合成酵素遺伝子の効率的機能解析システム」『化学と生物』Vol.49、No12、2011、 p.825

7)　竹村秀史・鈴木宗典・原田尚志・三沢典彦・石井純・近藤昭彦・播本孝史『第66回日本生物工学会大会要旨集』2015、3P-267

8)　Asai, T. et al. Use of a biosynthetic intermediate to explore the chemical diversity of pseudo-natural fungal polyketides. Nature Chemistry. 7: 737-743 (2015)

参考文献

(1) 『天然物化学（植物編）』山村庄亮・長谷川宏司編著、アイピーシー、2007
(2) 『資源天然化学』秋久俊博・小池和夫編著、共立出版、2002
(3) 北中進・船山信次『医療を指向する天然物医薬品化学』廣川書店、2011
(4) 理化学研究所「創薬・医療技術プラットフォーム」創薬化学基盤ユニット HP、2015
(5) 佐藤健太郎『有機化学美術館へようこそ』技術評論社、2007
(6) 塚原朝子『新薬に挑んだ日本人化学者たち』講談社、2013
(7) 「保健医療」『医薬品の研究開発と医薬品産業』平成 22 年版　厚生労働白書、p.103
(8) 南博道「微生物発酵の新展開」『生物工学会誌』第 89 巻 第 7 号 、2011、p.413
(9) 濱崎啓太『ケミカルバイオロジー』米田出版、2014

第 2 節　植物栽培と社会性 —— 精神医療への応用——

1. 植物の栽培と子どもの教育

　文部科学省の幼稚園教育要領解説に、生活に必要な能力や態度などの獲得のためには、遊びを中心とした生活の中で、幼児自身が自らの生活と関連付けながら、好奇心を抱くこと、あるいは必要感をもつことが重要とあるとおり、幼児の教育に遊びと生活が重視されています。

　子どもの教育に遊びが必要という考えは、古くはプラトン（Platon, 427-347B.C）が、「すぐれた農夫とかすぐれた建築家になろうとする者は、後者なら玩具の家を建てるなり、前者なら土に親しむなりして、遊ばなくてはなりません」と『法律』のなかで述べています。

　コメニウス（Comenius, 1592-1670）も、教育に遊びを活用することで学習させるべき知識・技能体系が容易に身につくと主張し、庭園などの必要性を指摘しました。ジャン・ジャック・ルソー（J.J.Rousseau, 1712-1778）は、生後 12 歳までの幼年期を、子どもがすべての感覚、すべての力、持てるすべてを用いて直接体験的な活動をすべき時期と主張します。「子どもがしていることはすべて遊びにすぎず、あるいは、遊びでなくてはならない、そして、人間は子ども時代を愛し、子どもの遊びを、子ども時代の楽しみを、子どもの愛すべき本能を、行為をもって育むべき」と述べています[1]。

276 第2部　わたしたちの生活に役立つ植物の知恵

　ペスタロッチー（Pestalozzi, 1746-1827）は、「生活が陶冶する」という言葉を残したように、生活そのもの、とくに労作を重視します。この思想は、ケルシェンシュタイナー、ナトルプ、デューイ、キルパトリックら後世の教育者に影響を与えました。ペスタロッチーは、農民の貧困が、人びとの品性や道徳感情を荒ませていることに心を痛め、土を耕して作物を育て、子どもを自立させる教育を始めました。教育に植物の栽培を取り入れた最初の人といっても過言ではないでしょう。彼の教育が目指したのは、収入のない貧困家庭や放置された子どもに対して、「頭と心」を陶冶し、あわせて、「収益ある労働に対する手の陶冶」を施すことでした[2]。

　フリードリッヒ・フレーベル（Friedrich Frobel, 1782-1852）は、世界で初めて幼稚園（Kindergarten）を創設した人です。人間を本来的に創造的で活動的なものとみて、そのような本性を損なうことなく全面的に発達させることが人間の教育であると考えました。子どもの遊びや作業を極めて重要なものと考え、遊びのための「恩物」を考案しました。1839年にドイツのバート ブランケンブルク（Bad Blankenburg）に「遊戯および作業施設」を創設しますが、譲渡された広場の中央には、後世の幼稚園にも適用された、子どもが自分の個性に合わせて植える花壇と、野菜やくだものや草花を植えた共同庭園がつくられました。庭園や自然とふれあい、生命を保護し養育する「庭園での労作」、そして、小さな公共のものを大事にすることをとくに大切と考えました[3]。

　デューイ（Dewey, 1859-1952）は、日常の極めて自然な経験の組織化を通して、人間を形成しようとする思想をもっていました。フレーベルが唱える、すべての子どもは、少なくとも一日に1、2時間は何らかの戸外での作業から成る何か真面目な活動的な仕事をすべきであるという、「為すことによって学ぶ」考えを支持しています[4]。

　このように、時代を経る中で、子どもは大人を小さくしたものではないという認識から、幼児、児童期に必要な教育は何であるかを見極めようとする教育者が現れました。

　日本においては、江戸時代の寺子屋の教育では、読み・書きが中心とはいえ、遊びを用いた個別指導も行われていました。その後、1879（明治9）年に、フレーベルの保育理論を取り入れて創設された東京女子師範学校附属幼稚園では、

保育時間の半分が戸外での活動にあてられるようなカリキュラムで始まりました。ただ、江戸時代から盆栽つくりのような人為性の強い教育観をもった日本では、子どもの自発的・主体的な遊びを重視するフレーベルの考え方は浸透しづらく、形式にとらわれた保育に傾倒していきます[5]。

20世紀に入ると、遊びを重視した保育への転換が目指され、倉橋惣三（1882-1955）は、『幼稚園真諦』の中で、幼稚園の一日の保育は、自由遊びからだんだんにまとまったものになっていくべきものだと思い、「自由遊びから仕事へというのが保育課程の本質だと信じます」と述べています[6]。

以上の経緯をみると、フレーベルや、倉橋惣三ら幼児教育に関わった人びとの遊びと生活を重視する姿勢が、紆余曲折しながらも現代に受けつがれていることに気付かされます。

さて、ペスタロッチーは生活の確立のために、フレーベルは、キリスト教に根差した生の合一という概念に基づいて植物の栽培を重視したわけですが、日本の幼児教育や初等教育ではどうでしょうか。

幼稚園教育要領には、「幼児期において自然のもつ意味は大きく、自然の大きさ、美しさ、不思議さなどに直接触れる体験を通して、幼児の心が安らぎ、豊かな感情、好奇心、思考力、表現力の基礎が培われることを踏まえ、幼児が自然とのかかわりを深めることができるように工夫すること。身近な事象や動植物に対する感動を伝え合い、共感し合うことなどを通して自分からかかわろうとする意欲を育てるとともに、様々なかかわり方を通してそれらに対する親しみや畏敬の念、生命を大切にする気持ち、公共心、探求心が養われるようにすること」と記されています。

植物の栽培、動物の飼育について、1941（昭和16）年の国民学校低学年理科教師用書には、「自然に親しみ、自然より直接学ぶためには、自ら植物を栽培し、動物を飼育することが必要である。自分で栽培・飼育すれば、その植物・動物に愛着を感じ、その形態・生態等にもおのずから注意をしなくてはならないようになり、手入れなども進んでするようになる。すなわち、考察・処理の態度・方法が身についてくる。また、栽培・飼育は、このような意味において重要なだけでなく、農業を営むための基礎となるものである。農業は生産が目的であるが、この生産は、自然にはぐくまれてのびゆく生命をいつくしみ、すくすくと伸ばそう

278 第2部 わたしたちの生活に役立つ植物の知恵

とする心に発するものである。このような心を持って生産すると、生産されたものの真の価値がわかり、それを大切にし、正しく使う態度が生じてくる。このような心は、農業の根本精神であるばかりでなく、すべてのものをよりよく生かそうとする豊かな我が国民精神の一つの相である[7]」と効用を述べています。

　このように、戦前より自然と親しむことが求められ、その手立てとして植物の栽培や動物の飼育が推奨されていました。その結果、豊かな人間性を育むことができると考えられていたのです。

　一般の幼児、児童ばかりでなく、障害をもった子どもや、不良少年への教育にも、植物の栽培や動物の飼育は用いられました。以下に2つの事例を紹介します。

　1930（昭和5）年、医学博士兒玉昌により創立された小金井学園（東京）は、精神薄弱児の治療教育を理念として、主として6歳から18歳までの男児を教育・保護するための寄宿制の学校でした。学園では、児童が直接社会と交渉のできるような学科を取扱い、生活訓練を行っていました。農業は、生計に役立つものとして取り入れられました。

　1935（昭和10）年から1940（昭和15）年当時の職員の日記を参照すると、1935（昭和10）年の5月には、ムギやキャベツ、ダイコン、スイカ、イチゴ、トマト、ナス、松葉ボタン、キク、シレネ、アスター、デジー、フロックスなどが栽培されていました。8月にはスイカを食し、ニワトリ、ヤギの飼育もしています。9月には、ダイコン、ハクサイ、キャベツ、フダンソウ、ネギ、タマネギなどを播種、12月にはコマツナも播種しました。翌1936年3月には、ジャガイモの播種、4月にインゲン、トウモロコシ、菜の播種、5月にトマトの苗植え、茶摘み、サツマイモの植え付け、イチゴの収穫、6月から9月には、馬鈴薯の収穫、ニンジンの播種、スイカ、トマト、キュウリの収穫、ダイコンの播種、10月にサツマイモの芋ほりをしました。このように、年によってカボチャ、ゴボウ、サヤエンドウなどが加わるなど、若干の差異はありますが、年間を通して栽培が行われていました[8]。

　1891（明治24）年、留岡幸助は、北海道の空知集治監で教誨師という職につき、囚人の100人中70〜80人は不良少年であったことを知り、子どもの頃に適切な教育を受けさせる必要性を感じます。1899（明治32）年、東京巣鴨に感

化院家庭学校を創設し、以後15年間教育実験を行うことになります。感化策の骨子をみると、労作に農業を組み入れ、いかにして生活すべきかを教えます。そして、自然の多い閑静な場所で、食物を重視し、規律ある生活を行い、大工や農業などが達者な指導者による職業教育を行い、経営を安定させ、宗教による徳育を行い、教職員は生徒と寝食を共にし、賞を多く罰を少なくすることを旨としました。

　そこでの体験から、不良少年の教育にとって、自然の豊かな環境、つまり、自然地理的な環境、そして善良な人間社会、これをつくることが最大不可欠の要件と考え、都市では限界を感じ、1914（大正3）年、50歳のときに北海道遠軽村に感化農場である教育農場を創設します。以後、不良少年の教護ばかりでなく、教育農場をとりまく地域農村社会の生産や気風の向上にも尽力することになるのです[9]。

　現在の日本でも、矯正教育に植物の栽培を取り入れているところはありますが、その実態や効果については残念ながら明らかにされていません。

　植物の栽培が教育に取り入れられた経緯をみると、植物の栽培が自然にかかわるきっかけとして、労作の手段として用いられたことが分かります。しかしながら、植物の栽培の教育的な効果の検証となると、十分とはいえないものでした。

　筆者らは、植物の栽培の教育的な効果をみるために、幼児教育において、栽培体験がどのような効果をもたらすのかについて調べました。F市のすべての認可保育所にアンケートを依頼し、25％にあたる42園の回答を取りまとめました。厚生労働省が刊行する保育所保育指針では、幼稚園教育要領と同じく、子どもの発達を5つの領域、「健康」「人間関係」「環境」「言葉」「表現」でみています。これを指標にして、植物の栽培活動のねらいと、活動後の園児の言動について、保育者が記述した文を、どの領域にあてはまるか分類し栽培活動の効果を解析しました（図6-20）。

　1年あるいは2年以上1〜3か月に1回の栽培活動を行っていたグループAの保育所では、子どもの喜ぶ姿（「環境」）や言葉（「言葉」「表現」）、友達同士のかかわり合い（「人間関係」）がみられ、食べること（「健康」）にも興味を示しており、すべての領域に記述がみられました。2年以上週に1回以上作業を行ったグループBの保育所では、すべての領域で記述がみられ、収穫した食べ物に興味を

280　第2部　わたしたちの生活に役立つ植物の知恵

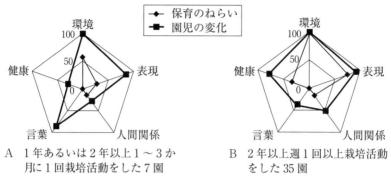

図6-20　保育指針の内容5領域に関する記述をした保育所の割合（％）

もち、食べる意欲をみせたなど、「健康」領域の記述がAに比べ高くなっていました。また、両グループとも保育者のねらいに比べて園児の言動の記述が増えていました。保育者は、子どもの様子を実際に見て、ねらい以上の効果を実感したと推察されます。

　以上のことは、F市と同じ県にあるK市、人口5万人以下の市町村でも同様の傾向がみられました。F市とK市を合わせて、2年以上週に1回以上栽培活動を行った園の実態をみると、毎日作業を行った園は59％、給食に作物を提供した園も69％あり、所長を中心とした経験豊富な保育者がかかわることが多いことも分かりました。園児が日々のなかで栽培活動を行い、日常的に収穫物を食べるといった取り組みが、園児のさまざまな言動につながり、保育者は、その園児の言動から栽培活動の効用に気づいたとみられます。

　このような調査から、幼児期の植物の栽培活動を通して、植物への興味・関心が喚起されるばかりか、食べる意欲や、表現する力、仲間や保育者とのコミュニケーション力が養われ、植物の栽培活動は、将来の「生きる力」の基盤となる活動であることが示されました。ちなみに、「生きる力」とは、1995（平成7）年4月に文部大臣から「21世紀を展望した我が国の教育のあり方について」諮問があり、これを受けて中央教育審議会が発足し、その審議会が第一次答申で述べたなかにみられた言葉です。自分で課題を見つけ、自ら学び、自ら考え、主体的に判断し、行動し、よりよく問題を解決する能力であり、自らを律しつつ、他人と協調し、他人を思いやる心および感動する心など豊かな人間性とたくましく生き

るための健康や体力とされています。

　幼児期や児童期に植物の栽培にかかわった若者の生きる力は大きいのでしょうか。2011 年から 2015 年の間に、F 県内の 4 つの高校に質問紙を送付し、得られた 692 名（女子 433 名 62.7%、男子 258 名 37.3%、平均年齢 17.1 歳）の回答をまとめました。幼少期の植物の栽培体験を「よくした」〜「まったくしなかった」人数（%）は表 6-2 のとおりです。体験頻度の平均値は、全員が「よくした」であれば 4.00 です。栽培体験の頻度の平均値は 2.26 であり、「よくした」人数は 94 名（13.6%）、そのうち女子は 67 名で 71.3% を占めました。男子に体験の少ない人が多く、男女間で明らかな差がみられました。

表 6-2　幼少期の植物の栽培体験の頻度

	人数	%	女性	%	男性	%
よくした	94	13.6	67	15.5	27	10.5
ときどきした	162	23.4	115	26.6	47	18.2
まれにした	265	38.3	165	38.0	99	38.4
まったくしなかった	171	24.7	86	19.9	85	32.9
合計	692	100.0	433	100.0	258	100.0

　統計処理の結果、図 6-21、図 6-22 のように、植物の栽培頻度が高い人ほど相手のことを考え（視点取得）、コミュニケーション力（コミュニケーションスキル）があり、問題の在りかを見つけ、解決法を見いだすことができる（問題解決）と考えていました。そして、住宅地の多い都市部に暮らす高校生では、植物の栽培体験は、子を認め、楽しませ、自主性やしつけを重んじる親の姿勢とも関連していました。つまり、幼少期の植物の栽培と成長後の社会性とは関連があり、栽培環境が十分でない都市部では親の姿勢によって栽培経験量が左右されることを示していました。

　小学生や中学生の子どもが植物の栽培に十分に関わることのできる環境を整えた施設や団体も近年見受けられます。これらの活動の報告が増えると、さらに植物の栽培の教育的な効果が明らかになっていくことでしょう。

282　第2部　わたしたちの生活に役立つ植物の知恵

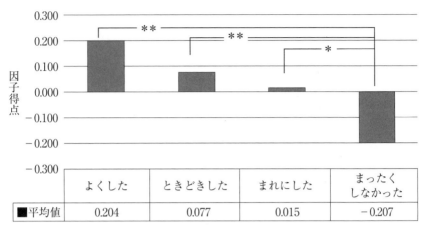

図6-21　植物の栽培頻度ごとにみた「視点取得」
注：*p＜0.05，**p＜0.01，***p＜0.001．

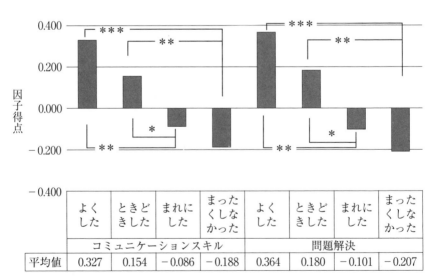

図6-22　植物の栽培頻度ごとにみた社会的スキル

2. 植物と関わる効用

　植物には何の興味もないという方もいれば、植物は大好きという方もおられます。この違いはどこにあるのでしょうか。

　2005年、F県とS県の高校生779名に幼児期と児童期の栽培体験と植物の好き嫌いについてアンケート調査を行うと、栽培経験があるグループの平均値は5.5で、育てた経験のないグループの平均値は4.7でした。全員が大好きと回答すると7.0です。図6-23は、その分布を示しています。「大好き」「好き」と回答した人は栽培経験があるグループの方が多く、「どちらでもない」は育てた経験のないグループの方が多いという結果でした。幼児期や児童期に植物を育てる経験は、植物に対して好印象をもたらしていたことが分かります。この傾向は、野山遊びをよく体験した人にもみられました。植物を栽培したり、遊んだりして身近に接した経験が好きにつながっていました。

　では、どの時期にどのくらいの植物に接することが好きにつながるのでしょうか。栽培活動に取り組んでいる小学校の割合は、花や野菜では80％以上、イネでは50％以上といわれますが、本調査では、花の栽培の経験者は全体の89％で最も多く、そのうち82％は幼稚園および保育所、学校で体験していました。体験したのが幼稚園や小学校などの公教育の場だけという生徒も69％いました。

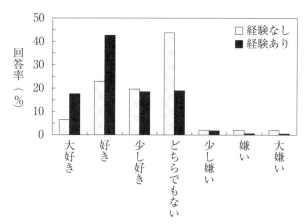

図6-23　幼少期に植物を育てた経験と植物の好き嫌い

今の子どもたちにとって、植物の栽培を体験する主な場所は、学校といってもいいくらいです。

学校での栽培割合の高かった花、野菜、イネについて、関わった期間と、育てた種類でグループをつくり、植物の好き嫌いの平均値（以下、好み度とします）を調べました。

図6-24にみられるように、小学校〜高校・花（③・a）グループと小学校〜高校・花と野菜（③・b）グループの好み度が最も高く5.6、次は幼児期〜小学校・花と野菜とイネ（①・c）グループで5.4でした。未経験グループの4.0と小学校だけ・花だけ（②・a）グループの4.6の間に大きな差はみられませんでした。

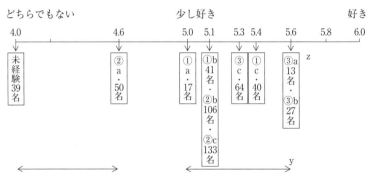

図6-24　植物を育てた期間と育てた植物の種類と植物の好みとの関係
z　①：幼児期〜小学校　　②：小学校　　③：小学校〜高校
　　a：花だけ　　b：花と野菜　　c：花と野菜とイネ
y　⇔この間に有意な差はない

幼児期から小学校にかけて、花も野菜もイネも栽培したグループの好み度が2番目に高かったことは興味深い結果です。幼い頃に植物を育てる体験をさせるときは、幼児期から食べる物を中心としたいろいろな種類の植物を継続的に体験させた方が植物好きになることを示しています。

このように、植物と関わることで植物好きになるのは、植物と関わることが遊びに通じるからだと考えられます。遊びとは愉しみであり、本能的欲求の充足であり、創造的欲求の充足です。五感を通して見る、嗅ぐ、触る、聴く、味わう

という感覚体験と、手入れをする、作品を作るなど身体を動かして関わる動作体験、仲間や家族と関わり社会の一員として存在している意義を認識する体験への欲求は、人間の本来持つ本能的欲求であり、これが満たされるとき心理的安定が保たれ、ストレスを感じなくて済みます。このような状態を癒されていると表現したりします[10]。

　植物による感覚体験が人に及ぼす効果についていくつか紹介します。レストランに置かれた生花のバラと造花のバラの印象評価をしたところ、造花では美的効果を上げるのにより効果があり、生花では心地よさを向上させるのにより効果がありました。生花と造花では快適さやリラックスという点で違いがみられました。植物のある部屋とない部屋で氷水に手を入れていた時間を測ると、植物が部屋にある場合は、ない場合に比べて長い時間耐えることができました。人の痛みの感覚は、植物があることで軽減されたのです。

　森林浴がストレス発散によいというのは、木から放出されるフィトンチッドを嗅ぐことによる効果と考えられています。案外これを実証することは難しく、調査の結果、血圧の低下やストレスホルモンの代表であるコルチゾールの減少がみられました。フィトンチッドは、調査木の中ではマツやツゲから7月の晴れた日によく放出されていました。また、木を抱くという行為も緊張感や不安感を緩和する効果があることが確かめられています。細い木でもいいのですが、よりあたたかく自然で神聖な印象の強い太い幹の木が気分を落ち着かせリラックスさせる効果が大きいようです。

　ストレスは、怒りや喜び、悲しみ、安らぎなどの情動に大脳皮質からの抑制系が強く働いたときに生じる状態と考えられています。人生のなかではさまざまな心理的なストレスに遭遇します。最も強いストレスは喪失体験といわれます。配偶者との死別、子どもの独立、健康・身体の喪失、生きがいの喪失などです[11]。最近では家族同様に飼っていたペットとの死別も喪失体験として知られます。

　植物との別れも同様に喪失体験となるのでしょうか。2016年2月に美瑛町の哲学の木として有名であった木を所有者が伐採した際に、インタビューを受けて何十年という間見てきた木だったので涙が出たと答えていました。それでも、植物との別れはペットに比べると喪失感は小さいと考えられており、枯れる（死ぬ）ことも想定内として植物を療法に用いています。

286 第2部　わたしたちの生活に役立つ植物の知恵

　軽度・中等度認知症高齢者に対して、1か月半にわたり固定メンバーによるグループ活動形式で継続的に植物の世話をしてもらい、毎日水やりに誘い、記憶を呼び起こす問いかけなどの意図的な介入を繰り返し行ったところ、活動直後には意欲が増し、問題行動症状の改善がみられ、認知機能への効果がありました。統合失調症の患者では、週に1回、数十分の花壇づくりを3か月間集団で行ったところ、健康的な生活を送る時間が増加し、共通の話題ができて日常生活活動に改善がみられました。

　このように、植物を本格的に療法に活用し始めたのは、第二次世界大戦後のアメリカでした。大学の園芸療法カリキュラムが最初に整備されたのは1971年のカンザス州立大学においてです。日本で作業療法に園芸が取り入れられたのは戦前でしたが、今日のように活発に啓発活動が展開されるようになるのは1993年のことです。2002年には全国大学・短期大学実務教育協会により、園芸療法士の称号認定制度が発足しています。植物が人に及ぼす効果については、まだ分からないことも多く、多くの知見が蓄積されることが求められています。

　植物は、ヒトにはなくてはならないものとして存在しています。エネルギーやミネラルを補給してわたしたちの命を保証するばかりでなく、ヒトに癒しを与え、心身の健康維持を助け、人として生きていく倫理観の涵養にも必要なものとして注目されています。植物がこれほどヒトに必要とされている存在であるということは、実は植物がこの地球に生き残るための戦略かもしれません。

引用文献

1) 山田敏『遊び論研究 — 遊びを基盤とする幼児教育方法理論形成のための基礎的研究 —』風間書房、1994、p.89、p.159、p.178

2) 村井実『ペスタロッチーとその時代』玉川大学出版部、1986、p.291

3) 小笠原道雄『フレーベルとその時代』玉川大学出版部、1994、pp.311-312

4) 前掲1) p.377

5) 湯川嘉津美『日本幼稚園成立史の研究』風間書房、2001、pp.46-59、p.225

6) 倉橋惣三『倉橋惣三選集　第一巻』フレーベル館、1993、p.94

7) 文部省『復刊　自然の観察』農山漁村文化協会、2009、p.47

8) 市澤豊（編）「翻刻『小金井学園日誌』1935〜1944」『日本の子ども研究 — 明治・大正・昭和 — 第8巻　奥田三郎の子ども研究と治療教育方法論』大泉溥編著、クレス出版、2009、pp.597-646

第6章 医療分野への応用　*287*

9)　留岡清男「教育農場五十年」『日本の子ども研究 ― 明治・大正・昭和 ― 第7巻　留岡清男の子ども研究と生活教育論』大泉溥編著、クレス出版、2009、pp.3-25

10)　松尾英輔「社会園芸学のすすめ ― 環境・教育・福祉・まちづくり ―」農文協、2005、p.21

11)　美根和典「心身症と園芸療法」『植物の不思議パワーを探る ― 心身の癒しと健康を求めて ―』松尾英輔・正山征洋編著、九州大学出版会、2002、pp.154-155

植物生理科学研究会・植物生理化学会の活動史

2011 年 4 月 1 日

「植物生理科学研究会」発足

植物生理科学研究会会長：井上　進（丸和バイオケミカル株式会社・専務取締役）就任

2011 年 10 月 8 日　第 1 回植物生理科学シンポジウム（鹿児島大会）

会場：鹿児島大学

実行委員長：東郷重法（鹿児島純心女子高等学校・教諭）

実行副委員長：山田島崇文（鹿児島県立博物館・学芸主事）

司会：樺山美喜子（KKB 鹿児島放送・キャスター）

特別講演 1：上田純一（大阪府立大学大学院理学系研究科・教授）・宮本健助（大阪府立大学・
教授）

「宇宙植物科学研究の最前線 ― NASA における STS 植物宇宙実験と地上基礎研
究を中心として」

特別講演 2：長谷川宏司（筑波大学・名誉教授、KNC ― 筑波ラボラトリー・参与）

「植物の運動・光屈性のメカニズム ― 従来の仮説を覆す鹿児島発の新仮説」

2012 年 7 月 14 日　第 2 回植物生理科学シンポジウム（札幌大会）

会場：北海道大学

実行委員長：三木博孝（サンプラント有限会社・代表取締役）

実行副委員長：石黒史典（株式会社石黒鋳物製作所・代表取締役）

司会：藤嵜香奈子（第一学院高等学校浜松キャンパス・教諭）

特別講演 1：瀬尾茂美（独立行政法人農業生物資源研究所植物科学研究領域、植物・微生物間
相互作用研究ユニット・主任研究員）

「効率的探索法による植物病害抵抗性物質の探索と防除におけるその利用に向け
た取り組み」

特別講演 2：繁森英幸（筑波大学生命環境系・教授）

「植物の巧みな知恵―その謎解きと利用」

一般研究発表：4 題

2013 年 4 月 1 日

植物生理科学研究会会長：繁森英幸（筑波大学生命環境系・教授）就任

2013 年 7 月 13 日　第 3 回植物生理科学シンポジウム（神戸大会）

会場：神戸天然物化学株式会社バイオリサーチセンター

実行委員長：広瀬克利（神戸天然物化学株式会社・代表取締役）

実行副委員長：真岡宅哉（神戸天然物化学株式会社・東京営業所長）

司会：樺山美喜子（KKB鹿児島放送・キャスター）

特別講演1：山本俊光（三井中央高校・教諭）

　　　　「植物の栽培と社会性」

特別講演2：穴井豊昭（佐賀大学・教授）

　　　　「突然変異を利用したダイズの遺伝的な改変」

一般研究発表：8題

2014年4月1日

「植物生理科学研究会」から「植物生理化学会」に名称変更

植物生理化学会会長：繁森英幸（筑波大学生命環境系・教授）就任

2014年11月2日　第4回植物生理化学会シンポジウム（仙台大会）

　会場：東北大学

　実行委員長：後藤伸治（宮城教育大学・名誉教授）

　実行副委員長：東　博人（丸和バイオケミカル株式会社・仙台営業所長）

　司会：尾野ひかり（元　塩野義製薬株式会社・社員）

　特別講演1：鈴木美帆子（元　ポーラ化成工業株式会社・研究員）

　　　　「耐塩性マングローブ植物の中間代謝の研究」

　特別講演2：横山峰幸（横浜市立大学・教授）

　　　　「KODAのもつ多様な生理作用と産業への応用可能性」

　緊急提言：長谷川宏司（筑波大学・名誉教授）

　　　　「高校生物の教科書における『光屈性』に関するダーウィンの実験とボイセン・

　　　　イェンセンらの実験の記述は本当に正しいのか」

　一般研究発表：8題

2015年9月12日　第5回植物生理化学会シンポジウム（つくば大会）

　会場：筑波大学

　実行委員長：山田小須弥（筑波大学生命環境系・准教授）

　実行副委員長：真岡宅哉（神戸天然物化学株式会社・東京営業所長）

　司会：鈴木美帆子（静岡県立大学・教育研究推進部・産学官連携コーディネーター）

　特別講演1：山村庄亮（慶應義塾大学・名誉教授）

　　　　「新しい天然物の発見と異分野への展開」

　特別講演2：橋本　徹（魚崎生化研・主事、神戸女子大学・名誉教授）

　　　　「双子葉植物芽生え頂端フックの光による巻き込み　その生理生態学的意義と化

　　　　学的機構」

　一般研究発表：10題

2016年4月1日

　植物生理化学会会長：宮本健助（大阪府立大学・教授）就任

2016年7月23・24日　第6回植物生理化学会シンポジウム（大阪大会）

会場：大阪府立大学

実行委員長：宮本健助（大阪府立大学・教授）

実行副委員長：上田純一（大阪府立大学・名誉教授）

　　　　　　　真岡宅哉（神戸天然物化学株式会社・執行役員）

司会：鈴木美帆子（静岡県立大学・教育研究推進部・産学官連携コーディネーター）

特別講演1：松葉頼重（PN リサーチ・代表）

　　　　　「自然にまなんだこと　幾つか」

特別講演2：丹野憲昭（山形大学・名誉教授）

　　　　　「ヤマノイモ属植物の特異な休眠 ― ジベレリン誘導休眠」

特別講演3：後藤伸治（宮城教育大学・名誉教授）

　　　　　「シロイヌナズナはなぜモデル植物になったか ― シロイヌナズナの歩んだ道」

特別講演4：升島　努（理化学研究所生命システム研究センター・一細胞質量分析研究チーム・チームリーダー）

　　　　　「一細胞質量分析法（Live Single -cell Mass Spectrometry）」

一般研究発表：12 題

植物生理科学研究会・植物生理化学会の出版物

　本学会顧問の長谷川宏司（筑波大学・名誉教授）らが編集し、本学会関係者が分担執筆している主な出版物

- 『動く植物 ─ その謎解き』山村庄亮・長谷川宏司編著、大学教育出版（2002 年）
- 『植物の知恵 ─ 化学と生物学からのアプローチ』山村庄亮・長谷川宏司編著、大学教育出版（2005 年）
- 『農業生態系の保全に向けた生物機能の活用』農業環境技術研究所編著・発行（2006 年）
- 『多次元のコミュニケーション』長谷川宏司編、大学教育出版（2006 年）
- 『プラントミメティクス ─ 植物に学ぶ』監修：甲斐昌一・森川弘道、（株）エヌ・ティー・エス（2006 年）
- 『天然物化学 ─ 植物編』山村庄亮・長谷川宏司編著、（株）アイピーシー（2007 年）
- 『天然物化学 ─ 海洋生物編』山村庄亮・長谷川宏司・木越英夫編著、（株）アイピーシー（2008 年）
- 『博士教えてください ─ 植物の不思議 ─』長谷川宏司・広瀬克利編著、大学教育出版（2009 年）
- 『食をプロデュースする匠たち』長谷川宏司・広瀬克利編、大学教育出版（2011 年）
- 『最新 植物生理化学』長谷川宏司・広瀬克利編、大学教育出版（2011 年）
- 『続・多次元のコミュニケーション』長谷川宏司編著、大学教育出版（2012 年）
- 『異文化コミュニケーションに学ぶグローバルマインド』長谷川宏司・広瀬克利・井上進・繁森英幸編、大学教育出版（2014 年）
- 『「教え人」「学び人」のコミュニケーション』長谷川宏司編著、大学教育出版（2016 年）
- 『植物の知恵とわたしたち』編集：植物生理化学会、大学教育出版（2017 年）

執筆者紹介（執筆順）

井上　進　（いのうえ　すすむ）
現　　職：丸和バイオケミカル株式会社・代表取締役社長
最終学歴：鹿児島大学農学部園芸学科卒業
学　　位：学士
主　　著：
　1.『異文化コミュニケーションに学ぶグローバルマインド』（長谷川宏司・広瀬克利・井上
　　進・繁森英幸編、大学教育出版）（2014 年）
　2.『続・多次元のコミュニケーション』（長谷川宏司編著、大学教育出版）第 1 章　異文化
　　人とのコミュニケーションについて　pp.1 ～ 20（2012 年）
　3.『草花類と花木の栽培手引き』（丸和バイオケミカル発刊）（1999 年）
　担 当：はしがき

後藤　伸治　（ごとう　のぶはる）
現　　職：宮城教育大学・名誉教授
最終学歴：東北大学大学院理学研究科修士課程修了
学　　位：博士（理学）
主　　著：
　1.『異文化コミュニケーションに学ぶグローバルマインド』（長谷川宏司・広瀬克利・井上
　　進・繁森英幸編、大学教育出版）pp.4-16（2014 年）
　2.『遺伝　別冊』10 号、試験管の中で花を咲かせる ― シロイヌナズナを用いた生活環の
　　観察　pp.122-126（1998 年）
　3. Goto, N., Starke, M. and Kranz, A. R. Effect of gibberellins on flower development
　　of the pin-formed mutant of *Arabidopsis thaliana*. Arabidopsis Information
　　Service 23: 66-71（1987）
　担 当 章：第 1 章

長谷川　宏司　（はせがわ　こうじ）　**監修者**
　巻末の監修者紹介を参照
　担 当 章：はしがき、第 2 章第 1 節

宮本　健助　（みやもと　けんすけ）

現　　職：大阪府立大学高等教育推進機構・教授

最終学歴：大阪市立大学大学院理学研究科博士後期課程修了

学　　位：博士（理学）

主　　著：

1. 『最新　植物生理化学』（長谷川宏司・広瀬克利編、大学教育出版）第3章　重力屈性・重力形態形成　pp.85-133（2011年）

2. 『新しい植物科学　環境と食と農業の基礎』（神阪盛一郎・谷本英一共編、培風館）8.花・果実・種子　pp.55-67、21. 植物の病気と防御　pp.163-169、23. 植物性食品pp.177-187（2010年）

3. 『植物ホルモンハンドブック』［上］（高橋信孝・増田芳雄共編、培風館）2　ジベレリン2-4 生理作用（1）個体レベル（2）細胞レベル　pp.82-213（1994年）

担 当 章：はしがき、第2章第2節

高原　正裕　（たかはら　まさひろ）

現　　職：上智大学理工学部・共同研究員

最終学歴：総合研究大学院大学生命科学研究科基礎生物学専攻博士後期課程修了

学　　位：博士（理学）

主　　著：

1. Takahara, M. et al. TOO MUCH LOVE, a novel Kelch repeat-containing F-box protein, functions in the long-distance regulation of the legume-Rhizobium symbiosis. Plant Cell Physiol. 54（4）: 433-447（2013）

担 当 章：第2章第3節

神澤　信行　（かんざわ　のぶゆき）

現　　職：上智大学理工学部・教授

最終学歴：千葉大学自然科学研究科数理物質科学専攻博士課程修了

学　　位：博士（理学）

主　　著：

1. Kanzawa, N. and Tsuchiya, T. The seismonastic movements in plant, Reflexive Polymers and Hydrogels, Yui, N., Mrsny, J. and Park K., eds, CRC Press, Boca Raton, FL, USA, 2004, 17-32.

担 当 章：第2章第3節

竹田　恵美　（たけだ　さとみ）

　現　　　職：大阪府立大学大学院理学系研究科・准教授
　最終学歴：京都大学大学院農学研究科農芸化学専攻修士課程修了
　学　　　位：博士（農学）
　主　　　著：
　　1.『新しい植物科学　環境と食と農業の基礎』（神阪盛一郎・谷本英一共編、培風館）18.
　　　　光合成　pp.146-151（2010 年）
　　2.『植物分子・細胞工学マニュアル』（山田康之編著、講談社サイエンティフィク）第 4 章
　　　　第 1 節　二次元電気泳動法　pp.45-52（1992 年）
　担 当 章：第 3 章第 1 節

瀬尾　茂美　（せお　しげみ）

　現　　　職：国立研究開発法人　農業・食品産業技術総合研究機構・主席研究員
　最終学歴：筑波大学大学院農学研究科応用生物化学専攻博士課程修了
　学　　　位：博士（農学）
　主　　　著：
　　1.『イネゲノム配列解読で何ができるのか』（矢野昌裕・松岡信編、農山漁村文化協会）
　　2.『朝倉植物生理学講座　第 5 巻　環境応答』（駒嶺穆総編集・寺島一郎編、朝倉書店）
　担 当 章：第 3 章第 2 節

山田　小須弥　（やまだ　こすみ）

　現　　　職：筑波大学生命環境系・准教授
　最終学歴：神戸大学大学院自然科学研究科博士後期課程修了
　学　　　位：博士（理学）
　主　　　著：
　　1. Allelopathy-New Concepts and Methodology（Fujii Y. and Hiradate S. eds, Science
　　　　Publishers, NH, USA）SECTION 2（Chapter 8）Chemical and biological analysis
　　　　of novel allelopathic substances, lepidimoide and lepidimoic acid. 123-135（2007）
　　2.『天然物化学―植物編―』（山村庄亮・長谷川宏司編著、アイピーシー）第 1 章　1.2.3
　　　　アレロパシー　pp.74-88（2007 年）
　　3.『プラントミメティックス―植物に学ぶ―』（甲斐昌一・森川弘監修、NTS）第 5 章
　　　　第 5 節　植物の運動―光屈性の分子機構　pp.487-492（2006 年）
　担 当 章：第 3 章第 3 節

執筆者紹介　*295*

繁森　英幸　（しげもり　ひでゆき）

現　　　職：筑波大学生命環境系・教授

最終学歴：慶應義塾大学大学院理工学研究科博士課程修了

学　　　位：博士（理学）

主　　　著：

1. 『最新　植物生理化学』（長谷川宏司・広瀬克利編、大学教育出版）第6章　頂芽優勢 pp.185-206（2011年）
2. 『博士教えてください—植物の不思議』（長谷川宏司・広瀬克利編著、大学教育出版）（2009年）
3. 『植物の知恵—化学と生物学からのアプローチ』（山村庄亮・長谷川宏司編著、大学教育出版）第9章　花成ホルモン・フロリゲン　pp.124-134（2005年）

担 当 章：はしがき、第3章第4節

鈴木　美帆子　（すずき　みほこ）

現　　　職：静岡県立大学　産学官連携コーディネーター

最終学歴：お茶の水女子大学大学院人間文化研究科博士後期課程（生物学専攻）修了

学　　　位：博士（理学）

主　　　著：

1. Suzuki-Yamamoto, M. et al. Effect of short-term salt stress on the metabolic profiles of pyrimidine, purine and pyridine nucleotides in cultured cells of the mangrove tree, *Bruguiera sexangula.* Physiol. Plant. 128: 405-414（2006）
2. Suzuki, M. et al. Salt stress and glycolytic regulation in suspension-cultured cells of the mangrove tree, *Bruguiera sexangula.* Physiol. Plant. 123: 246-253（2005）
3. Suzuki, M. et al. Effect of salt stress on the metabolism of ethanolamine and choline in leaves of the betaine-producing mangrove species *Avicennia marina.* Phytochemistry 64: 941–948（2003）

担 当 章：第3章第5節

上田　純一　（うえだ　じゅんいち）

現　　　職：大阪府立大学・名誉教授

最終学歴：大阪府立大学大学院農学研究科修士課程修了

学　　　位：博士（農学）

主　　　著：

1. 『異文化コミュニケーションに学ぶグローバルマインド』（長谷川宏司・広瀬克利・井上進・繁森英幸編、大学教育出版）pp.42-56（2014年）

2. 『最新　植物生理化学』（長谷川宏司・広瀬克利編、大学教育出版）第8章　老化 pp.238-265（2011年）

3. 『植物の知恵 ― 化学と生物学からのアプローチ ―』（山村庄亮・長谷川宏司編著、大学教育出版）第8章　老化の鍵化学物質　pp.104-123（2005年）

担 当 章：第4章第1節

横山　峰幸　（よこやま　みねゆき）

現　　　職：横浜市立大学　木原生物学研究所・特任教授
最終学歴：筑波大学大学院生物科学研究科生物物理化学専攻博士課程修了
学　　　位：博士（生物物理化学）
主　　　著：

1. 『最新　植物生理化学』長谷川宏司・広瀬克利編、大学教育出版）第7章　花芽形成 pp.207-237（2011年）

2. Comprehensive Natural Products II Chemistry and Biology vol.3（Eds. Mander, L., Lui, H. -W., Elsevier, Oxford), Chemistry of Cosmetics, pp.317-349（2010）

3. 「最新酵素利用技術と応用展開」（相沢益男編、シーエムシー）第4章2節　酵素を用いた植物由来の新しい化粧品原料の開発　pp.117-124（2001年）

担 当 章：第4章第2節

丹野　憲昭　（たんの　のりあき）

現　　　職：山形大学・名誉教授
最終学歴：東北大学大学院理学研究科博士課程単位取得退学
学　　　位：博士（理学）
主　　　著：

1. 『最新　植物生理化学』（長谷川宏司・広瀬克利編、大学教育出版）第9章　休眠 pp.266-305（2011年）

2. 『博士教えてください ― 植物の不思議 ―』（長谷川宏司・広瀬克利編著、大学教育出版）植物の発芽と休眠　pp.160-172、植物不思議さまざま　pp.177-181（2009年）

3. 『天然物化学 ― 植物編 ―』（山村庄亮・長谷川宏司編著、アイピーシー）第1章　休眠 pp.150-159（2007年）

担 当 章：第4章第3節

穴井　豊昭　（あない　とよあき）

現　　　職：佐賀大学農学部・教授
最終学歴：北海道大学大学院理学研究科博士後期課程修了

学　　位：博士（理学）
主　　著：
　　1.『最新　植物生理化学』（長谷川宏司・広瀬克利編、大学教育出版）第10章　植物生理
　　　化学研究と遺伝子解析技術　pp.306-332（2011年）
　　2.『植物の遺伝子発現』（長田敏行・内宮博文編、講談社サイエンティフィク）（1995年）
担 当 章：第5章第1節

加藤　幹久　（かとう　みきひさ）
現　　　職：株式会社カント・代表取締役
最終学歴：群馬県立農業大学校
主　　著：
　　1.「インドア用土の特性と利用」『最新　農業技術花卉』VOL.7
　　2.『多次元のコミュニケーション』（長谷川宏司編、大学教育出版）第11章　花と植物達
　　　と人とのコミュニケーション　pp.158-171（2006年）
担 当 章：第5章第2節

中村　克哉　（なかむら　かつや）
現　　　職：神戸天然物化学株式会社 バイオ事業部 バイオ開発室・室長
最終学歴：大阪大学大学院薬学研究科博士前期課程修了
学　　位：博士（薬学）
担 当 章：第6章第1節

山本　俊光　（やまもと　としこう）
現　　　職：甲子園短期大学・専任講師、人間・植物関係学会理事
最終学歴：福岡大学大学院人文科学研究科博士前期課程教育・臨床心理専攻修了
学　　位：教育修士、博士（農学）
主　　著：
　　1.『博士教えてください ― 植物の不思議』（長谷川宏司・広瀬克利編著、大学教育出版）
　　　「植物のコミュニケーション」一部（2009年）
　　2.『続・多次元のコミュニケーション』（長谷川宏司編著、大学教育出版）第3章　植物を
　　　介したコミュニケーション　pp.38-57（2012年）
担 当 章：第6章第2節

■監修者紹介

長谷川　宏司　（はせがわ　こうじ）

筑波大学・名誉教授

東北大学大学院理学研究科博士課程修了。博士（理学）

主な研究領域は、植物生理化学、植物分子情報化学

主著：

長谷川宏司・広瀬克利・井上進・繁森英幸編『異文化コミュニケーションに学ぶグローバルマインド』（大学教育出版、2014 年）

長谷川宏司・広瀬克利編『食をプロデュースする匠たち』（大学教育出版、2011 年）

長谷川宏司・広瀬克利編『最新　植物生理化学』（大学教育出版、2011 年）

長谷川宏司・広瀬克利編著『博士教えてください ― 植物の不思議 ―』（大学教育出版、2009 年）

山村庄亮・長谷川宏司編著『天然物化学 ― 植物編 ―』（アイピーシー、2007 年）

J. Bruinsma and K. Hasegawa（1990）A new theory of phototropism-its regulation by a light-induced gradient of auxin-inhibiting substances. Physiol. Plant. 79: 700-704.　他多数

植物の知恵とわたしたち

2017 年 2 月 28 日　初版第 1 刷発行

- ■編　　者——植物生理化学会
- ■監 修 者——長谷川　宏司
- ■発 行 者——佐藤　守
- ■発 行 所——株式会社 大学教育出版
  〒 700-0953　岡山市南区西市 855-4
  電話（086）244-1268　FAX（086）246-0294
- ■印刷製本——モリモト印刷（株）

©The Japanese Society for Plant Physiological Chemistry 2017, Printed in Japan

検印省略　　落丁・乱丁本はお取り替えいたします。

本書のコピー・スキャン・デジタル化等の無断複製は著作権法上での例外を除き禁じられています。本書を代行業者等の第三者に依頼してスキャンやデジタル化することは、たとえ個人や家庭内での利用でも著作権法違反です。

ISBN978 - 4 - 86429 - 395 - 2